COMPREHENSIVE EXPERIMENT OF MOTION CONTROL SYSTEMS

运动控制系统综合实验教程

顾春雷　陈冲　陈中　沈翠凤◎编著

清华大学出版社
北京

内 容 简 介

本书主要介绍了电力电子技术、电力拖动自动控制和运动控制系统方面的实验，这类实验教学内容繁多，实验系统比较复杂，系统性较强。实验教学是课程理论教学的重要补充和继续，理论教学则是实验教学的基础，学生在实验过程中应学会运用所学的理论知识分析和解决实际系统中出现的各种问题，提高动手能力；同时通过实验验证理论，促使理论与实践相结合，使认识不断提高、深化。

本书的特点是引进计算机仿真技术，将虚拟实验与传统的实际工程实验有机结合，培养学生的实验技能，而且内容详细完整，能与大多数高等学校的实验设备配套。

本书可以作为全日制高等院校各电类专业开设电力电子技术、电力拖动自动控制系统、控制系统设计和仿真等课程的实验指导书，也可供有关工程技术人员参考。

图书在版编目(CIP)数据

运动控制系统综合实验教程/顾春雷，陈冲，陈中，沈翠凤编著. —北京：清华大学出版社，2017(2025.4重印)
(自动化类专业系列实验教材)
ISBN 978-7-302-46198-2

Ⅰ. ①运… Ⅱ. ①顾… ②陈… ③陈… ④沈… Ⅲ. ①自动控制系统－实验－高等学校－教材 Ⅳ. ①TP273-33

中国版本图书馆 CIP 数据核字(2017)第 007869 号

责任编辑：文　怡
封面设计：李召霞
责任校对：焦丽丽
责任印制：丛怀宇

出版发行：清华大学出版社
网　　址：https://www.tup.com.cn，https://www.wqxuetang.com
地　　址：北京清华大学学研大厦A座　　**邮　　编：**100084
社 总 机：010-83470000　　**邮　　购：**010-62786544
投稿与读者服务：010-62776969，c-service@tup.tsinghua.edu.cn
质量反馈：010-62772015，zhiliang@tup.tsinghua.edu.cn
课件下载：https://www.tup.com.cn，010-62795954
印 装 者：涿州市般润文化传播有限公司
经　　销：全国新华书店
开　　本：185mm×230mm　　**印　　张：**17.5　　**字　　数：**362千字
版　　次：2017年2月第1版　　**印　　次：**2025年4月第7次印刷
定　　价：49.00元

产品编号：070699-02

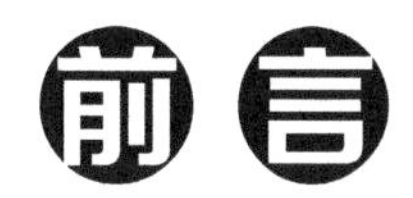

前言 FOREWORD

为适应教学改革的需要，加强学生理论联系实际的能力，全面提高学生的实际操作技能和创新思维能力，培养学生分析问题和解决问题的能力，同时结合当前高等教育教学改革的形势及培养应用型、创新型人才的需求，作者团队编写了本书。

本书综合了电力电子技术、电力拖动自动控制系统和运动控制系统、控制系统仿真等课程教学大纲中的实验内容，同时也考虑到开设专题实验的需求。全书共12章，主要内容包括实验装置的技术性能以及各单元的组件挂箱介绍，电力电子技术、电力拖动自动控制系统和运动控制系统等课程相关实验的实验目的、实验原理、实验内容和实验方法。

书中既包括传统的验证性实验，又增加了设计性、综合性实验项目以及相应的仿真实验，强化了工程应用能力的培养，注重培养学生的自学能力和创新精神。通过基础实验使学生掌握基本实验技能，通过设计性和综合性实验培养学生的创新能力和计算机应用能力。

实验教学平台是浙江天煌科技实业有限公司开发的DJDK-1型电力电子技术及电机控制实验教学装置。该装置是一种大型综合性实验装置，可以用来完成电力电子技术、电力拖动控制系统、运动控制系统等系列课程的全部教学实验，并可以开设运动控制系统的专题实验。

本书的编写、出版得到了浙江天煌科技实业有限公司的大力支持，同时本书也得到盐城工学院教材资金资助，谨在此表示衷心的感谢。

限于作者的水平，书中难免存在不足和不妥之处，欢迎广大读者批评指正。

编　者

2016年12月

CONTENTS

第1章

实 验 概 述

运动控制系统是电气类、自动化类等专业的专业课程，内容涵盖电机与拖动基础、电力电子技术、模拟电子技术、数字电子技术、自动控制原理、微机原理与接口技术等多门课程知识，具有综合性强、实践性强的特点。运动控制系统综合实验环节是这些课程的重要组成部分，通过计算机仿真与实验台实验，进一步加深学生对理论知识的理解，提高学生的实践动手能力，培养学生分析问题、解决问题的能力。

1.1 实验要求

电力电子技术、电力拖动控制系统及运动控制系统实验教学内容繁多，实验系统比较复杂，系统性较强。运动控制系统专题计算机仿真与实验教学是上述课程理论教学的重要补充和继续。理论教学则是实验教学的基础，学生在实验过程中应学会运用所学理论知识分析和解决实际系统中出现的各种问题，提高动手能力；同时，通过实验验证理论，促使理论和实践相结合，使认识不断提高、深化。具体地说，学生在完成本课程实验教学后，应具备以下能力：

(1) 掌握电力电子变流装置主电路、触发或驱动电路的构成及调试方法，能初步设计和应用这些电路。

(2) 掌握交流、直流电机控制系统的组成和调试方法，系统参数的测量和整定方法。

(3) 能设计交流、直流电机控制系统的具体实验线路。

(4) 熟悉并掌握实验装置、测试仪器的性能及使用方法。

(5) 能够运用理论知识对实验现象、结果进行分析和处理，解决实验中遇到的问题。

(6) 能够综合分析实验数据，解释实验现象，撰写实验报告，完成思考题。

(7) 掌握 MATLAB 仿真工具，熟练运用 Simulink 和 SimPowersystem 工具箱建立电力电子变流电路与电机控制系统仿真模型，设计仿真实验。

本实验教程主要介绍电力电子技术和运动控制系统方面的实验。电力电子技术方面的实验可选做单相整流电路及各类触发电路、三相整流电路及有源逆变电路、开关稳压电源、直流斩波电路性能研究等实验；直流调速系统实验可选做单闭环不可逆直流调速系统、双闭环不可逆直流调速系统、逻辑无环流可逆直流调速系统、双闭环控制可逆直流脉宽调速系统等实验；交流调速系统实验则可选做双闭环三相异步电机调压调速系统、双闭环三相异步电机串级调速系统、三相异步电机变频调速等实验。第7～12章仿真实验项目可根据实际情况选做。

1.2 实验准备

实验准备是保证实验教学顺利进行的必要环节。每次实验前都应先进行预习，从而提高实验质量和效率，否则就有可能在实验过程中不能正确运用实验的基本原理，浪费时间，完不成实验要求，甚至损坏实验装置。因此，实验前应做到以下4点：

(1) 复习理论课程中与实验有关的内容，熟悉与本次实验相关的理论知识。

(2) 阅读本实验教程中的实验指导，了解本次实验的目的和内容，掌握本次实验的原理和方法。

(3) 写预习报告，其中应包括计算机仿真建模与实验系统的详细接线图、实验步骤、数据记录表格等。

(4) 进行实验分组。电力电子技术，交流、直流调速系统的实验小组为每组2～3人。

1.3 实验实施

在完成理论学习、实验预习等环节后，就可进入实验实施阶段。实验时应做到以下7点：

(1) 实验开始前，指导教师要对学生的预习报告进行检查，要求学生了解本次实验的目的、内容和方法，只有满足此要求后，方可进行实验。

(2) 指导教师对实验装置作介绍，要求学生熟悉本次实验使用的实验设备、仪器，明确这些设备的基本功能与使用方法。

(3) 按实验小组进行实验。实验小组成员应进行明确的分工，以保证实验操作协调，记录数据准确可靠，每个人的任务在实验进行中应实行轮换，以便所有实验参与者都能全面掌握实验技术，提高动手能力。

(4) 按预习报告上的实验系统详细线路图接线。一般情况下，接线次序为先主电路，后控制电路；先串联，后并联。在进行调速系统实验时，也可由 2 人同时进行主电路和控制电路的接线。

(5) 完成实验系统接线后，必须进行自查。串联回路从电源的某一端出发，按回路逐项检查各仪表、设备、负载的位置、极性等是否正确；并联支路则检查其两端的连接点是否在指定的位置。距离较远的两连接端必须选用长导线直接跨接，不得用 2 根导线在实验装置上的某接线端进行过渡连接。自查完成后，须经实验指导教师进一步复查后，征得指导教师同意后，方可通电实验。

(6) 实验时，应按实验教程所提出的要求及步骤，逐项进行实验和操作。除做阶跃启动试验外，系统启动前，应使负载电阻值最大，给定电位器处于零位；测试数据记录点的分布应均匀；改接线路时，必须断开主电源方可进行。实验中应观察实验现象是否正常，所得数据是否合理，实验结果是否与理论相一致。

(7) 完成本次实验全部内容后，应请指导教师检查实验数据、记录的波形。经指导教师认可后方可拆除接线，整理好连接线、仪器、工具，使之物归原位。

1.4 实验总结

实验的最后阶段是实验总结，即对实验数据进行整理，绘制波形和图表，分析实验现象，撰写实验报告。每位实验参与者均须独立完成一份实验报告，实验报告的撰写应持严肃认真、实事求是的科学态度。当实验结果与理论有较大出入时，不得随意修改实验数据和结果，不得用凑数据的方法向理论靠拢，而应该用理论知识分析实验数据和结果，解释实验现象，找出引起较大误差的原因。

实验报告的基本内容如下：

(1) 实验名称、专业班级、学生姓名、同组者姓名和实验时间。

(2) 实验目的、实验线路和实验内容。

(3) 实验设备、仪器、仪表型号、规格、铭牌数据及实验装置编号。

(4) 实验数据的整理、列表、计算，并列出计算所用的计算公式。

(5) 画出与实验数据相对应的特性曲线及记录的波形。

(6) 用理论知识对实验结果进行分析总结，得出明确的结论。

(7) 对实验中出现的某些现象、遇到的问题进行分析、讨论，写出心得体会，并对实验提出自己的建议和改进措施。

第2章

实 验 装 置

2.1 概述

DJDK-1 型电力电子技术及电机控制实验教学装置(见图 2-1),是浙江天煌科技实业有限公司开发的一种大型综合性实验装置,可以用来完成电力电子技术、电力拖动控制系统、运动控制系统等系列课程的全部教学实验,并可以开设运动控制系统的专题实验。

图 2-1 DJDK-1 电力电子技术及电机控制实验教学装置外观

2.2　实验装置及技术参数

(1) 输入电压：三相四线制，(380±10%)V，(50±1)Hz。
(2) 工作环境：环境温度范围−5～40℃，相对湿度≤75%，海拔高度≤1000m。
(3) 装置容量：≤1.5kV・A。
(4) 电机输出功率：≤200W。
(5) 外形尺寸：长×宽×高=1870mm×730mm×1600mm。

2.3　实验装置的挂件配置

实验装置的挂件配置见表2-1。

表2-1　实验装置的挂件配置一览表

序号	型号	挂件名称	备注
1	DJK01	电源控制屏	包含"三相电源输出"等模块
2	DJK02	晶闸管主电路	包含"晶闸管"以及"电感"等模块
3	DJK02-1	三相晶闸管触发电路	包含"触发电路""正反桥功放"等模块
4	DJK03-1	晶闸管触发电路	—
5	DJK04	电机调速控制实验Ⅰ	包含"给定""电流调节器""速度变换""电流反馈与过流保护"等模块
6	DJK04-1	电机调速控制实验Ⅱ	包含"转矩极性鉴别""零电平鉴别""逻辑变换控制"等模块，完成选做实验项目时需要
7	DJK05	直流斩波电路	包含触发电路及主电路两个部分
8	DJK06	给定及实验器件	包含"二极管"等模块
9	DJK08	可调电阻、电容箱	—
10	DJK09	单相调压与可调负载	—
11	DJK10	变压器实验	包含"逆变变压器""三相不控整流"等模块
12	DJK13	三相异步电动机变频调速控制	—
13	DJK17	双闭环H桥DC/DC变换直流调速系统	—
14	DJK19	半桥型开关稳压电源	—
15	DJK23	单端反激式隔离开关电源	—
16	D42	三相可调电阻	—

续表

序号	型号	挂 件 名 称	备　　注
17	DD03-3	电机导轨、光码盘测速系统及数显转速表	—
18	DJ13-1	直流发电机	—
19	DJ15	直流并励电动机	—
20	DJ17	三相线绕式异步电动机	—
21	DJ17-2	线绕式异步电机转子专用箱	—

2.4　主要实验挂件的介绍

2.4.1　电源控制屏(DJK01)

电源控制屏主要为实验提供各种电源，如三相交流电源、直流励磁电源等；同时为实验提供所需的仪表，如直流电压表、直流电流表、交流电压表、交流电流表。屏上还设有定时器兼报警记录仪；在控制屏两边设有单相三极 220V 电源插座及三相四极 380V 电源插座，此外还设有供实验台照明用的 40W 日光灯。主控制屏面板如图 2-2 所示。

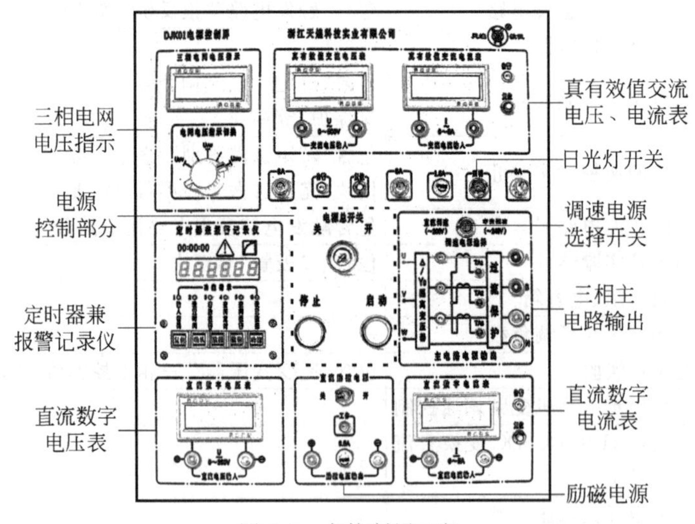

图 2-2　主控制屏面板

(1) 三相电网电压指示。

三相电网电压指示主要用于检测输入的电网电压是否有缺相的情况，操作交流电压表下面的切换开关，观测三相电网各线间电压是否平衡。

(2) 定时器兼报警记录仪。

平时作为时钟使用，具有设定实验时间、定时报警和切断电源等功能，它还可以自动记录由于接线操作错误所导致的告警次数。

(3) 电源控制部分。

它的主要功能是控制电源控制屏的各项功能，它由电源总开关、启动按钮及停止按钮组成。当打开电源总开关时，红灯亮；当按下启动按钮后，红灯灭，绿灯亮，此时控制屏的三相主电路及励磁电源都有电压输出。

(4) 三相主电路输出。

三相主电路输出可提供三相交流 200V/3A 或 240V/3A 电源。输出的电压大小由“调速电源选择开关”控制，当开关置于“直流调速”侧时，A、B、C 输出线电压为 200V，可完成电力电子实验及直流调速实验；当开关置于“交流调速”侧时，A、B、C 输出线电压为 240V，可完成交流电机调压调速及串级调速等实验。在 A、B、C 三相电源输出附近装有黄、绿、红发光二极管，用以指示输出电压。同时在主电源输出回路中还装有电流互感器，电流互感器可测定主电源输出的电流，供电流反馈和过流保护使用，面板上的 TA1、TA2、TA3 三处观测点用于观测三路电流互感器输出电压信号。

(5) 励磁电源。

在按下启动按钮后将励磁电源开关拨向“开”侧，则励磁电源输出 220V 的直流电压，并有发光二极管指示输出是否正常，励磁电源由 0.5A 熔丝做短路保护，由于励磁电源的容量有限，仅为直流电机提供励磁电流，不能作为大容量直流电源使用。

(6) 面板仪表。

面板下部设置有±300V 数字式直流电压表和±5A 数字式直流电流表，精度为 0.5 级，能为可逆调速系统提供电压及电流指示；面板上部设置有 500V 真有效值交流电压表和 5A 真有效值交流电流表，精度为 0.5 级，供交流调速系统实验时使用。

2.4.2 三相变流电路(DJK02)

该挂件装有 12 只晶闸管、直流电压和电流表等，其面板如图 2-3 所示。

(1) 三相同步信号输出端。

同步信号是从电源控制屏内获得，屏内装有△/Y 接法的三相同步变压器，与主电源输出保持同相，其输出相电压幅度为 15V 左右，供三相晶闸管触发电路(如 DJK02-1 等挂件)使用，从而产生移相触发脉冲；只要将本挂件的 12 芯插头与屏相连接，则输出相位一一对应的三相同步电压信号。

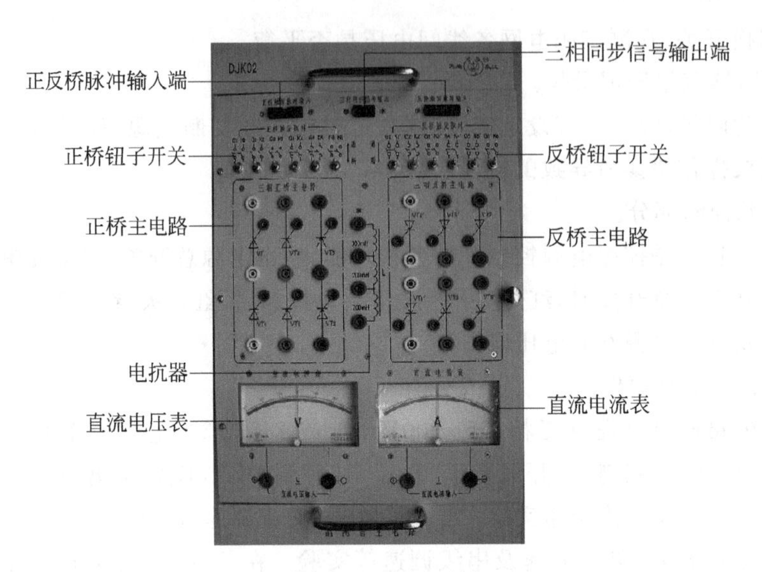

图 2-3　DJK02 面板

(2) 正、反桥脉冲输入端。

从三相晶闸管触发电路(如 DJK02-1 等挂件)传来的正、反桥触发脉冲分别通过输入接口,加到相应的晶闸管电路上。

(3) 正、反桥钮子开关。

从正、反桥脉冲输入端传来的触发脉冲信号通过“正、反桥钮子开关”接至相应晶闸管的门极和阴极。面板上共设有 12 个钮子开关,分为正、反桥两组,分别控制对应的晶闸管的触发脉冲。开关打到“通”侧,触发脉冲接到晶闸管的门极和阴极;开关打到“断”侧,触发脉冲被切断;通过关闭某几个钮子开关可以模拟晶闸管主电路失去触发脉冲的故障情况。

(4) 正、反桥主电路。

正桥主电路和反桥主电路分别由 6 只 5A/1000V 晶闸管组成,其中由 VT1～VT6 组成三相正桥元件;由 VT1′～VT6′组成三相反桥元件。所有这些晶闸管元件均配置有阻容吸收及快速熔断丝保护,此外正桥主电路还设有压敏电阻,其内部已经接成三角形接法,起过压吸收作用。

(5) 电抗器。

实验主回路中所使用的平波电抗器装在电源控制屏内,其各引出端通过 12 芯插座连接到 DJK02 面板的中间位置,有 3 挡电感量可供选择,分别为 100mH、200mH、700mH(各挡在 1A 电流下能保持线性),可根据实验需要选择合适的电感值。电抗器回路中串有 3A 熔丝保护,熔丝座装在控制屏内的电抗器旁。

(6) 直流电压表及直流电流表。

面板上装有±300V 的带镜面直流电压表、±2A 的带镜面直流电流表，均为中零式，精度为 1.0 级，为可逆调速系统提供电压及电流指示。

2.4.3　三相晶闸管触发电路(DJK02-1)

该挂件装有三相晶闸管触发电路和正反桥功放电路等，面板如图 2-4 所示。

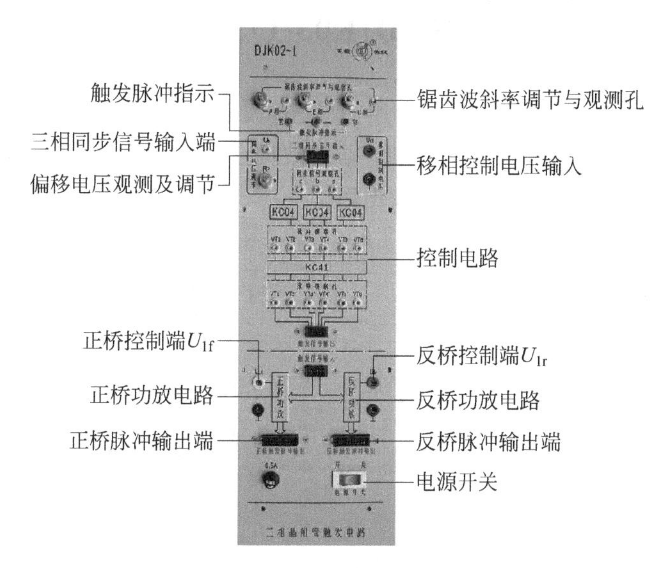

图 2-4　DJK02-1 面板

(1) 移相控制电压 U_{ct}输入及偏移电压 U_b观测及调节。

U_{ct}及 U_b用于控制触发电路的移相角；在一般的情况下，首先将 U_{ct}接地，调节 U_b，从而确定触发脉冲的初始位置；当初始触发角固定后，在以后的调节中只调节 U_{ct}的电压，这样能确保移相角始终不会大于初始位置，防止实验失败；如在逆变实验中初始移相角 $\alpha=150°$确定后，无论怎样调节 U_{ct}，都能保证 $\beta>30°$，防止在实验过程中出现逆变颠覆的情况。

(2) 触发脉冲指示。

在触发脉冲指示处设有钮子开关用以控制触发电路，当开关拨到左边时，绿色发光管亮，在触发脉冲观察孔处可观测到后沿固定、前沿可调的宽脉冲链；当开关拨到右边时，红色发光管亮，触发电路产生双窄脉冲。

(3) 三相同步信号输入端。

通过专用的 10 芯扁平线将 DJK02 的“三相同步信号输出端”与 DJK02-1 的“三相同

步信号输入端”连接，为其内部的触发电路提供同步信号；同步信号也可以从其他地方提供，但要注意同步信号的幅度和相序问题。

(4) 锯齿波斜率调节与观测孔。

由外接的三相同步信号经 KC04 集成触发电路，产生三路锯齿波信号，调节相应的斜率调节电位器，可改变相应的锯齿波斜率，三路锯齿波斜率在调节后应保证基本相同，使六路脉冲间隔基本保持一致，才能使主电路输出的整流波形整齐划一。

2.4.4 晶闸管触发电路(DJK03-1)

DJK03-1 挂件是晶闸管触发电路专用实验挂箱，面板如图 2-5 所示。其中，有单结晶体管触发电路、正弦波同步移相触发电路、锯齿波同步移相触发电路Ⅰ和Ⅱ，单相交流调压触发电路及西门子 TCA785 集成触发电路。

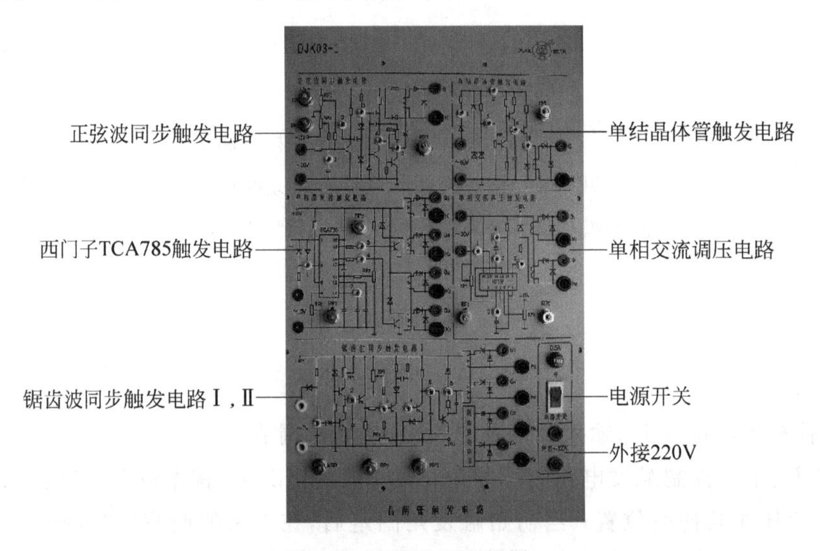

图 2-5 DJK03-1 面板图

2.4.5 电机调速控制实验 I(DJK04)

该挂件主要完成电机调速实验，如单闭环直流调速实验、双闭环直流调速实验。同时与其他挂件配合可增加实验项目，例如与 DJK04-1 配合使用可完成逻辑无环流可逆直流调速实验。DJK04 的面板如图 2-6 所示。

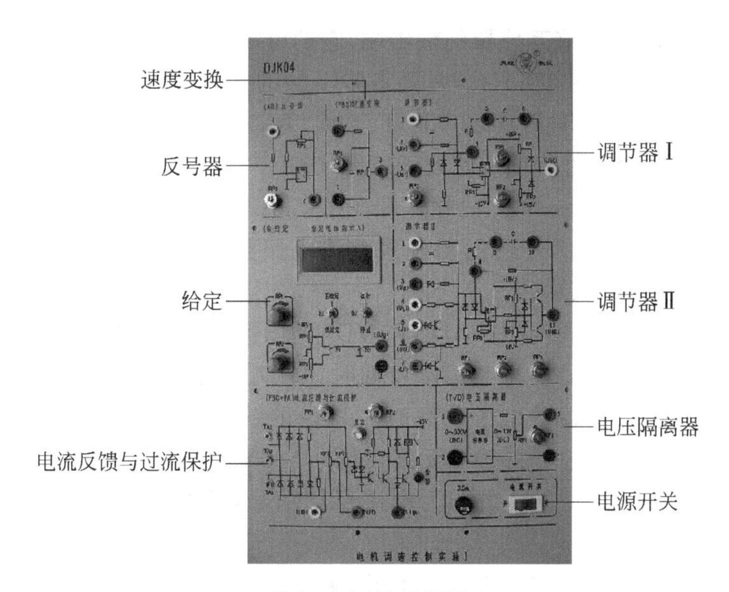

图 2-6　DJK04 面板

1. 电流反馈与过流保护(FBC+FA)

本单元主要功能是检测主电源输出的电流反馈信号,并且当主电源输出电流超过某一设定值时发出过流信号切断控制屏输出主电源,其原理如图 2-7 所示。

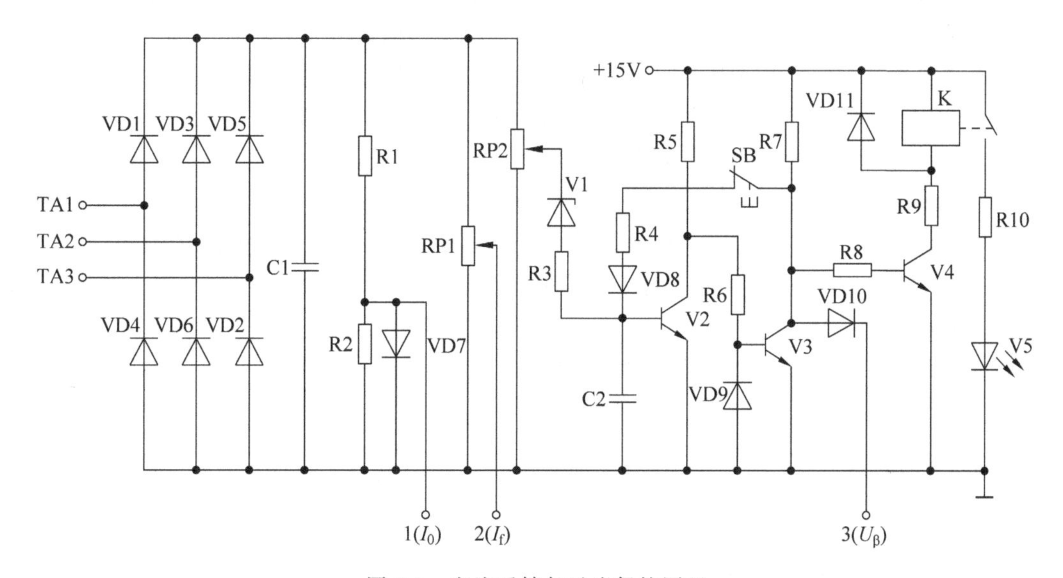

图 2-7　电流反馈与过流保护原理

TA1、TA2、TA3 为电流互感器的输出端，它的电压高低反映三相主电路输出的电流大小，面板上的三个圆孔均为观测孔，只要将 DJK04 挂件的 10 芯电源线与电源控制屏的相应插座连接（不需在外部进行接线），TA1、TA2、TA3 就与屏内的电流互感器输出端相连，打开挂件电源开关后，过流保护就处于工作状态。

(1) 电流反馈与过流保护单元的输入端 TA1、TA2、TA3，来自电流互感器的输出端，反映负载电流大小的电压信号经三相桥式整流电路整流后加至 RP1、RP2 及 R1、R2、VD7 组成的 3 条支路上，其中：

① R2 与 VD7 并联后再与 R1 串联，在 VD7 的阳极取零电流检测信号从"1"端输出，供零电平检测用。当电流反馈的电压比较低时，"1"端的输出由 R1、R2 分压所得，VD7 处于截止状态。当电流反馈的电压升高时，"1"端的输出也随着升高，当输出电压接近 0.6V 左右时，VD7 导通，使"1"端输出始终钳位在 0.6V 左右。

② 将 RP1 的滑动抽头端输出作为电流反馈信号，从"2"端输出，电流反馈系数由 RP1 进行调节。

③ RP2 的滑动触头与过流保护电路相连，调节 RP2 可调节过流动作的电流。

(2) 当电路开始工作时，由于 V2 的基极有电容 C2 的存在，V3 必定比 V2 要先导通，V3 的集电极低电位，V4 截止，同时通过 R4、VD8 将 V2 基极电位拉低，保证 V2 一直处于截止状态。

(3) 当主电路电流超过某一数值后，RP2 上取得的过流电压信号超过稳压管 V1 的稳压值，击穿稳压管，使三极管 V2 导通，从而 V3 截止，V4 导通使继电器 K 动作，控制屏内的主继电器掉电，切断主电源，挂件面板上的声光报警器发出告警信号，提醒操作者实验装置已过流跳闸。调节 RP2 的抽头的位置，可得到不同的电流报警值。

(4) 过流的同时，V3 由导通变为截止，在集电极产生一个高电平信号从"3"端输出，作为推 β 信号供电流调节器（调节器Ⅱ）使用。

(5) 当过流动作后，电源通过 SB、R4、VD8 及 C2 维持 V2 导通，V3 截止、V4 导通、继电器保持吸合，持续告警。SB 为解除过流记忆的复位按钮，当过流故障排除后，则须按下 SB 以解除记忆，告警电路才能恢复。当按下 SB 按钮后，V2 基极失电进入截止状态，V3 导通、V4 截止，电路恢复正常。

元件 RP1、RP2、SB 均安装在该挂箱的面板上，方便操作。

2. 给定(G)

电压给定原理图如图 2-8 所示。

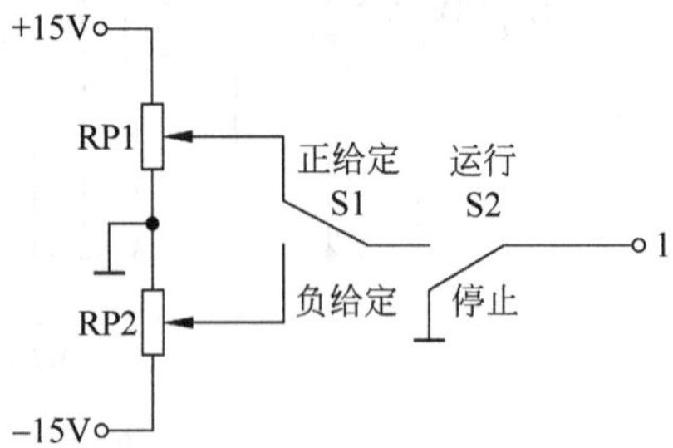

图 2-8 电压给定原理

电压给定由两个电位器 RP1、RP2 及两个钮子开关 S1、S2 组成。S1 为正、负极性切换开关，输出的正、负电压的大小分别由 RP1、RP2 调节，其输出电压范围为 0～±15V，S2 为输出控制开关，打到“运行”侧，允许电压输出，打到“停止”侧，则输出恒为零。

按以下步骤拨动 S1、S2，可获得以下信号：

(1) 将 S2 打到“运行”侧，S1 打到“正给定”侧，调节 RP1 使给定输出一定的正电压，拨动 S2 到“停止”侧，此时可获得从正电压突跳到 0V 的阶跃信号，再拨动 S2 到“运行”侧，此时可获得从 0V 突跳到正电压的阶跃信号。

(2) 将 S2 打到“运行”侧，S1 打到“负给定”侧，调节 RP2 使给定输出一定的负电压，拨动 S2 到“停止”侧，此时可获得从负电压突跳到 0V 的阶跃信号，再拨动 S2 到“运行”侧，此时可获得从 0V 突跳到负电压的阶跃信号。

(3) 将 S2 打到“运行”侧，拨动 S1，分别调节 RP1 和 RP2 使输出一定的正负电压，当 S1 从“正给定”侧打到“负给定”侧，得到从正电压到负电压的跳变，当 S1 从“负给定”侧打到“正给定”侧，得到从负电压到正电压的跳变。

元件 RP1、RP2、S1 及 S2 均安装在挂件的面板上，方便操作。此外由直流数字电压表指示输出电压值。注意：不允许长时间将输出端接地，特别是输出电压比较高时，可能会将 RP1、RP2 损坏。

3. 转速变换(FBS)

转速变换用于有转速反馈的调速系统中，反映转速变化并把与转速成正比的电压信号变换成适用于控制单元的电压信号。转速变换原理图如图 2-9 所示。

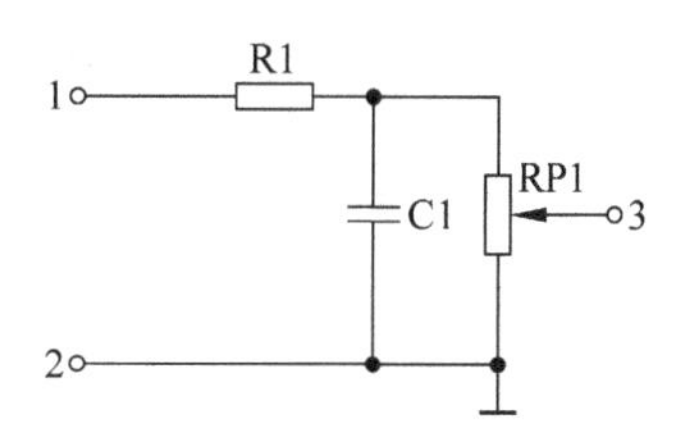

图 2-9 转速变换原理

使用时，将 DD03-3(或 DD03-2 等)导轨上的电压输出端接至转速变换的输入端“1”和“2”。输入电压经 R1、C1 低通滤波后再经 RP1 分压，调节电位器 RP1 可改变转速反馈系数。

4. 调节器Ⅰ

调节器Ⅰ的功能是对给定和反馈两个输入量进行加法、减法、比例、积分和微分等运算，使其输出按某一规律变化。调节器Ⅰ由运算放大器、输入与反馈环节及二极管限幅环节组成，其原理如图 2-10 所示。

在图 2-10 中“1、2、3”端为信号输入端，二极管 VD1 和 VD2 起到运放输入限幅，保护运放的作用。二极管 VD3、VD4 和电位器 RP1、RP2 组成正负限幅可调的限幅电路。由 C1、R3 组成微分反馈校正环节，有助于抑制振荡，减少超调。R7、C5 组成速度环串联校正环节，其电阻、电容均从 DJK08 挂件上获得。改变 R7 的阻值改变了系统的放大倍数，改变 C5 的电容值改变了系统的响应时间。RP3 为调零电位器。

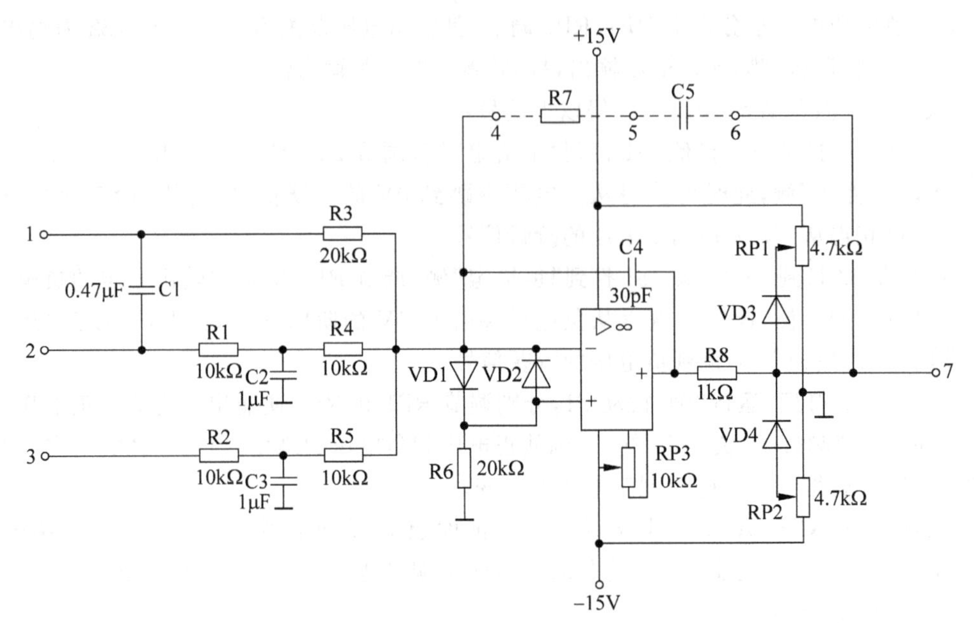

图 2-10 调节器Ⅰ原理

电位器 RP1、RP2、RP3 均安装面板上。电阻 R7、电容 C1 和电容 C5 两端在面板上装有接线柱，可根据需要外接电阻及电容，一般在自动控制系统实验中作为速度调节器使用。

5. 反号器(AR)

反号器由运算放大器及相关电阻组成，用于调速系统中信号需要倒相的场合，如图 2-11 所示。

反号器的输入信号 U_1 由运算放大器的反相输入端输入，故输出电压 U_2 为

$$U_2 = -(R_{P1} + R_3)/R_1 \times U_1{}^{*}$$

调节电位器 RP1 的滑动触点，改变 RP1 的阻值，使 RP1＋R3＝R1，则

$$U_2 = -U_1$$

输入与输出呈倒相关系。电位器 RP1 装在面板上，调零电位器 RP2 装在内部线路板上。

6. 调节器Ⅱ

调节器Ⅱ由运算放大器、限幅电路、互补输出、输入阻抗网络及反馈阻抗网络等环节组成，工作原理基本上与调节器Ⅰ相同，其原理图如图 2-12 所示。调节器Ⅱ也可当作调节器Ⅰ使用。元件 RP1、RP2、RP3 均装在面板上，电容 C1、电容 C7 和电阻 R13 的数值可

* 除计算外，R、C 等均平排正体，与仿真图一致。

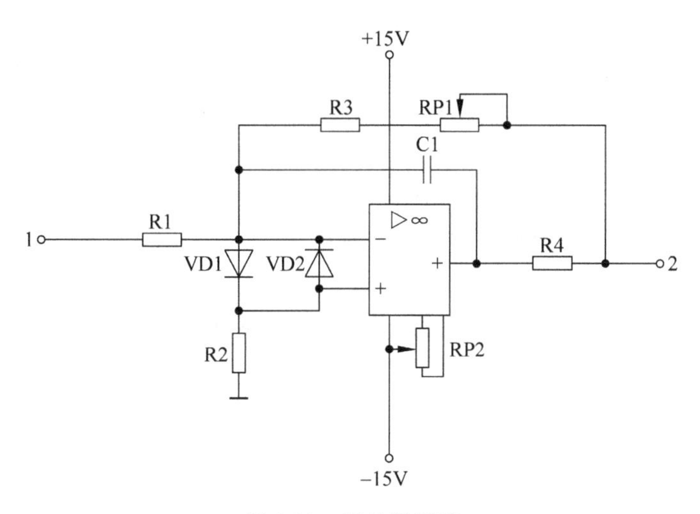

图 2-11　反号器原理

根据需要，由外接电阻、电容来改变，一般在自动控制系统实验中作为电流调节器使用。

调节器Ⅱ与调节器Ⅰ相比，增加了几个输入端，其中“3”端接推 β 信号，当主电路输出过流时，电流反馈与过流保护的“3”端输出一个推 β 信号(高电平)信号，击穿稳压管，正电

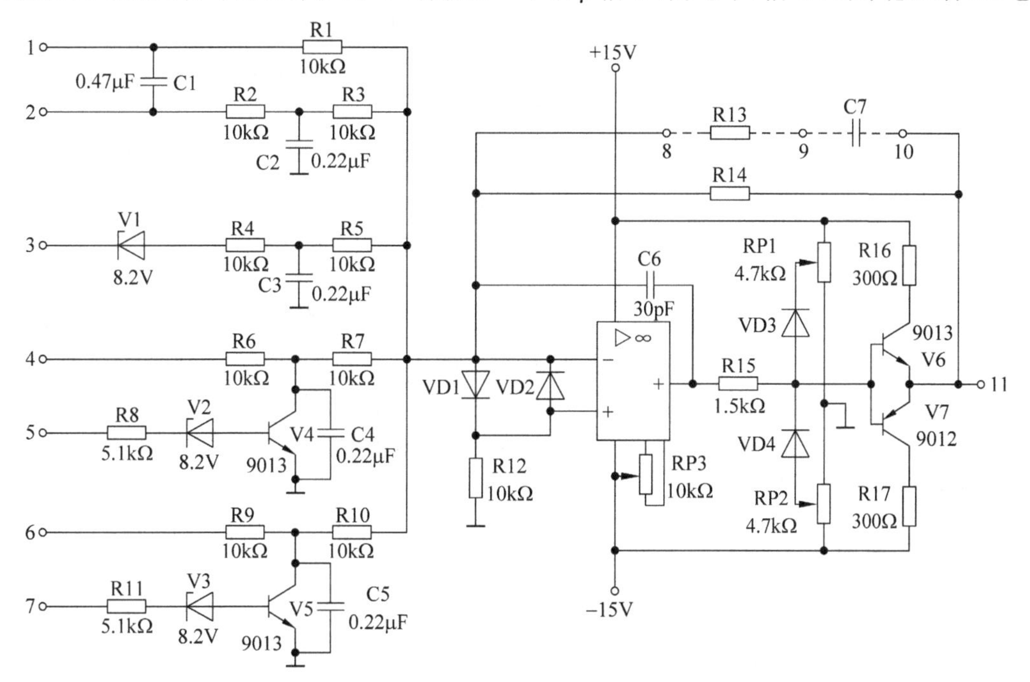

图 2-12　调节器Ⅱ原理

压信号输入运放的反向输入端，使调节器的输出电压下降，使 α 角向 180°方向移动，使晶闸管从整流区移至逆变区，降低输出电压，保护主电路。“5”“7”端接逻辑控制器的相应输出端，当有高电平输入时，击穿稳压管，三极管 V4、V5 导通，将相应的输入信号对地短接。在逻辑无环流实验中“4”“6”端同为输入端，其输入的值正好相反，如果两路输入都有效的话，两个值正好抵消为零，这时就需要通过“5”“7”端的电压输入控制。在同一时刻，只有一路信号输入起作用，另一路信号接地不起作用。

2.4.6 电机调速控制实验Ⅱ(DJK04-1)

该挂件与 DJK04 配合可完成逻辑无环流可逆直流调速系统实验，DJK04-1 面板如图 2-13 所示。

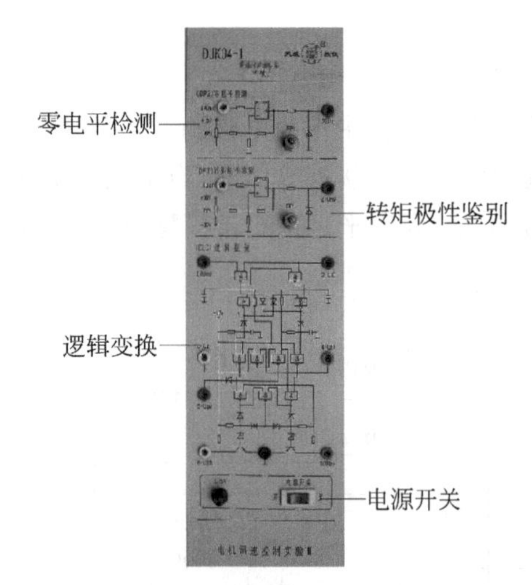

图 2-13 DJK04-1 面板

1. 转矩极性鉴别(DPT)

转矩极性鉴别为一电平检测器，用于检测控制系统中转矩极性的变化。它是一个由比较器组成的模数转换器，可将控制系统中连续变化的电平信号转换成逻辑运算所需的 0、1 电平信号。其原理图和输入输出特性如图 2-14 所示，具有继电特性。

调节运放同相输入端电位器 RP1 可以改变继电特性相对于零点的位置。继电特性的回环宽度为

$$U_k = U_{sr2} - U_{sr1} = K_1(U_{scm2} - U_{scm1})$$

式中，K_1 为正反馈系数，K_1 越大，则正反馈越强，回环宽度就越小；U_{sr2} 和 U_{sr1} 分别为输出由正翻转到负及由负翻转到正所需的最小输入电压；U_{scm1} 和 U_{scm2} 分别为反向和正向输出电压。逻辑控制系统中的电平检测环宽一般取 0.2～0.6V，环宽大时能提高系统抗干扰能力，但环太宽时会使系统动作迟钝。

2. 零电平检测(DPZ)

零电平检测器也是一个电平检测器，其工作原理与转矩极性鉴别器相同，在控制系统中进行零电流检测，当输出主电路的电流接近零时，电平检测器检测到电流反馈的电压值也接近零，输出高电平。其原理图和输入输出特性分别如图 2-15 所示。

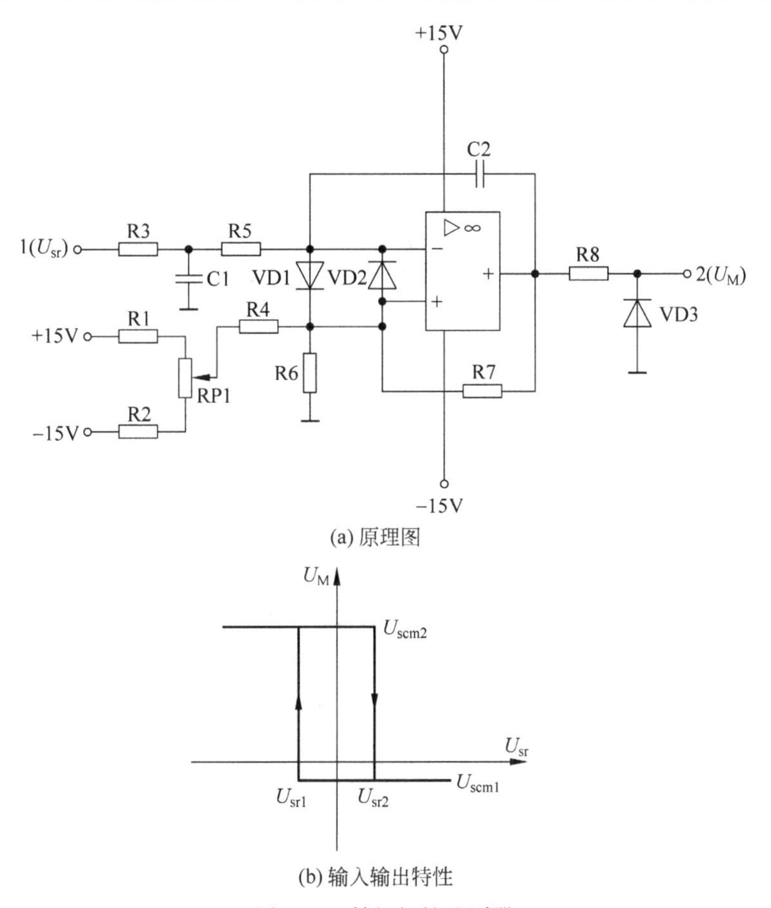

(a) 原理图

(b) 输入输出特性

图 2-14 转矩极性鉴别器

3. 逻辑控制(DLC)

逻辑控制用于逻辑无环流可逆直流调速系统,其作用是对转矩极性和主回路零电平信号进行逻辑运算,切换加于正桥或反桥晶闸管整流装置上的触发脉冲,以实现系统的无环流运行。其原理如图 2-16 所示。其主要由逻辑判断电路、延时电路、逻辑保护电路、推β电路和功放电路等环节组成。

(1) 逻辑判断环节。

逻辑判断环节的任务是根据转矩极性鉴别和零电平检测的输出U_M和U_I状态,正确地判断晶闸管的触发脉冲是否需要进行切换(由U_M是否变换状态决定)及切换条件是否具备(由U_I是否从 0 变 1 决定)。即当U_M变号后,零电平检测到主电路电流过零($U_I=1$)时,逻辑判断电路立即翻转,同时应保证在任何时刻逻辑判断电路的输出U_Z和U_F状态必须相反。

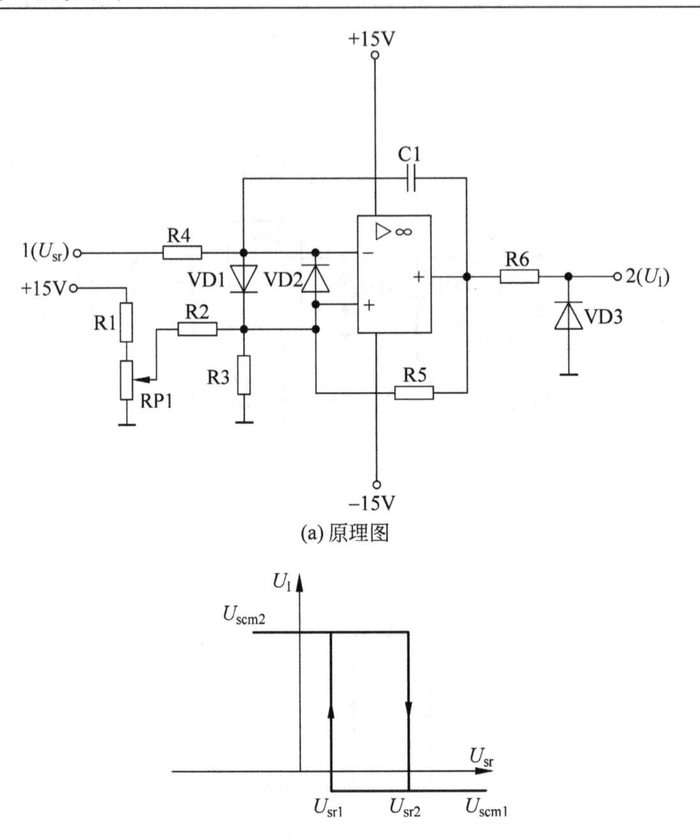

(a) 原理图

(b) 输入输出特性

图 2-15　零电平检测器

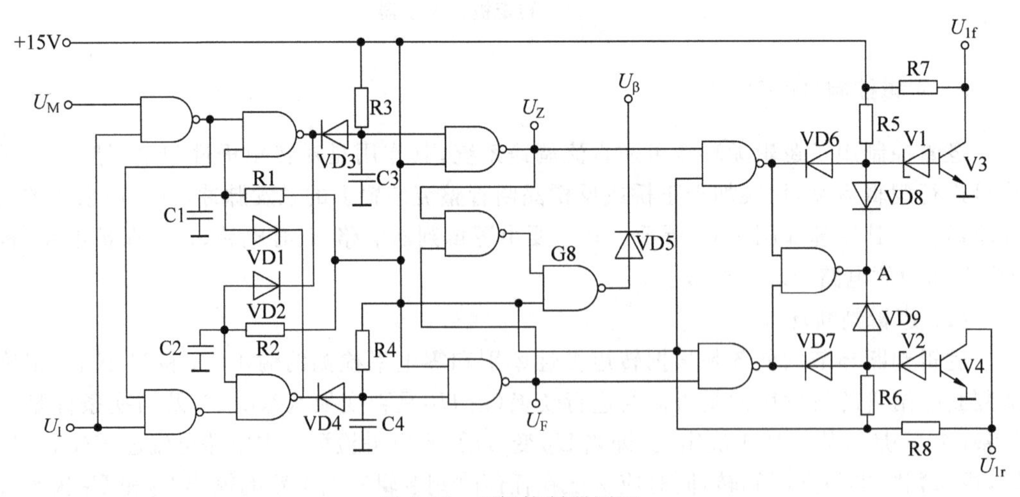

图 2-16　逻辑控制器原理

(2) 延时环节。

要使正、反两组整流装置安全、可靠地切换工作，必须在逻辑无环流系统中的逻辑判断电路发出切换指令 U_Z 或 U_F 后，经关断等待时间 t_1（约 3ms）和触发等待时间 t_2（约 10ms）之后才能执行切换指令，故设置相应的延时电路，延时电路中的 VD1、VD2、C1、C2 起 t_1 的延时作用，VD3、VD4、C3、C4 起 t_2 的延时作用。

(3) 逻辑保护环节。

逻辑保护环节也称为“多一”保护环节。当逻辑电路发生故障时，U_Z、U_F 的输出同时为 1 状态，逻辑控制器的两个输出端 U_{lf} 和 U_{lr} 全为 0 状态，造成两组整流装置同时开放，引起短路和环流事故。加入逻辑保护环节后。当 U_Z、U_F 全为 1 状态时，使逻辑保护环节输出 A 点电位变为 0，使 U_{lf} 和 U_{lr} 都为高电平，两组触发脉冲同时封锁，避免产生短路和环流事故。

(4) 推 β 环节。

在正、反桥切换时，逻辑控制器中的 G8 输出“1”状态信号，将此信号送入调节器Ⅱ的输入端作为脉冲后移推 β 信号，从而可避免切换时电流的冲击。

(5) 功放电路。

由于与非门输出功率有限，为了可靠的推动 U_{lf}、U_{lr}，故增加了 V3、V4 组成的功率放大级。

2.4.7　给定及实验器件(DJK06)

该挂件由给定、负载及＋24V 直流电源等组成，面板示意图如图 2-17 所示。

1. 负载灯泡

负载灯泡作为电力电子实验中的电阻性负载。

2. 给定

给定作为新器件特性实验中的给定电平触发信号，或提供 DJK02-1 等挂件的移相控制电压。输出电压范围－15～＋15V。

3. 二极管

提供的 4 个二极管可作为普通的整流二极

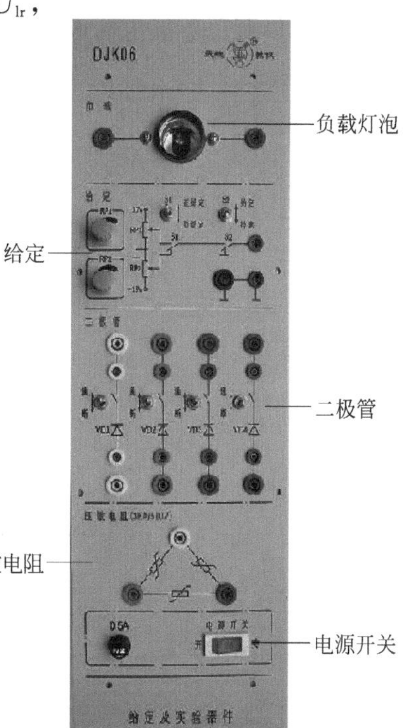

图 2-17　DJK06 面板

管,也可作为晶闸管实验带电感性负载时所需的续流二极管。在回路中有一个钮子开关对其进行通断控制。

注意:由于该二极管工作频率不高,故不能将此二极管当快速恢复二极管使用,规格为:耐压 800V,最大电流 3A。

4. 压敏电阻

3 个压敏电阻(规格为:3kA/510V)用于三相反桥主电路(逻辑无环流直流调速系统)的电源输入端,作为过电压保护,内部已连成三角形接法。

2.4.8 单相调压与可调负载(DJK09)

该挂件由可调电阻、整流与滤波、单相自耦调压器组成,面板如图 2-18 所示。

可调电阻由两个同轴 90Ω/1.3A 瓷盘电阻构成,通过旋转手柄调节电阻值的大小,单个电阻回路中有 1.5A 熔丝保护。

整流与滤波的作用是将交流电源通过二极管整流输出直流电源,供实验中直流电源使用,交流输入侧输入最大电压为 250V,有 2A 熔丝保护。

单相自耦调压器额定输入交流 220V,输出 0～250V 可调电压。

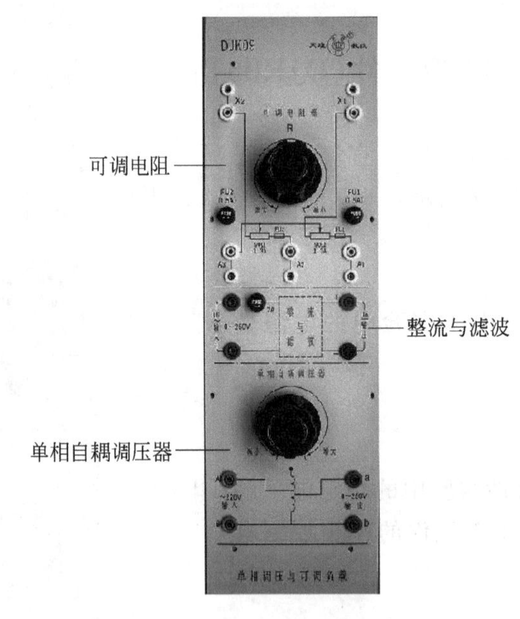

图 2-18　DJK09 面板

2.4.9 变压器实验(DJK10)

该挂件由三相心式变压器以及三相不控整流桥组成，面板如图2-19所示。

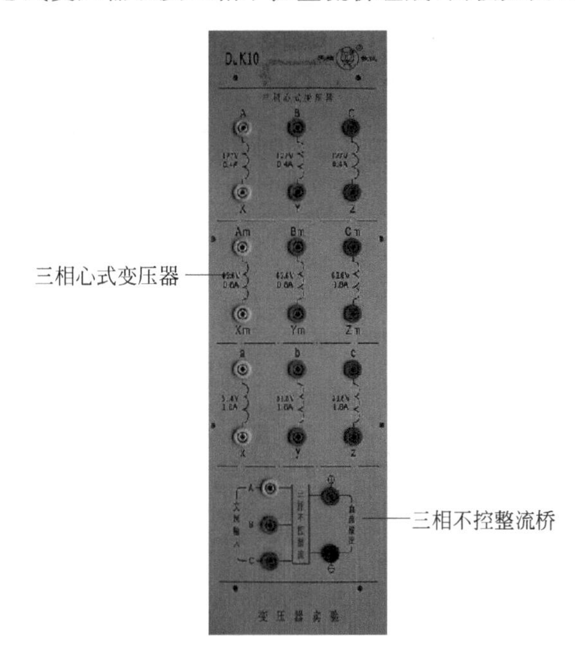

图 2-19 DJK10 面板

1. 三相心式变压器

在绕线式异步电机串级调速系统中作为逆变变压器使用，在三相桥式、单相桥式有源逆变电路实验中也要使用该挂箱。该变压器有两套副边绕组，原、副边绕组的相电压为127V/63.5V/31.8V(如果Y/Y/Y接法，则线电压为220V/110V/55V)。

2. 三相不控整流桥

由6只二极管组成桥式整流，最大电流为3A。可用于三相桥式、单相桥式有源逆变电路及直流斩波原理等实验中的高压直流电源。

2.4.10 三相异步电机变频调速控制(DJK13)

DJK13 可完成三相正弦波脉宽调制 SPWM 变频原理实验、三相马鞍波(3次谐波注入)脉宽调制变频原理实验、三相空间电压矢量 SVPWM 变频原理等实验,面板如图 2-20 所示。

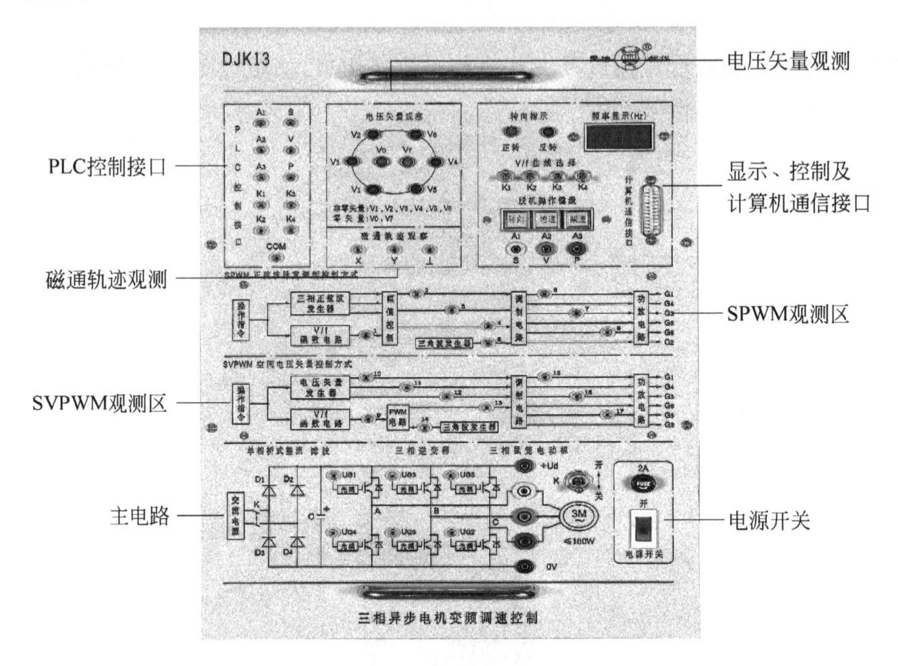

图 2-20　DJK13 面板

1. 显示、控制及计算机通信接口

控制部分由“转向”“增速”“减速”3 个按键及 4 个钮子开关等组成。

每次点动“转向”键,电机的转向改变一次,点动“增速”及“减速”键,电机的转速升高或降低,频率的范围为 0.5～60Hz,步进频率为 0.5Hz。0.5～50Hz 范围内是恒转矩变频,50～60Hz 范围内为恒功率变频。

K1、K2、K3、K4 四个钮子开关为 V/F 函数曲线选择开关,每个开关代表一个二进制数,将钮子开关拨到上面,表示 1,将其拨到下面,表示 0,从 0000 到 1111 共 16 条 V/F 函数曲线。

在按键的下面有 S、V、P 三个插孔,它的作用是切换变频模式。当三个插孔全部都悬空时,工作在 SPWM 模式下;当短接 V、P 时,工作在马鞍波模式下。当短接 S、V 时,工作在 SVPWM 模式下。

不允许将 S、P 插孔短接,否则会造成不可预料的后果。

2. 电压矢量观察

使用“旋转灯光法”形象地表示 SVPWM 的工作方式。通过对 V0～V7 八个电压矢量的观察，更加形象直观地了解 SVPWM 的工作过程。

3. 磁通轨迹观测

在不同的变频模式下，其电机内部磁通轨迹是不一样的。面板上特别设有 X、Y 观测孔，分别接至示波器的 X、Y 通道，可观测到不同模式下的磁通轨迹。

4. PLC 控制接口

面板上所有控制部分(包括 V/F 函数选择，“转向”“增速”“减速”按键，S、V、P 的切换)的控制接点都与 PLC 部分的接点一一对应，与 PLC 主机的输出端相连，通过对 PLC 的编程、操作可达到希望的控制效果。

5. SPWM 观测区

SPWM 及马鞍波的变频波形观测(分别在对应的模式下才能观测到正确的波形)。

测试点 1：在这两种模式下的 V/F 函数的电压输出。

测试点 2、3、4：在 SPWM 模式下为三相正弦波信号，在马鞍波模式下为三相马鞍波信号。

测试点 5：高频三角波调制信号。

测试点 6、7、8：调制后的三相波形。

6. SVPWM 观测区

SVPWM 的波形观测(在 SVPWM 模式下才能观测到正确的波形)。

测试点 9：在这 SVPWM 模式下的 V/F 函数的电压输出。

测试点 10、11、12：空间矢量三相的波形。

测试点 14：高频三角波调制信号。

测试点 13：三角波与 V/F 函数的电压信号合成后的 PWM 波形。

测试点 15、16、17：三相调制波形。

7. 三相主电路

主电路由单相桥式整流、滤波及三相逆变电路组成，逆变输出接三相鼠笼电机。主电路交流输入由一开关控制。逆变电路由 6 个 IGBT 管组成，其触发脉冲有相应的观测孔引出。

2.4.11 双闭环 H 桥 DC/DC 变换直流调速(DJK17)

该挂件主要完成双闭环 H 桥 PWM 直流调速系统及 DC/DC 变换电路实验，主要有电流调节器、速度调节器、给定、电流反馈调节、转速反馈调节等，其工作原理与 DJK04 的基本一致，面板如图 2-21 所示。

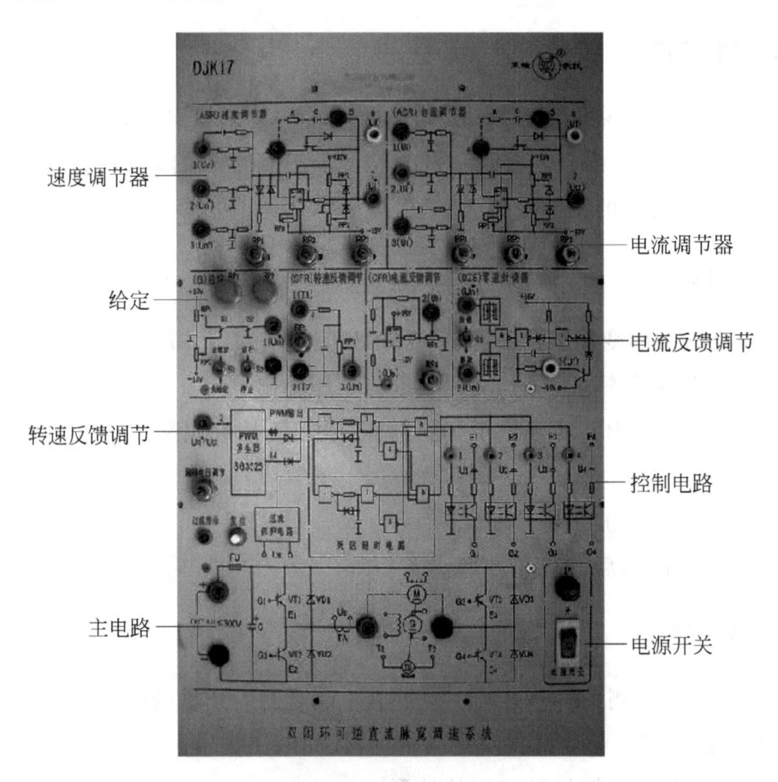

图 2-21 DJK17 面板

2.4.12 半桥型开关稳压电源(DJK19)

该挂件主要完成半桥型开关稳压电源的性能研究实验，具体说明详见半桥型开关稳压电源实验内容，面板如图 2-22 所示。

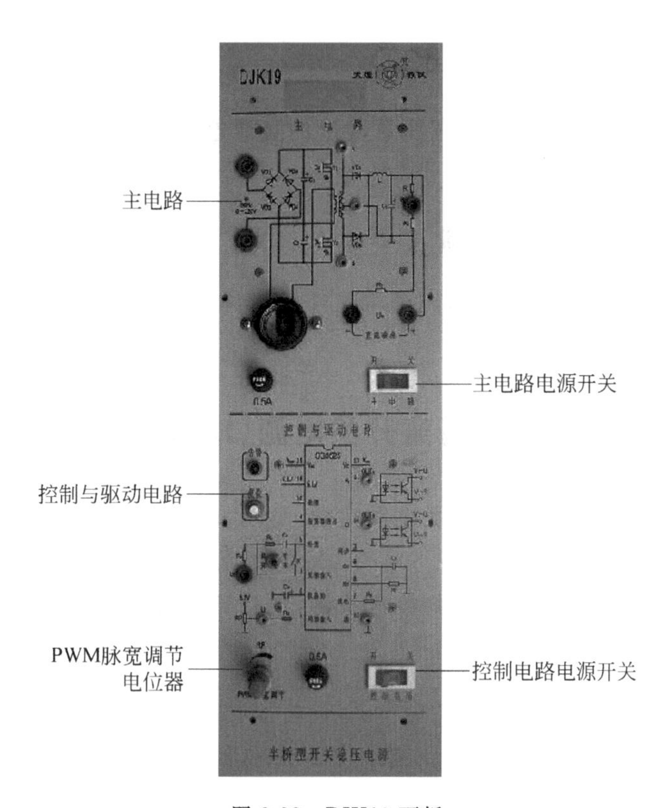

图 2-22　DJK19 面板

2.4.13　直流斩波实验(DJK20)

该挂件主要包括斩波电路的 6 种典型的电路实验。通过利用主电路元器件的自由组合,可构成降压斩波电路(Buck Chopper)、升压斩波电路(Boost Chopper)、升降压斩波电路(Boost-Buck Chopper)、Cuk 斩波电路、Sepic 斩波电路和 Zeta 斩波电路 6 种电路实验。面板图如图 2-23 所示。

1. 主电路接线图

包括 6 种电路实验详细接线图,在实验过程中按原器件标号进行接线。

2. 主电路原器件

实验中所用的器件有电容、电感、IGBT 等。

3. 整流电路

输入交流电源得到直流电源，应注意输出的直流电源不能超过 50V。直流侧有 2A 熔丝保护。

4. 控制电路及脉宽调节电位器

PWM 发生器由 SG3525 构成，调节 PWM 脉宽调节电位器改变输出的触发信号脉宽。面板如图 2-23 所示。

2.4.14 单端反激式隔离开关电源(DJK23)

该挂件完成单端反激式隔离开关电源实验，面板如图 2-24 所示。

主电路由 4 个三极管组成，输入 50～250V 的交流电压，输出＋5V/5A 及±12V/1A 直流电源。在面板的下方有＋5V 调整电位器，通过调节该电位器可以对＋5V 电压值微调。

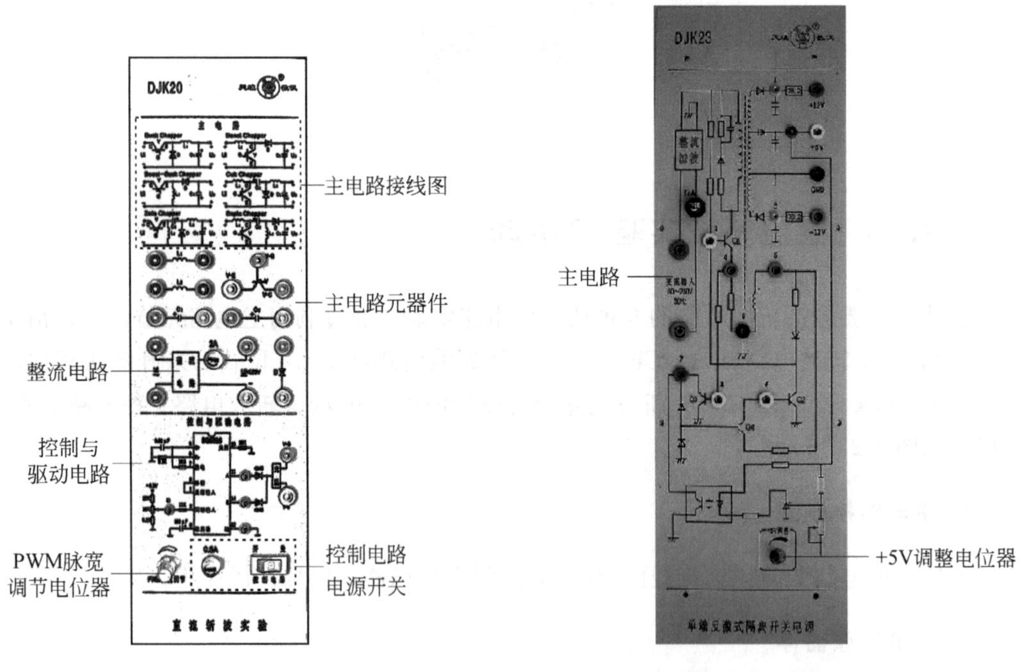

图 2-23　DJK20 面板

图 2-24　DJK23 面板

第3章

电力电子技术与电机控制认识实验

3.1 晶闸管触发电路实验

3.1.1 实验目的

(1) 熟悉单结晶体管触发电路的工作原理及电路中各元件的作用。
(2) 掌握单结晶体管触发电路的调试步骤和方法。
(3) 加深理解锯齿波同步移相触发电路的工作原理及各元件的作用。
(4) 掌握锯齿波同步移相触发电路的调试方法。

3.1.2 实验设备

(1) 电源控制屏(DJK01)。
(2) 晶闸管触发电路(DJK03-1)。
(3) 双踪示波器。

3.1.3 实验内容

(1) 单结晶体管触发电路调试。
(2) 单结晶体管触发电路各点波形的测试与分析。
(3) 锯齿波同步触发电路调试。
(4) 锯齿波同步触发电路各点波形的测试与分析。

3.1.4 实验原理

1. 单结晶体管触发电路

利用单结晶体管的负阻特性和RC的充放电特性，可组成频率可调的自激振荡电路，构成晶闸管触发电路，如图3-1所示。图中V6为单结晶体管，常用的型号有BT33和BT35两种，由等效电阻V5和C1组成RC充电回路，由C1-V6-脉冲变压器组成电容放电回路，调节RP1即可改变C1充电回路中的等效电阻。

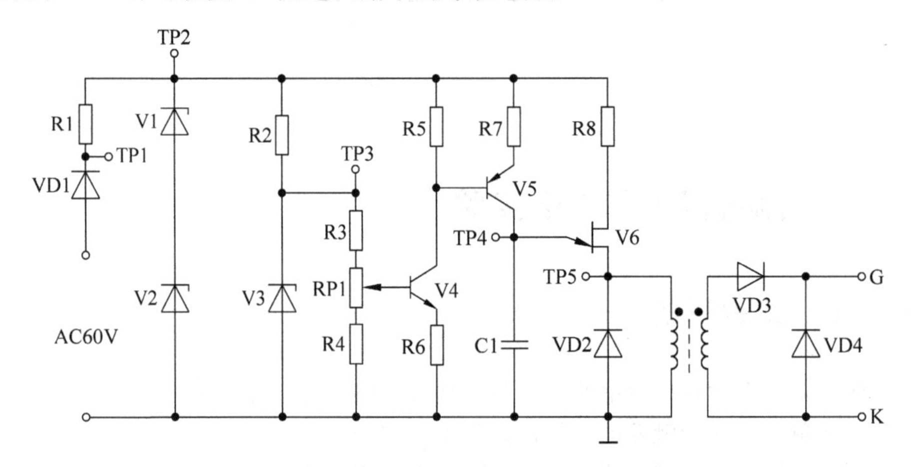

图3-1 单结晶体管触发电路实验原理

由同步变压器副边输出60V的交流同步电压，经VD1半波整流，再由稳压管V1、V2进行削波，从而得到梯形波电压，其过零点与电源电压的过零点同步，梯形波通过R7及等效可变电阻V5向电容C1充电，当充电电压达到单结晶体管的峰值电压U_P时，单结晶体管V6导通，电容通过脉冲变压器原边放电，脉冲变压器副边输出脉冲。同时由于放电时间常数很小，C1两端的电压很快下降到单结晶体管的谷点电压U_v，使V6关断，C1再次充电，周而复始，在电容C1两端呈现锯齿波形，在脉冲变压器副边输出尖脉冲。在一个梯形波周期内，V6可能导通、关断多次，但只有输出的第一个触发脉冲对晶闸管的触发时刻起作用。充电时间常数由电容C1和等效电阻等决定，调节RP1改变C1的充电时间，控制第一个尖脉冲的出现时刻，实现脉冲的移相控制。单结晶体管触发电路的各点波形如图3-2所示。

电位器RP1已安装在面板上，同步信号已在内部接好，所有的测试信号都从面板上引出。

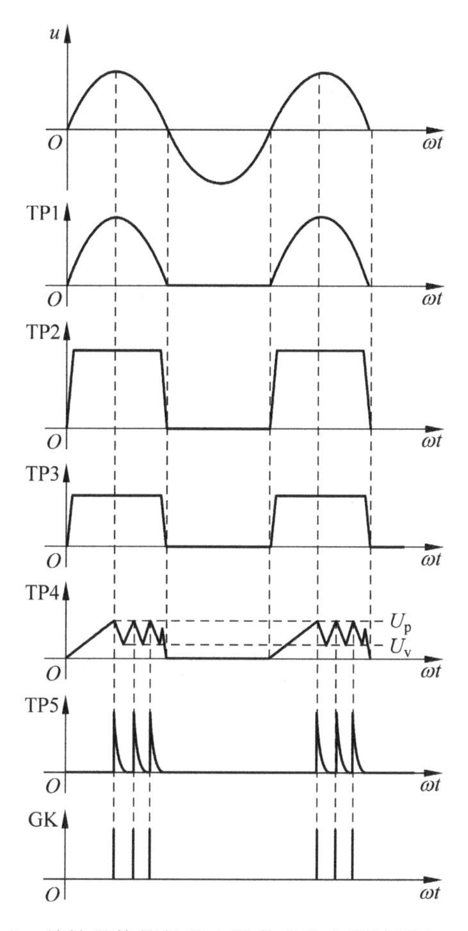

图 3-2　单结晶体管触发电路各点的电压波形($\alpha=90°$)

2. 锯齿波同步移相触发电路Ⅰ、Ⅱ

锯齿波同步移相触发电路Ⅰ、Ⅱ由同步检测、锯齿波形成、移相控制、脉冲形成、脉冲放大等环节组成,其原理图如图 3-3 所示。

由 V3、VD1、VD2、C1 等元件组成同步检测环节,其作用是利用同步电压 U_T 控制锯齿波产生的时刻及锯齿波的宽度。由 V1、V2 等元件组成的恒流源电路,当 V3 截止时,恒流源对 C2 充电形成锯齿波;当 V3 导通时,电容 C2 通过 R4、V3 放电。调节电位器 RP1 可以调节恒流源的电流大小,从而改变了锯齿波的斜率。控制电压 U_{ct}、偏移电压 U_b 和锯齿波电压在 V5 基极综合叠加,从而构成移相控制环节,RP2、RP3 分别调节控制电压 U_{ct}和偏移电压 U_b 的大小。V6、V7 构成脉冲形成放大环节,C5 为强触发电容改善脉冲的前沿,由脉冲变压器输出触发脉冲。

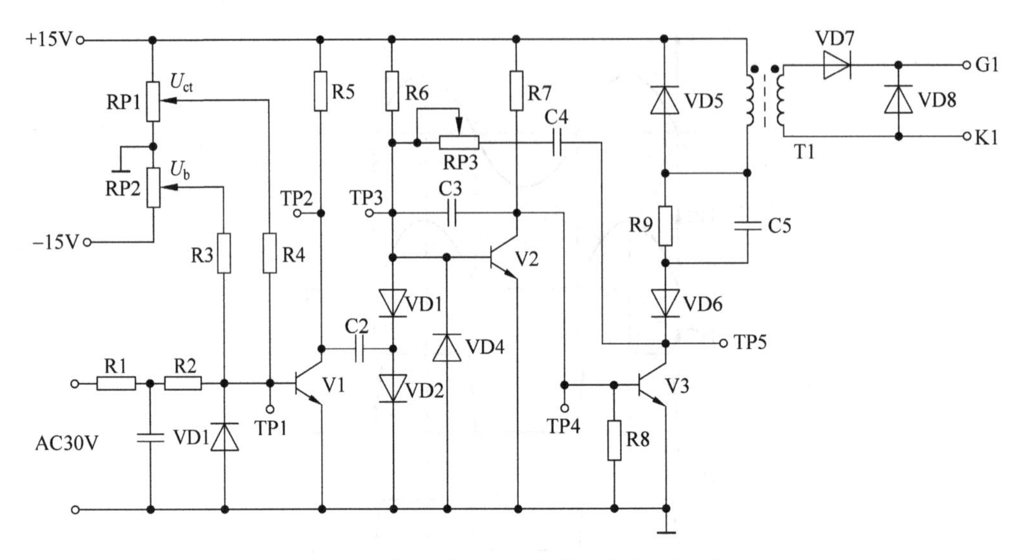

图 3-3 锯齿波同步移相触发电路Ⅰ原理

锯齿波同步移相触发电路Ⅰ和Ⅱ，在电路上完全一样，只是锯齿波触发电路Ⅱ输出的触发脉冲相位与Ⅰ恰好互差 180°，供单相整流及逆变实验用。锯齿波同步移相触发电路Ⅰ各点电压波形($\alpha=90°$)如图 3-4 所示。

3.1.5 实验方法

1. 单结晶体管触发电路实验

(1) 单结晶体管触发电路的观测。

将 DJK01 电源控制屏的电源选择开关打到“直流调速”侧，使输出线电压为 200V，用两根导线将 200V 交流电压接到 DJK03-1 的“外接 220V”端，按“启动”按钮，打开 DJK03-1 电源开关，这时挂件中所有的触发电路都开始工作。用双踪示波器观察单结晶体管触发电路，经半波整流后得到“1”点的波形，经稳压管削波得到“2”点波形，调节移相电位器 RP1，观察“4”点锯齿波的周期变化及“5”点的触发脉冲波形；最后观测输出的 G、K 触发电压波形，其能否在 30°～170°范围内移相。

(2) 单结晶体管触发电路各点波形的记录。

当 $\alpha=60°$时，将单结晶体管触发电路的各观测点波形描绘下来，并与图 3-2 的各波形进行比较。

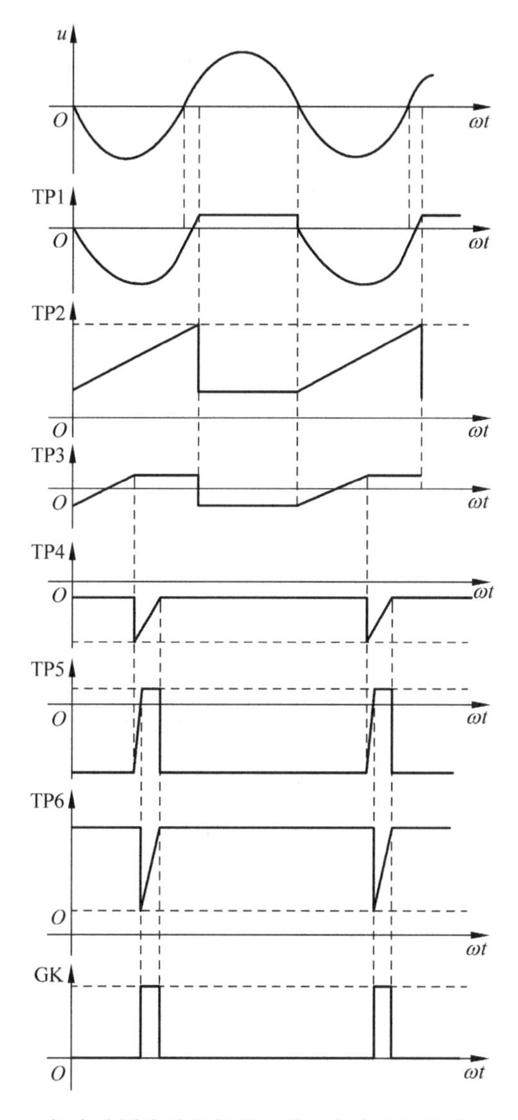

图 3-4　锯齿波同步移相触发电路Ⅰ各点电压波形($\alpha=90°$)

2. 锯齿波同步触发电路实验

(1) 锯齿波同步触发电路的观测。

将 DJK01 电源控制屏的电源选择开关打到“直流调速”侧，使输出线电压为 200V。用两根导线将 200V 交流电压接到 DJK03-1 的“外接 220V”端，按“启动”按钮，打开 DJK03-1 电源开关，这时挂件中所有的触发电路都开始工作，用双踪示波器观察锯齿波同步触发电路各观察孔的电压波形。

① 同时观察同步电压和"1"点的电压波形，了解"1"点波形形成的原因。

② 观察"1""2"点的电压波形，了解锯齿波宽度和"1"点电压波形的关系。

③ 调节电位器 RP1，观测"2"点锯齿波斜率的变化。

④ 观察"3"～"6"点电压波形和输出电压的波形，记下各波形的幅值与宽度，并比较"3"点电压 U_3 和"6"点电压 U_6 的对应关系。

(2) 调节触发脉冲的初始相位。

将控制电压 U_{ct} 调至零(将电位器 RP2 逆时针旋到底)，用示波器观察同步电压信号和"6"点 U_6 的波形，调节偏移电压 U_b(即调 RP3 电位器)，使 $\alpha=170°$，其波形如图 3-5 所示。

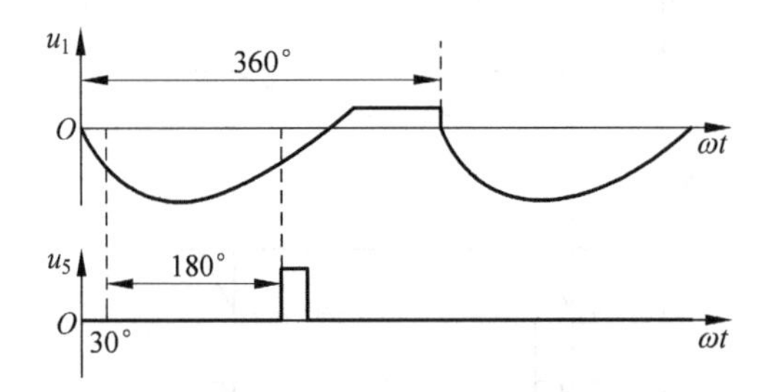

图 3-5 锯齿波同步移相触发电路

调节 U_{ct}(即电位器 RP2)使 $\alpha=90°$，观察并记录 U_1～U_6 及输出 G、K 脉冲电压的波形，标出其幅值与宽度。

3.1.6 实验报告

1. 单结晶体管触发电路

画出 $\alpha=60°$时，单结晶体管触发电路各点输出的波形及其幅值。

2. 锯齿波同步触发电路

(1) $\alpha=60°$时整理、描绘实验中记录的各点波形，并标出其幅值和宽度。

(2) 总结锯齿波同步移相触发电路移相范围的调试方法，如果要求在 $U_{ct}=0$ 的条件下，使 $\alpha=60°$，如何调整？

(3) 讨论、分析实验中出现的各种现象。

3.1.7 注意事项

(1) 双踪示波器有两个探头，可同时观测两路信号，但这两探头的地线都与示波器的外壳相连，所以两个探头的地线不能同时接在同一电路的不同电位的两个点上，否则这两点会通过示波器外壳发生电气短路。当需要同时观察两个信号时，必须在被测电路上找到这两个信号的公共点，将探头的地线接于此处，探头各接至被测信号，只有这样才能在示波器上同时观察到两个信号，而不发生意外。

(2) 由于脉冲 G、K 输出端有电容影响，故观察输出脉冲电压波形时，需将输出端 G 和 K 分别接到晶闸管的门极和阴极(或者也可用约 100Ω 阻值的电阻接到 G、K 两端，模拟晶闸管门极与阴极的阻值)，否则无法观察到正确的脉冲波形。

3.1.8 思考题

(1) 单结晶体管触发电路的振荡频率与电路中 C1 的数值有什么关系?

(2) 单结晶体管触发电路的移相范围能否达到 180°?

(3) 锯齿波同步移相触发电路有哪些特点?

(4) 锯齿波同步移相触发电路的移相范围与哪些参数有关?

3.2 晶闸管直流调速系统主要控制单元的调试

3.2.1 实验目的

(1) 熟悉直流调整系统主要控制单元的工作原理及调速系统的要求。

(2) 掌握直流调速系统主要控制单元的调试步骤和方法。

3.2.2 实验设备

(1) 电源控制屏(DJK01)。

(2) 电机调速控制实验(DJK04)。

(3) 可调电阻、电容箱(DJK08)。

(4) 双踪示波器。

(5) 万用表。

3.2.3 实验内容

(1) 调节器的调试。

(2) 反号器的调试。

(3) 零电平检测及转矩极性鉴别的调试。

(4) 逻辑控制器的调试。

3.2.4 实验原理

实验原理如图 3-6 和图 3-7 所示。

3.2.5 实验方法

将 DJK04 挂件上的 10 芯电源线、DJK04-1 和 DJK06 挂件上的蓝色 3 芯电源线与控制屏相应电源插座连接，打开挂件上的电源开关，就可以开始实验。速度调节器、电流调节器及反号器的调试接线图如图 3-6 所示。转矩极性鉴别、零电平检测及逻辑控制的调试接线如图 3-7 所示。

1. 速度调节器(ASR)的调试

(1) 速度调节器调零

将 DJK04 中调节器Ⅰ所有输入端接地，再将 DJK08 中的 120kΩ 可调电阻接到调节器Ⅰ的“4”“5”两端，用导线将“5”“6”端短接，使调节器Ⅰ成为 P（比例）调节器。用万用表的毫伏挡测量调节器Ⅰ的“7”端的输出，调节面板上的调零电位器 RP3，使之输出电压尽可能接近于零。

(2) 调整 ASR 的“3”端的输出正、负限幅值

将“5”“6”端短接线去掉，将 DJK08 中的可调电容 0.47μF 接入“5”“6”两端，使调节器成为 PI（比例积分）调节器，将调节器Ⅰ的所有输入端上的接地线去掉，将 DJK04 的给定输出端接到调节器Ⅰ的“3”端，当加＋5V 的正给定电压时，调整负限幅电位器 RP2，观察调节器负电压输出的变化规律；当调节器输入端加－5V 的负给定电压时，调整正限幅电位器 RP1，观察调节器正电压输出的变化规律。

(3) 测定 ASR 作为 P 调节器的输入-输出特性。

再将反馈网络中的电容短接(将“5”“6”端短接)，使调节器Ⅰ为 P(比例)调节器，同时

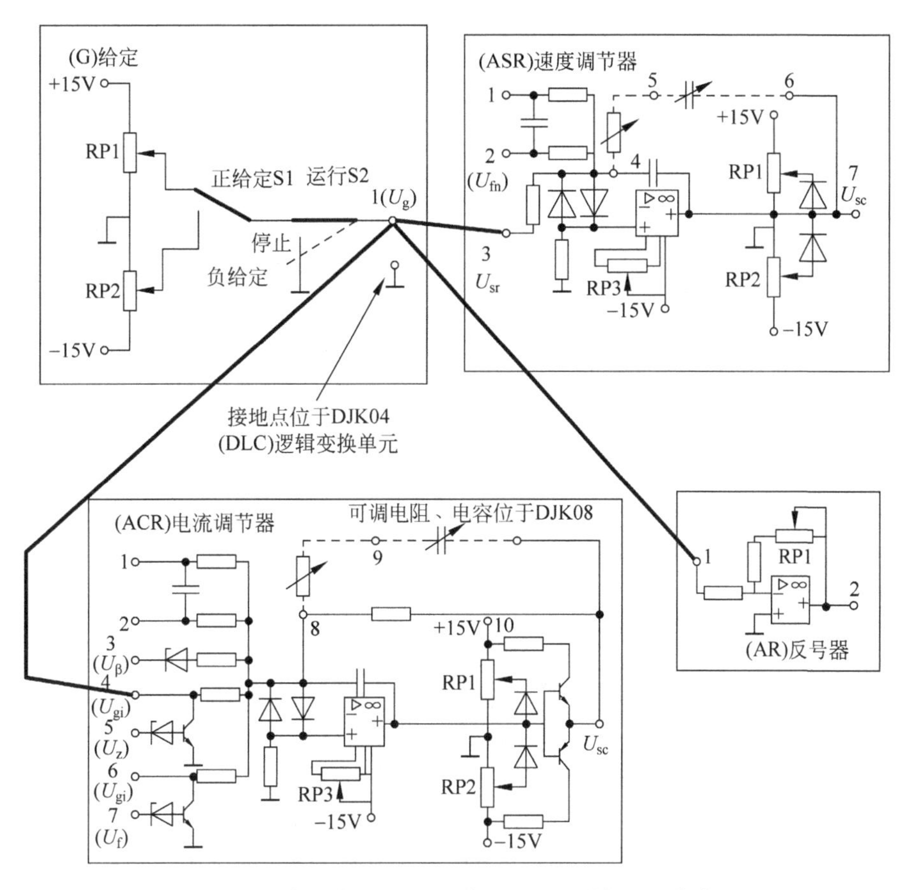

图 3-6　速度调节器、电流调节器及反号器的调试接线图

将正负限幅电位器 RP1 和 RP2 均顺时针旋到底，在调节器的输入端分别逐渐加入正负电压，测出相应的输出电压变化，直至输出限幅值，并画出对应的曲线。

(4) 测试 PI 调节特性。

拆除“5”“6”端短接线，给调节器输入端突加给定电压，用慢扫描示波器观察输出电压的变化规律。改变调节器的外接电阻和电容值(改变放大倍数和积分时间)，观察输出电压的变化。

2. 电流调节器(ACR)的调试

(1) 电流调节器的调零。

将 DJK04 中调节器Ⅱ所有输入端接地，再将 DJK08 中的 13kΩ 可调电阻接调节器Ⅱ的“8”“9”两端，用导线将“9”“10”短接，使调节器Ⅱ成为 P(比例)调节器。用万用表的毫

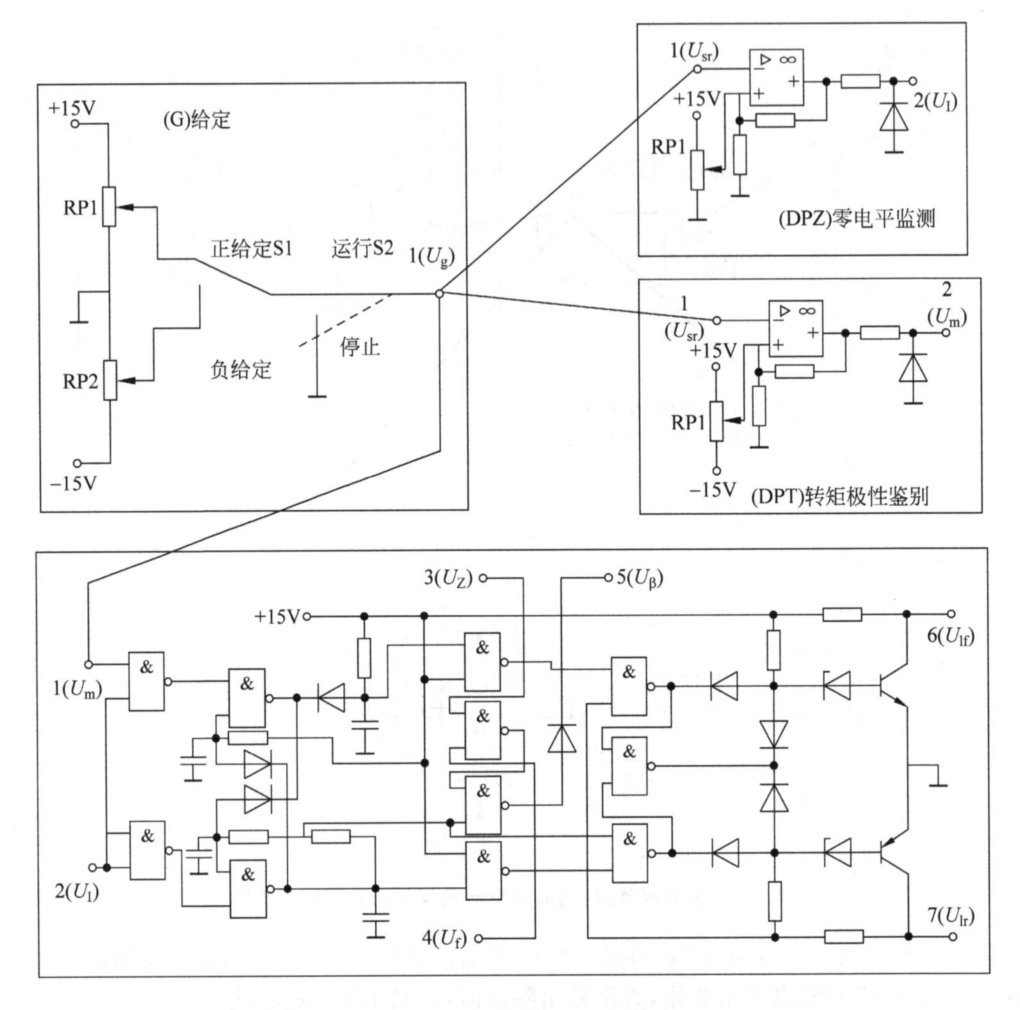

图 3-7　转矩极性鉴别、零电平检测及逻辑控制的调试接线图

伏挡测量调节器Ⅱ的“11”端的输出，调节面板上的调零电位器 RP3，使之输出电压尽可能接近于零。

（2）调整电流调节器的“4”端的输出正、负限幅值。

把“9”“10”端短接线去掉，将 DJK08 中的可调电容 0.47μF 接入“9”“10”两端，使调节器成为 PI(比例积分)调节器，将调节器Ⅱ的所有输入端上的接地线去掉，将 DJK04 的给定输出端接到调节器Ⅱ的“4”端，当加＋5V 的正给定电压时，调整负限幅电位器 RP2，观察调节器负电压输出的变化规律；当调节器输入端加－5V 的负给定电压时，调整正限幅电位器 RP1，观察调节器正电压输出的变化规律。

(3) 测定 ACR 作为 P 调节器的输入输出特性。

再将反馈网络中的电容短接(将"9""10"端短接)，使调节器Ⅱ为 P 调节器，同时将正负限幅电位器 RP1 和 RP2 均顺时针旋到底，在调节器的输入端分别逐渐加入正负电压，测出相应的输出电压变化，直至输出限幅值，并画出对应的曲线。

(4) 测试 PI 调节特性。

拆除"9""10"端短接线，突加给定电压，用慢扫描示波器观察输出电压的变化规律。改变调节器的外接电阻和电容值(改变放大倍数和积分时间)，观察输出电压的变化。

3. 反号器的调试

测定输入输出的比例，将反号器输入端"1"接"给定"的输出，调节"给定"输出为 5V 电压，用万用表测量"2"端输出是否等于－5V 电压，如果两者不等，则通过调节 RP1 使输出等于负的输入。再调节"给定"电压使输出为－5V 电压，观测反号器输出是否为 5V。

4. 转矩极性鉴别及零电平检测的调试

(1) 测定转矩极性鉴别的环宽，一般环宽为 0.4～0.6V，记录高电平的电压值，调节单元中的 RP1 电位器使特性满足其要求，使得"转矩极性鉴别"的特性范围为－0.25～0.25V。

转矩极性鉴别具体调试方法如下：

① 调节给定 U_g，使转矩极性鉴别的"1"端得到约 0.25V 电压，调节电位器 RP1，恰好使其"2"端输出从高电平跃变为低电平。

② 调节负给定从 0V 起调，当转矩极性鉴别器的"2"端从低电平跃变为高电平时，检测转矩极性鉴别器的"1"端应约为－0.25V，否则应适当调整电位器 RP1，使"2"端输出由高电平变低电平。

③ 重复上述步骤，观测正负给定时跳变点是否基本对称，如有偏差则适当调节，使得正负的跳变电压的绝对值基本相等。

(2) 测定零电平检测的环宽，一般环宽也为 0.4～0.6V，调节 RP1 电位器，使回环沿纵坐标右侧偏离 0.2V，即特性范围为 0.2～0.6V。

零电平检测具体调试方法：

① 调节给定 U_g，使零电平检测的"1"端输入约 0.6V 电压，调节电位器 RP1，恰好使"2"端输出从高电平跃变为低电平。

② 慢慢减小给定，当零电平检测的"2"端输出从低电平跃变为高电平时，检测零电平检测的"1"端输入应约为 0.2V，否则应调整电位器。

③ 根据测得数据，画出两个电平检测器的回环特性。

5. 逻辑控制的调试

(1) 将 DJK04 的“给定”输出接到 DJK04-1“逻辑控制”的 U_m 输入端,将 DJK06 的“给定”输出接到 DJK04-1“逻辑控制”的 U_I 输入端,并将 DJK04、DJK04-1、DJK06 挂件共地。

(2) 将 DJK04 和 DJK06“给定”的 RP1 电位器,均顺时针旋到底,将给定部分的 S2 打到运行侧表示输出是 1,打到停止侧表示输出是 0。

(3) 两个给定都输出 1 时,用万用表测量逻辑控制的“3(U_Z)”“6(U_{lf})”端输出应该是 0,“4(U_F)”“7(U_{lr})”端的输出应该是 1,依次按从左到右的顺序(见表 3-1),控制 DJK04 和 DJK06“给定”的输出状态,同时用万用表测量逻辑控制的“U_Z”“U_{lf}”和“U_F”“U_{lr}”端的输出是否符合表 3-1。

表 3-1 真值表

输入	U_m	1	1	0	0	0	1
	U_I	1	0	0	1	0	0
输出	$U_Z(U_{lf})$	0	0	0	1	1	1
	$U_F(U_{lr})$	1	1	1	0	0	0

3.2.6 预习报告

(1) 晶闸管直流调速系统主要控制单元的工作原理。

(2) 晶闸管直流调速系统主要控制单元的调试方法。

3.2.7 实验报告

(1) 画出各控制单元的调试连线图。

(2) 简述各控制单元的调试要点。

(3) 根据实验记录数据,画出电平检测器的回环特性,并进行分析。

3.2.8 思考题

(1) 分析 ASR、ACR 两个调节器电路的工作原理。

(2) 分别说明转矩极性鉴别和零电平检测的作用。

(3) 什么是“转矩极性鉴别”的环宽?

第4章

电力电子技术实验

4.1 单相桥式半控整流电路实验

4.1.1 电路工作原理

1. 带电阻性负载的工作情况

1）电路分析

如图 4-1 所示，晶闸管 VT1 和 VD4 组成一对桥臂，VT3 和 VD2 组成另一对桥臂。

在 u_2 正半周（即 a 点电位高于 b 点电位），若两个晶闸管均不导通，$i_d=0$，$u_d=0$，VT1、VD4 串联承受电压 u_2。

在触发角 α 处给 VT1 施加触发脉冲，VT1 和 VD4 导通，电流从电源 a 端经 VT1、R、VD4 流回电源 b 端。

当 u_2 过零时，流经晶闸管的电流也降到零，VT1 和 VD4 关断。

在 u_2 负半周，仍在触发角 α 处触发 VT3，VD2 和 VT3 导通，电流从电源 b 端流出，经 VT3、R、VD2 流回电源 a 端。

当 u_2 过零时，电流又降为零，VD2 和 VT3 关断。

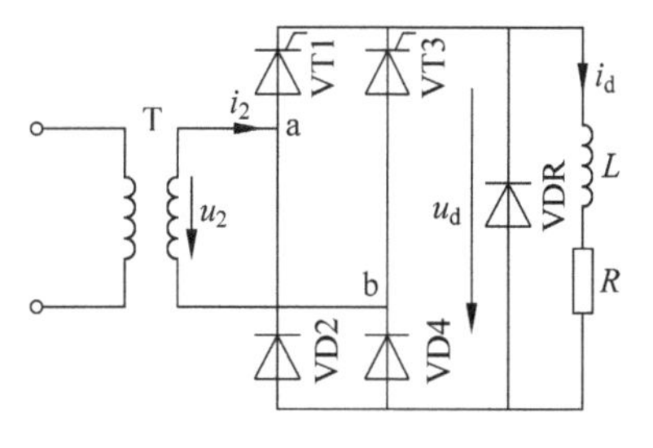

图 4-1 单相桥式半控整流电路

2）基本数量关系

晶闸管承受的最大正向电压和反向电压分别为

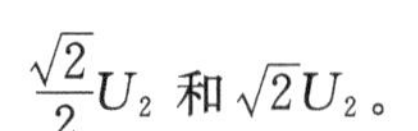
$\frac{\sqrt{2}}{2}U_2$ 和 $\sqrt{2}U_2$。

整流电压平均值为

$$U_d = \frac{1}{\pi}\int_{\alpha}^{\pi}\sqrt{2}U_2\sin\omega t\,d(\omega t) = \frac{2\sqrt{2}U_2}{\pi}\frac{1+\cos\alpha}{2} = 0.9U_2\frac{1+\cos\alpha}{2}$$

当 $\alpha=0$ 时，$U_d=U_{d0}=0.9U_2$；当 $\alpha=180°$时，$U_d=0$。可见，α 角的移相范围为 0～180°。

向负载输出的直流电流平均值为

$$I_d = \frac{U_d}{R} = \frac{2\sqrt{2}U_2}{\pi R}\frac{1+\cos\alpha}{2} = 0.9\frac{U_2}{R}\frac{1+\cos\alpha}{2}$$

晶闸管的电流平均值只有输出直流平均值的一半，即

$$I_{dVT} = \frac{1}{2}I_d = 0.45\frac{U_2}{R}\frac{1+\cos\alpha}{2}$$

流过晶闸管的电流有效值为

$$I_{VT} = \sqrt{\frac{1}{2\pi}\int_{\alpha}^{\pi}\left(\frac{\sqrt{2}U_2}{R}\sin\omega t\right)^2 d(\omega t)} = \frac{U_2}{\sqrt{2}R}\sqrt{\frac{1}{2\pi}\sin 2\alpha_T + \frac{\pi-\alpha}{\pi}}$$

2. 带阻感性负载的工作情况

1）不接续流二极管

每一个导电回路由一个晶闸管和一个二极管构成。

在 u_2 正半周，α 处触发 VT1，u_2 经 VT1 和 VD4 向负载供电。

当 u_2 过零变负时，因电感作用使电流连续，VT1 继续导通，但因 a 点电位低于 b 点电位，电流是由 VT1 和 VD2 续流，$u_d=0$。

在 u_2 负半周，α 处触发 VT3，向 VT1 加反压使之关断，u_2 经 VT3 和 VD2 向负载供电。

当 u_2 过零变正时，VD4 导通，VD2 关断。VT3 和 VD4 续流，u_d 又为零。

2）接续流二极管

若无续流二极管，则当 α 突然增大至 180°或触发脉冲丢失时，会发生一个晶闸管持续导通而两个二极管轮流导通的情况，这使 u_d 成为正弦半波，即半周期 u_d 为正弦，另外半周期 u_d 为零，其平均值保持恒定，相当于单相半波不可控整流电路时的波形，称为失控。

有续流二极管 VDR 时，续流过程由 VDR 完成，避免出现失控现象。

续流期间导电回路中只有一个管压降，少了一个管压降，有利于降低损耗。

4.1.2　单相桥式半控整流电路 MATLAB/Simulink 仿真实验设计与实现

1. 实验目的

(1) 加深理解单相桥式半控整流电路的工作原理。

(2) 了解续流二极管在单相桥式半控整流电路中的作用。

(3) 掌握单相桥式半控整流电路的 MATLAB/Simulink 的仿真建模方法，学会设置各模块的参数。

2. 实验内容

(1) 单相桥式半控整流电路带电阻性负载仿真。

(2) 单相桥式半控整流电路带阻感性负载不接续流二极管和接续流二极管时的仿真。

3. 实验器材

(1) PC。

(2) MATLAB 6.5.1 仿真软件。

4. 实验仿真

1) 单相桥式半控整流电路带电阻性负载仿真

单相桥式半控整流电路的仿真模型如图 4-2 所示。仿真步骤如下：

(1) 主电路建模和参数设置。

主电路主要有交流电源，桥式半控整流电路和电阻组成，交流电源的路径为 SimpowerSystems/Electrical Sources/AC voltage Source，参数设置：峰值电压为 220V，相位为 0°，频率为 50Hz。电阻参数为 10Ω。

从模块库中取两个晶闸管模块 Thyristor（路径：SimPowerSystems/Power Electronics/Thyristor），两个二极管模块 Diode（路径：SimPowerSystems/Power Electronics/Diode），两个 Terminator 模块（路径：Simulink/sinks/Terminator），拉到仿真平台中进行连接，得到半控桥式整流电路仿真模型如图 4-3 所示。选中所有模块进行封装并装饰后，得到如图 4-4 所示。

(2) 控制电路建模和参数设置。

单相桥式半控整流电路控制电路的仿真模型主要由两个脉冲触发器组成（其路径为

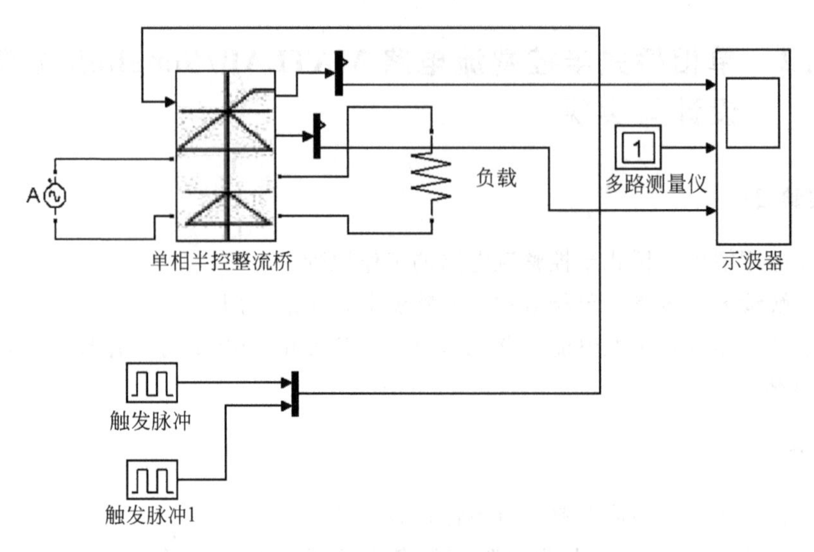

图 4-2 单相半控整流电路仿真模型

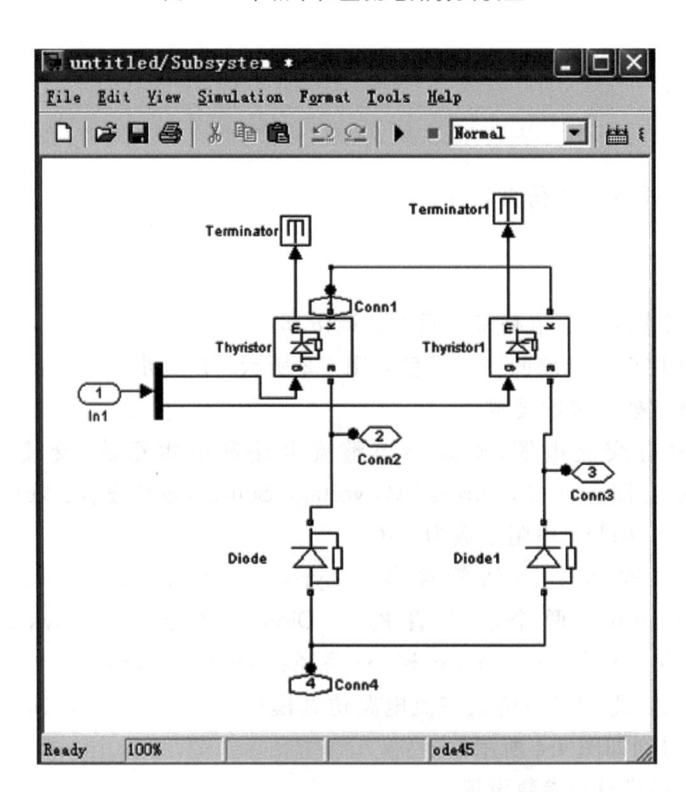

图 4-3 半控桥式整流电路仿真模型

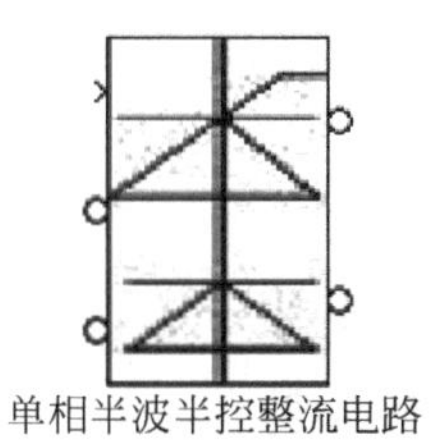

图 4-4　装饰后的半控桥式整流电路子系统仿真模型

Simulink/Sources/Pulse Generator)，分别通向 VT1 和 VT2 两个晶闸管，一个脉冲触发器参数设置：峰值为 1，周期为 0.02s(与电源频率对应)，脉冲宽度为 10。当 α 取 30°时，也即一个触发脉冲的延迟时间为 0.001 67s，通向 VT1，另一个触发脉冲的延迟时间为 0.011 67s，通向 VT2。

仿真算法采用 ode15s，仿真时间为 1s。仿真结果如图 4-5 所示。

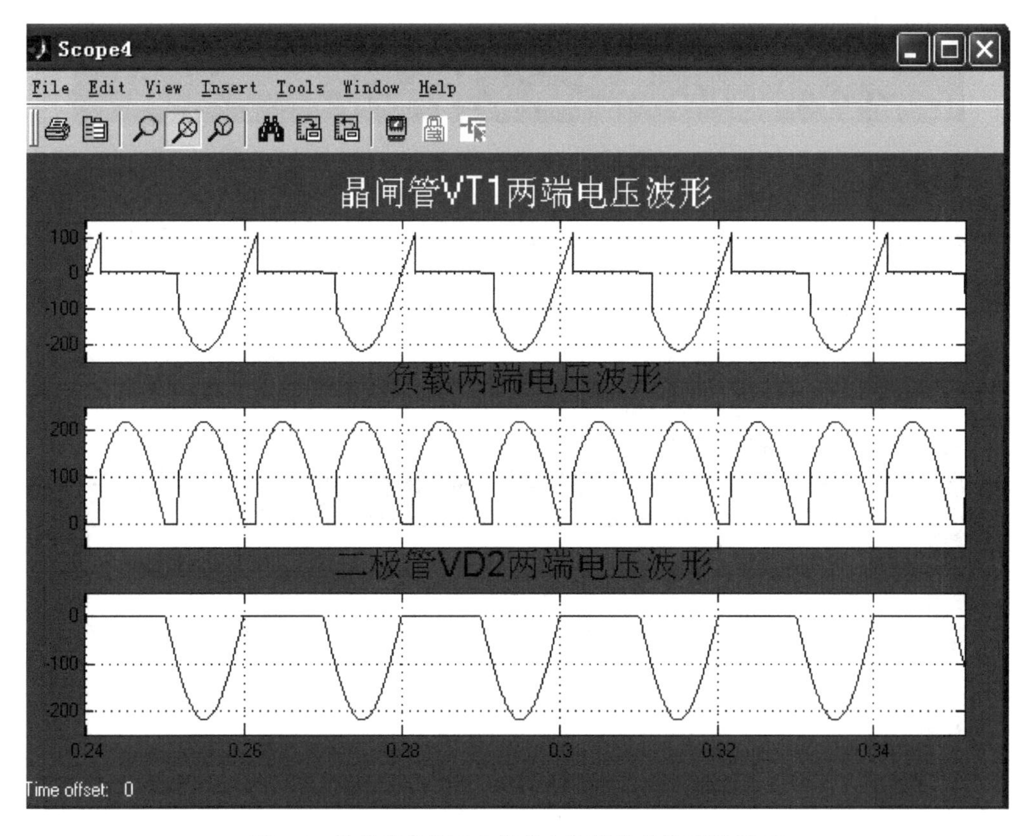

图 4-5　单相半控整流电路带电阻性负载仿真结果(1)

将 $U_2=155.587\text{V}$、$\alpha=30°$代入 $U_d=0.9U_2\dfrac{1+\cos\alpha}{2}$得 $U_d=130.6\text{V}$。而仿真结果如图 4-6 所示，得 $U_d=129.47\text{V}$。

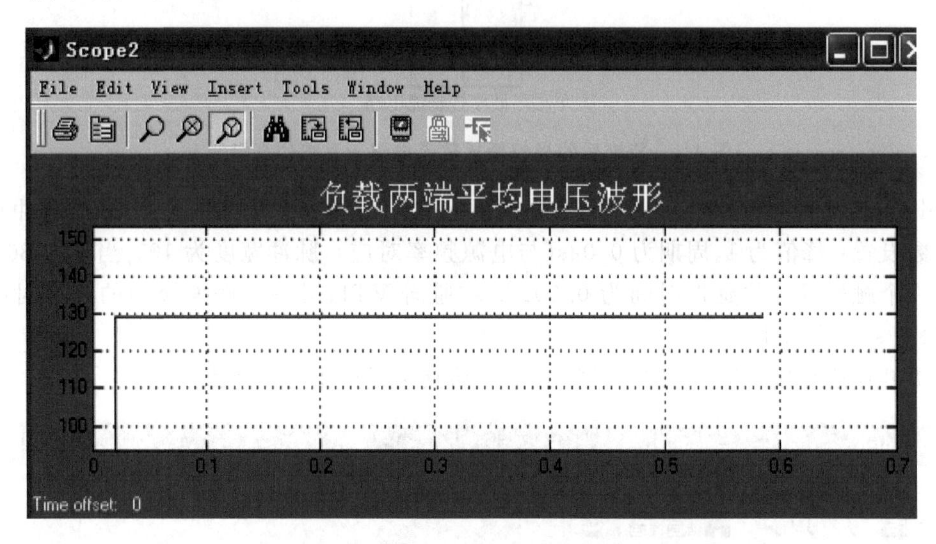

图 4-6 单相半控整流电路带电阻性负载两端电压仿真结果(2)

将 $U_2=155.587\text{V}$、$\alpha=30°$、$R=10\Omega$ 代入 $I_{VT}=\dfrac{U_2}{\sqrt{2}R}\sqrt{\dfrac{1}{2\pi}\sin2\alpha+\dfrac{\pi-\alpha}{\pi}}$ 得 $I_{VT}=10.74\text{A}$。而仿真结果如图 4-7 所示，得 $I_{VT}=10.74\text{A}$。

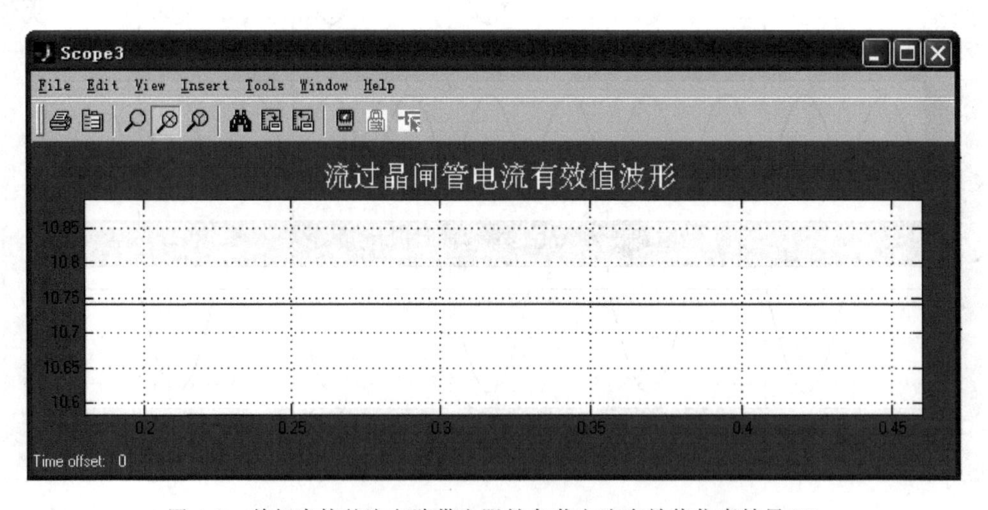

图 4-7 单相半控整流电路带电阻性负载电流有效值仿真结果(3)

2）单相桥式半控整流电路带阻感性负载仿真

把图 4-2 中电阻负载改为阻感性负载，电阻为 10Ω，电感为 1H，测量晶闸管 VT1、二极管 VD2 和阻感性负载两端电压和电流波形。当 α 取为 30°时，仿真算法采用 ode15s，仿真时间为 1s，得到仿真结果如图 4-8 所示。

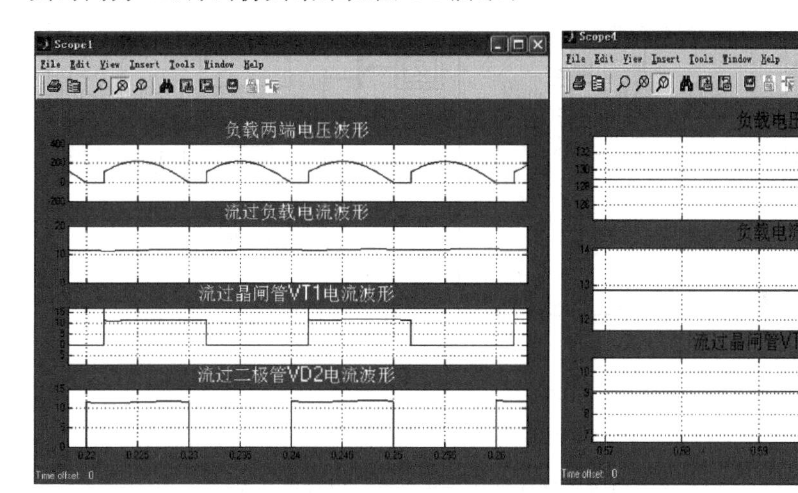

图 4-8　单相半控整流电路带阻感性负载仿真结果

将 $\alpha=30°$、$U_2=155.587\text{V}$、$R=10\Omega$ 代入 $U_d=0.9U_2\dfrac{1+\cos\alpha}{2}$、$I_d=\dfrac{U_d}{R}$ 得 $U_d=130.64\text{V}$，$I_d=13\text{A}$。而仿真结果为 $U_d=129.2\text{V}$，$I_d=12.91\text{A}$。

将 $I_d=13\text{A}$ 代入 $I_{VT}=\dfrac{I_d}{\sqrt{2}}$ 得 $I_{VT}=9.2\text{A}$，而仿真结果 $I_{VT1}=9.12\text{A}$。可以看出两者数值基本相同。

3）单相桥式半控整流电路带阻感性负载接续流二极管仿真

现在图 4-2 电路接带阻感性负载并且并联续流二极管，仿真模型如图 4-9 所示。

负载电路并联二极管模型 Diode(提取路径为 SimpowerSystems/Power Electronics/Diode)，参数为默认值，检测晶闸管电流的有效值、负载电流的平均值和负载电压平均值。

电阻为 10Ω，电感为 1H，$\alpha=30°$，仿真算法采用 ode15s，仿真时间为 1s，仿真结果如图 4-10 所示。

将 $\alpha=30°$、$U_2=155.587\text{V}$、$R=10\Omega$ 代入 $U_d=0.9U_2\dfrac{1+\cos\alpha}{2}$、$I_d=\dfrac{U_d}{R}$ 得 $U_d=130.64\text{V}$，$I_d=13\text{A}$。而仿真结果为 $U_d=129.2\text{V}$，$I_d=12.91\text{A}$。

将 $I_d=13\text{A}$，$\alpha=\pi/6$，代入 $I_{VT}=\sqrt{\dfrac{\pi-\alpha}{2\pi}}I_d$ 得 $I_{VT}=8.39\text{A}$，而仿真结果 $I_{VT}=8.33\text{A}$。

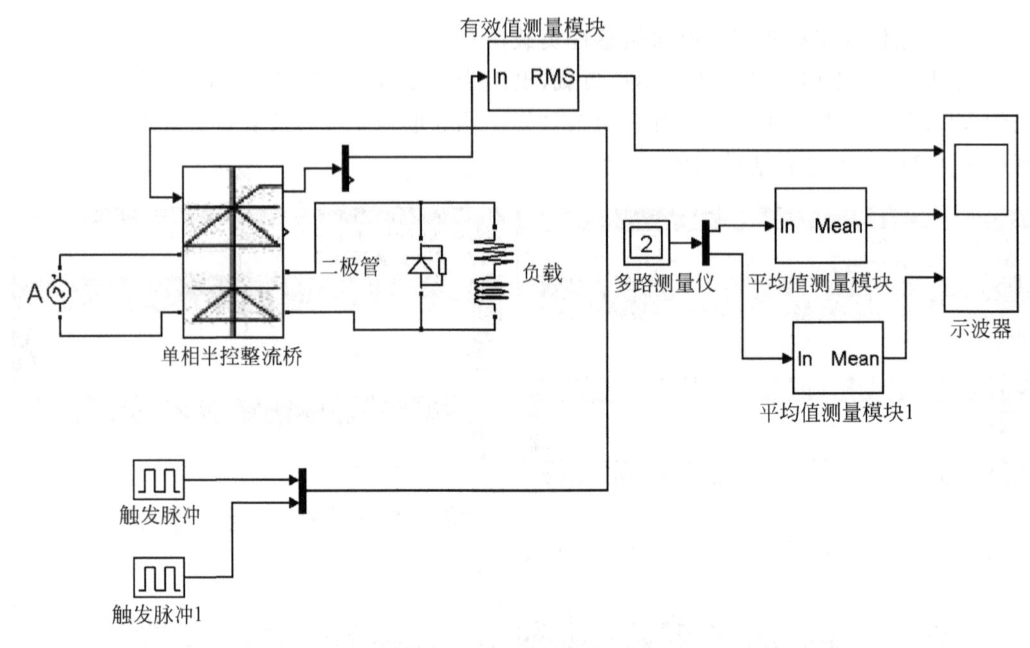

图 4-9 单相半控整流电路带阻感性负载并联续流二极管仿真模型

从仿真结果可以看出，二者结果相同。

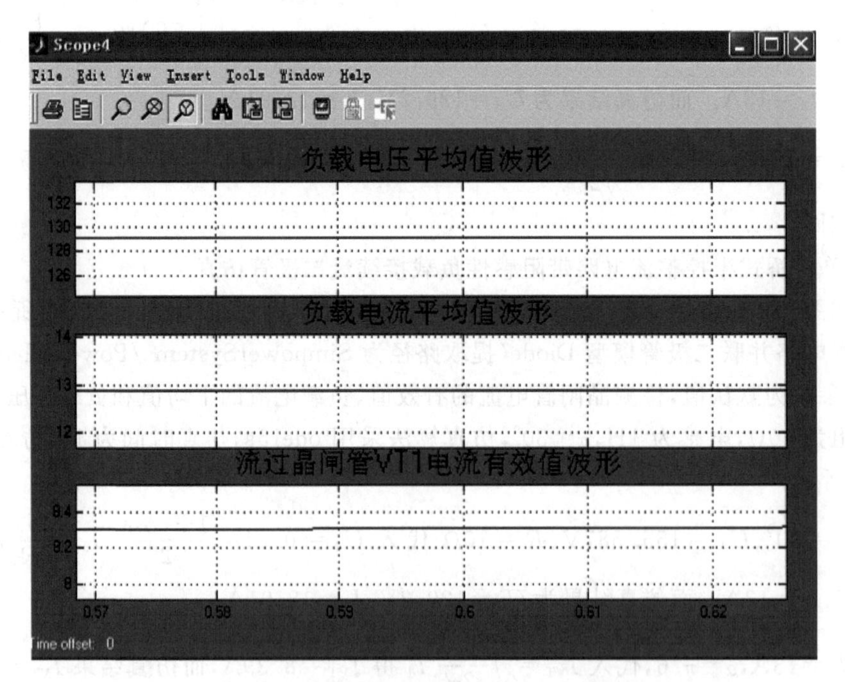

图 4-10 单相半控整流电路带阻感性负载并联续流管仿真结果

4.1.3　单相桥式半控整流电路 DJDK-1 型电力电子技术及电机控制实验台实验

1. 实验目的

(1) 加深对单相桥式半控整流电路带电阻性、阻感性负载时各工作情况的理解。

(2) 了解续流二极管在单相桥式半控整流电路中的作用，学会对实验中出现的问题加以分析和解决。

2. 实验原理

实验线路原理图如图 4-11 所示，两组锯齿波同步移相触发电路均在 DJK03-1 挂件上，它们由同一个同步变压器保持与输入的电压同步，触发信号加到共阴极的两个晶闸管，图中的 R 用 D42 三相可调电阻，将两个 900Ω 电阻接成并联形式，二极管 VD1、VD2、VD3 及开关 S1 均在 DJK06 挂件上，电感 L_d 在 DJK02 面板上，有 100mH、200mH、700mH 三挡可供选择，本实验用 700mH 挡，直流电压表、电流表从电源控制屏 DJK01 获得。

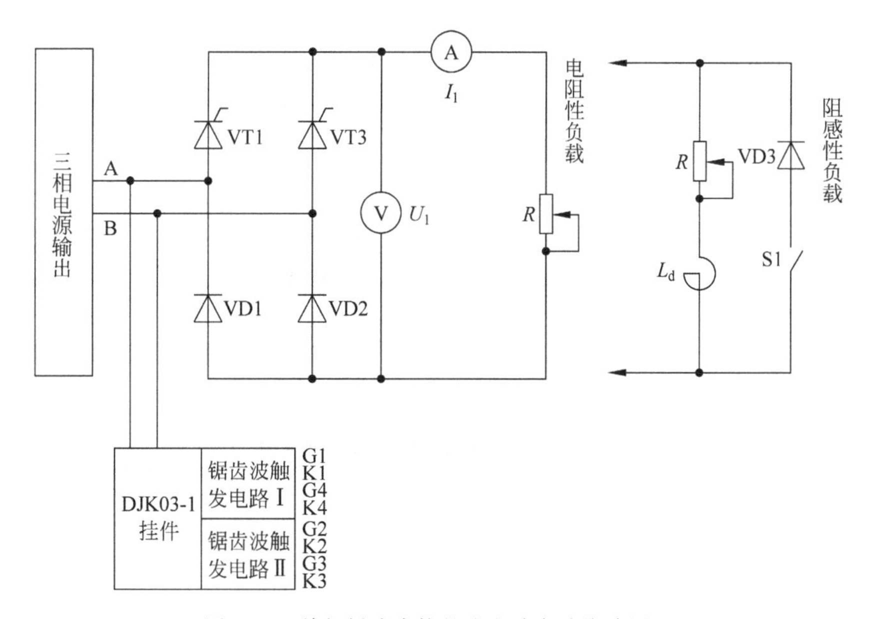

图 4-11　单相桥式半控整流电路实验线路原理

注：VT1 的触发脉冲可以选择锯齿波触发电路Ⅱ的任一组；VT3 的触发脉冲可以选择锯齿波触发电路Ⅰ的任一组。

3. 实验设备

(1) 电源控制屏(DJK01)。
(2) 晶闸管主电路(DJK02)。
(3) 晶闸管触发电路(DJK03-1)。
(4) 给定及实验器件(DJK06)。
(5) 三相可调电阻(D42)。
(6) 双踪示波器。
(7) 万用表。

4. 实验内容

(1) 单相桥式半控整流电路带电阻性负载的工作情况。
(2) 单相桥式半控整流电路带阻感性负载的工作情况。
(3) 单相桥式半控整流电路带阻感性负载接续流二极管的工作情况。
(4) 单相桥式半控整流电路带阻感性负载不接续流二极管的工作情况。

5. 实验方法

(1) 将 DJK01 电源控制屏的电源选择开关打到“直流调速”侧使输出线电压为 200V,用两根导线将 200V 交流电压接到 DJK03-1 的“外接 220V”端,按“启动”按钮,打开 DJK03-1 电源开关,用双踪示波器观察“锯齿波同步触发电路”各观察孔的波形。

(2) 锯齿波同步移相触发电路调试：其调试方法见 3.1 节。

(3) 单相桥式半控整流电路带电阻性负载。

按图 4-12 接线,主电路接可调电阻 R,将电阻器调到最大阻值位置(逆时针旋到底),按“启动”按钮,用示波器观察并记录负载电压 U_d、晶闸管两端电压 U_{VT} 和整流二极管两端电压 U_{VD1} 的波形,调节锯齿波同步移相触发电路上的移相控制电位器 RP2,观察并记录 $\alpha=60°$ 时 U_d、U_{VT}、U_{VD1} 的波形,测量相应电源电压 U_2 和负载电压 U_d 的数值,记录于表 4-1 中。

表 4-1 电阻性负载实验数据记录表

α / 数据	30°	60°	90°	120°	150°
U_2					
U_d(记录值)					
U_d/U_2					
U_d(计算值)					

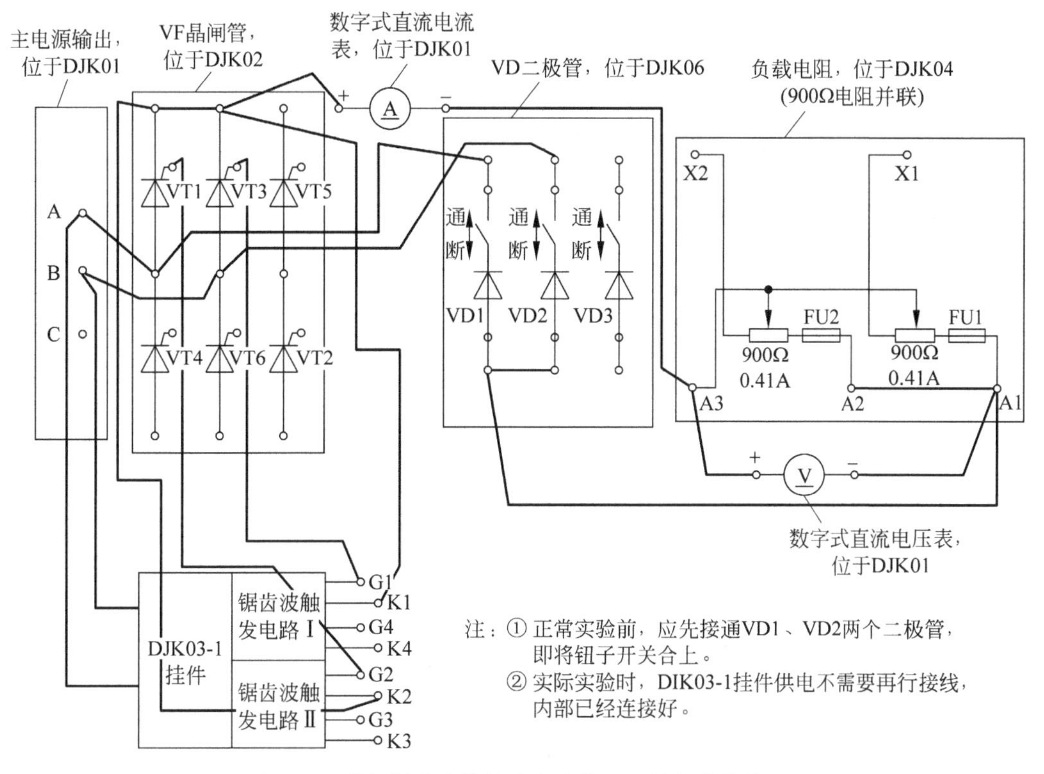

图 4-12　单相桥式半控整流电路带电阻性负载接线图

计算公式为

$$U_d=0.9U_2(1+\cos\alpha)/2$$

(4) 单相桥式半控整流电路带阻感性负载。

① 断开主电路后，将负载换成将平波电抗器 L_d(700mH)与电阻 R 串联，即按图 4-13 接线。

② 不接续流二极管 VD3，接通主电路，用示波器观察并记录 $\alpha=60°$时 U_d、U_{VT}、U_{VD1}、I_d的波形，并测定相应的 U_2、U_d数值，记录于表 4-2 中。

表 4-2　阻感性负载实验数据记录表(不接续流二极管 VD3)

数据 \ α	30°	60°	90°
U_2			
U_d(记录值)			
U_d/U_2			
U_d(计算值)			

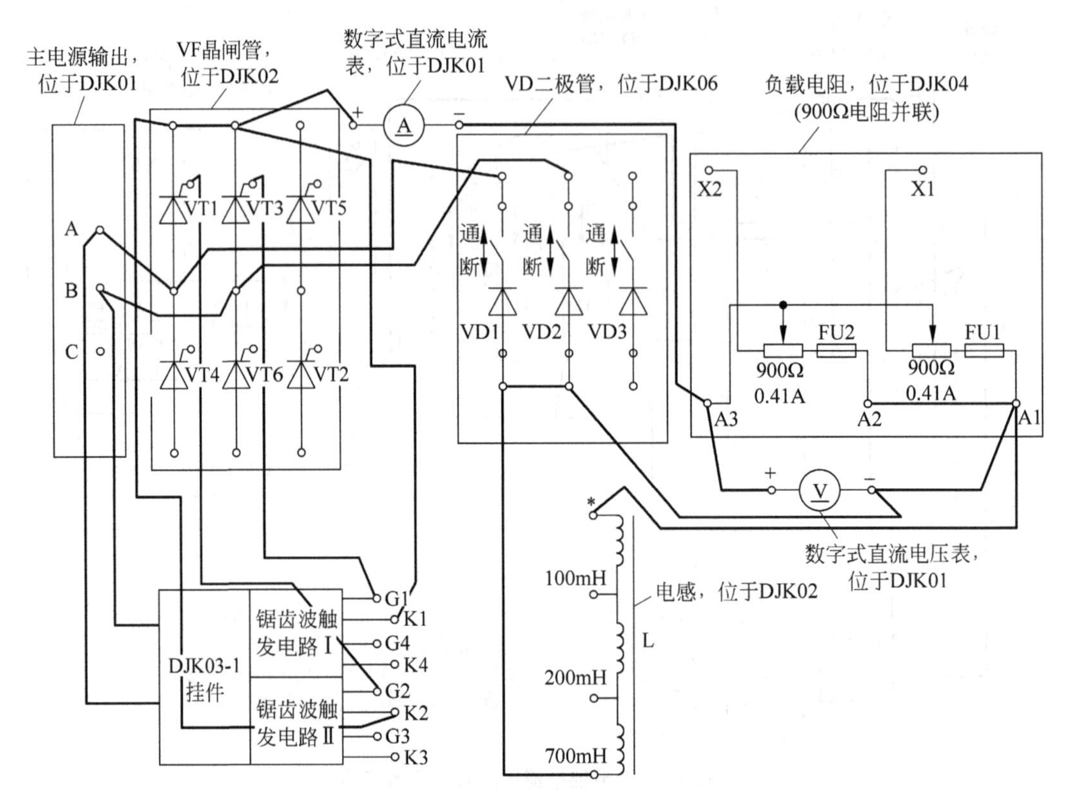

图 4-13 单相桥式半控整流电路带阻感性负载接线图(不接续流二极管 VD3)

③ 在 $\alpha=60°$时，移去触发脉冲(将锯齿波同步触发电路上的 G3 或 K3 拔掉)，观察并记录移去脉冲前后 U_d、U_{VT1}、U_{VT3}、U_{VD1}、U_{VD2}、I_d 的波形。

④ 按图 4-14 接线，接上续流二极管 VD3，接通主电路，观察并记录 $\alpha=60°$时 U_d、U_{VD3}、I_d的波形，并测定相应的 U_2、U_d数值，记录于表 4-3 中。

表 4-3 阻感性负载实验数据记录表(接续流二极管 VD3)

α / 数据	30°	60°	90°
U_2			
U_d(记录值)			
U_d/U_2			
U_d(计算值)			

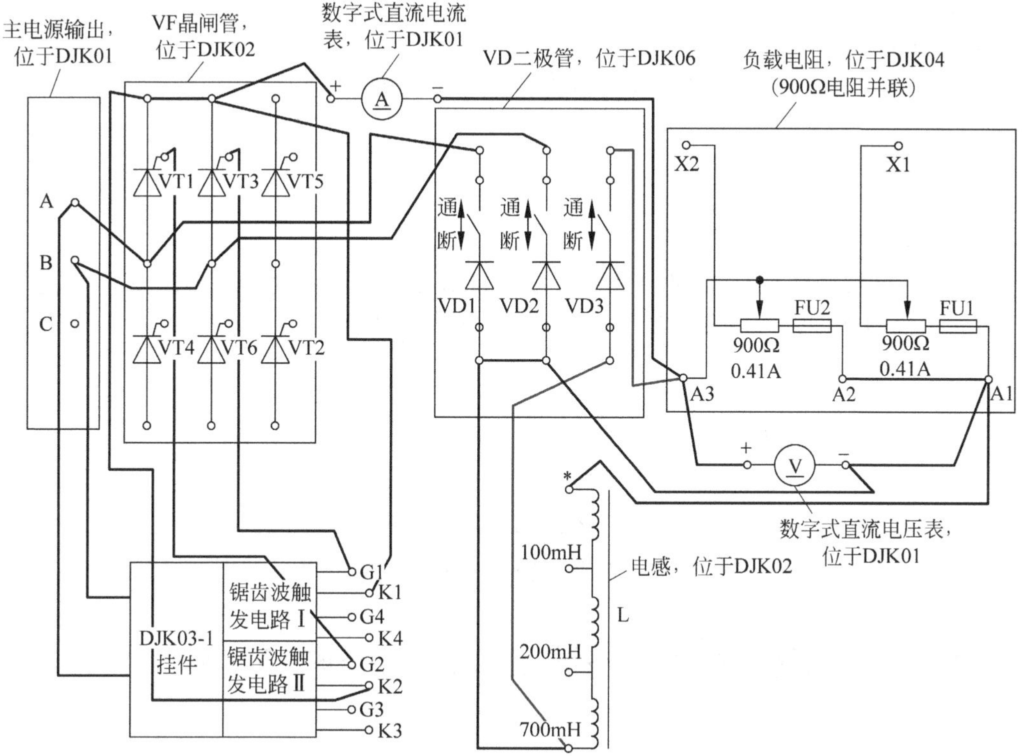

注：① 正常实验前，应先接通VD1、VD2、VD3三个二极管，即将钮子开关合上。
② 实际实验时，DIK03-1挂件供电不需要再行接线，内部已经连接好。

图 4-14　单相桥式半控整流电路带阻感性负载接线图(接续流二极管 VD3)

⑤ 在接有续流二极管 VD3 及 $\alpha=60°$时，移去触发脉冲(将锯齿波同步触发电路上的G3 或 K3 拔掉)，观察并记录移去脉冲前后 U_d、U_{VT1}、U_{VT3}、U_{VD2}、U_{VD1}和 I_d的波形。

4.1.4　预习报告

(1) 单相桥式半控整流电路的组成及其工作原理。
(2) 单相桥式半控整流电路带电阻性负载、阻感性负载及续流二极管时的主要特点。
(3) 单相桥式半控整流电路的主要计算关系。

4.1.5　实验报告

(1) 绘出单相桥式半控整流电路带电阻性负载、阻感性负载时 $U_d/U_2=f(\alpha)$的曲线。

(2) 绘出单相桥式半控整流电路带电阻性负载、阻感性负载，α 角分别为 60°、90°时的 U_d、U_{VT} 的波形并加以分析。

(3) 分析说明续流二极管的作用以及电感量对负载电流的影响。

4.1.6 注意事项

(1) 参见 3.1.7 节。

(2) 在本实验中，触发脉冲是从外部接入 DJK02 面板上晶闸管的门极和阴极，此时，应将所用晶闸管对应的正桥触发脉冲或反桥触发脉冲的开关拨向“断”的位置，并将 U_{lf} 及 U_{lr} 悬空，避免误触发。

4.1.7 思考题

(1) 单相桥式半控整流电路在什么情况下会发生失控现象？

(2) 如果用双踪示波器同时观察整流电路和触发电路的波形是否可行？

4.2 单相桥式全控整流及有源逆变电路实验

4.2.1 电路工作原理

1. 带电阻性负载的工作情况

1) 电路分析

如图 4-15 所示，晶闸管 VT1 和 VT4 组成一对桥臂，VT2 和 VT3 组成另一对桥臂。

在 u_2 正半周(即 a 点电位高于 b 点电位)，若 4 个晶闸管均不导通，$i_d=0$，$u_d=0$，VT1、VT4 串联承受电压 u_2。

在触发角 α 处给 VT1 和 VT4 加触发脉冲，VT1 和 VT4 即导通，电流从电源 a 端经 VT1、R、VT4 流回电源 b 端。

当 u_2 过零时，流经晶闸管的电流也降到零，VT1 和 VT4 关断。

在 u_2 负半周，仍在触发角 α 处触发 VT2 和 VT3，VT2 和 VT3 导通，电流从电源 b 端流出，经 VT3、R、VT2 流回电源 a 端。

到 u_2 过零时，电流又降为零，VT2 和 VT3 关断。

2) 基本数量关系

晶闸管承受的最大正向电压和反向电压分别为$\frac{\sqrt{2}}{2}U_2$ 和 $\sqrt{2}U_2$。

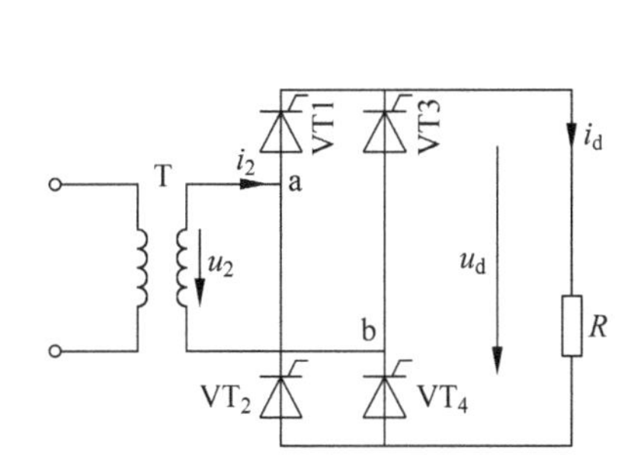

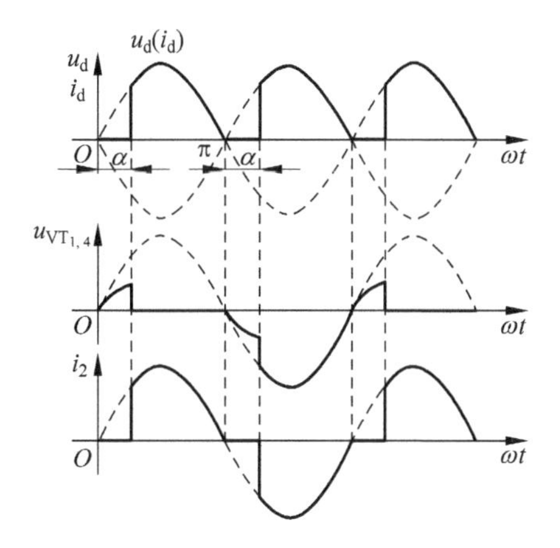

图 4-15 单相桥式全控整流电流带电阻性负载时的电路及波形

整流电压平均值为

$$U_d = \frac{1}{\pi}\int_{\alpha}^{\pi}\sqrt{2}U_2\sin\omega t\,\mathrm{d}(\omega t) = \frac{2\sqrt{2}U_2}{\pi}\,\frac{1+\cos\alpha}{2} = 0.9U_2\,\frac{1+\cos\alpha}{2}$$

当 $\alpha=0°$ 时，$U_d=U_{d0}=0.9U_2$；当 $\alpha=180°$ 时，$U_d=0$。可见，α 角的移相范围为 $0°\sim180°$。

向负载输出的直流电流平均值为

$$I_d = \frac{U_d}{R} = \frac{2\sqrt{2}U_2}{\pi R}\,\frac{1+\cos\alpha}{2} = 0.9\,\frac{U_2}{R}\,\frac{1+\cos\alpha}{2}$$

晶闸管的电流平均值只有输出直流平均值的一半，即

$$I_{dVT} = \frac{1}{2}I_d = 0.45\,\frac{U_2}{R}\,\frac{1+\cos\alpha}{2}$$

流过晶闸管的电流有效值为

$$I_{VT} = \sqrt{\frac{1}{2\pi}\int_{\alpha}^{\pi}\left(\frac{\sqrt{2}U_2}{R}\sin\omega t\right)^2\mathrm{d}(\omega t)} = \frac{U_2}{\sqrt{2}R}\sqrt{\frac{1}{2\pi}\sin2\alpha+\frac{\pi-\alpha}{\pi}}$$

2. 带阻感性负载的工作情况

1) 电路分析

如图 4-16 所示，晶闸管 VT1 和 VT4 组成一对桥臂，VT2 和 VT3 组成另一对桥臂。

在 u_2 正半周期，触发角 α 处给晶闸管 VT1 和 VT4 加触发脉冲使其开通，$u_d=u_2$。由于负载电感很大，i_d 不能突变且波形近似为一条水平线。当 u_2 过零变负时，由于电感的作用，晶闸管 VT1 和 VT4 中仍流过电流 i_d，并不关断。在 $\omega t=\pi+\alpha$ 时刻，触发 VT2 和 VT3，VT2 和 VT3 导通，u_2 通过 VT2 和 VT3 分别向 VT1 和 VT4 施加反压使 VT1 和 VT4 关断，流过 VT1 和 VT4 的电流迅速转移到 VT2 和 VT3 上，此过程称为换相，亦称换流。

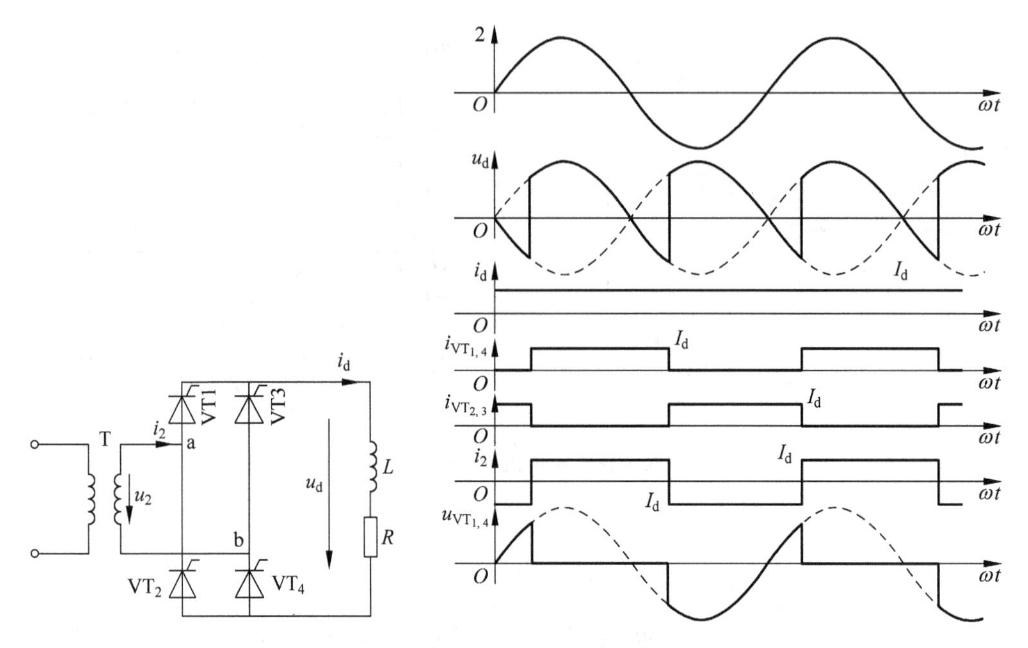

图 4-16 单相桥式全控整流电流带阻感负载时的电路及波形

2）基本数量关系

整流电压平均值为

$$U_d = \frac{1}{\pi}\int_{\alpha}^{\pi+\alpha}\sqrt{2}U_2\sin\omega t\,\mathrm{d}(\omega t) = \frac{2\sqrt{2}}{\pi}U_2\cos\alpha = 0.9U_2\cos\alpha$$

当 $\alpha=0°$时，$U_{d0}=0.9U_2$；当 $\alpha=90°$时，$U_d=0$。晶闸管移相范围为 0°～90°。

晶闸管承受的最大正反向电压均为$\sqrt{2}U_2$。

晶闸管导通角 θ 与 α 无关，均为 180°，其电流平均值和有效值分别为 $I_{dT}=\frac{1}{2}I_d$ 和 $I_T=\frac{1}{\sqrt{2}}I_d=0.707I_d$。

变压器二次侧电流 i_2 的波形为正负各 180°的矩形波，其相位由 α 角决定，有效值 $I_2=I_d$。

4.2.2 单相桥式全控整流及有源逆变电路 MATLAB/Simulink 仿真实验设计与实现

1. 实验目的

（1）加深理解单相桥式全控整流带电阻性负载和阻感性负载时电路的工作原理。

(2) 掌握单相桥式全控整流电路的 MATLAB/Simulink 的仿真建模方法，会设置各模块的参数。

2. 实验内容

(1) 单相桥式全控整流电路带电阻性负载的仿真。
(2) 单相桥式全控整流电路带阻感性负载的仿真。

3. 实验器材

(1) PC。
(2) MATLAB 6.5.1 仿真软件。

4. 实验仿真

1) 单相桥式全控整流电路带电阻性负载仿真

单相桥式全控整流电路的仿真模型如图 4-17 所示。仿真步骤如下：

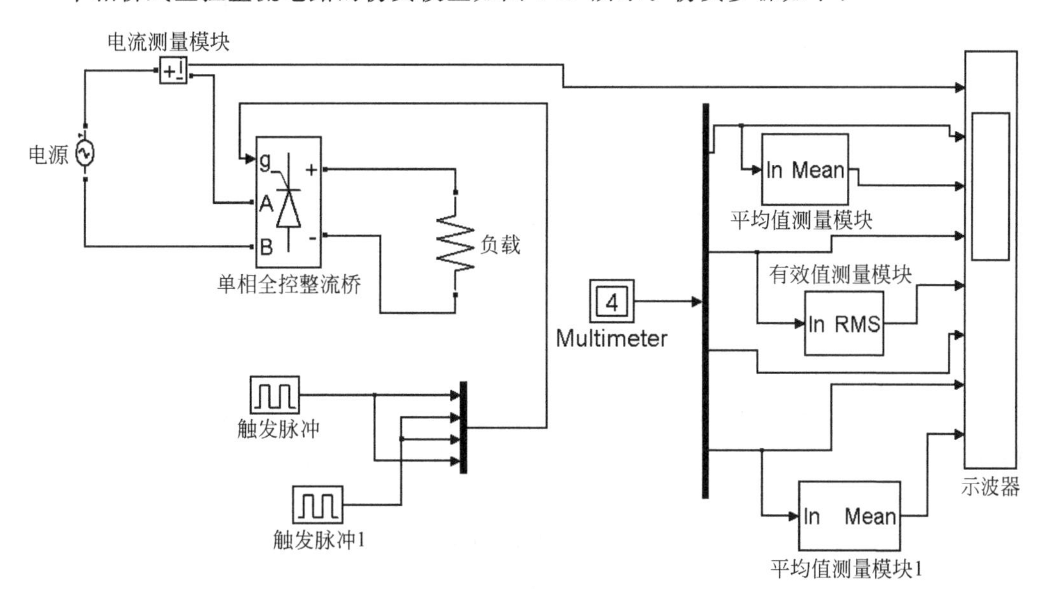

图 4-17　单相桥式整流电路的仿真模型

(1) 主电路建模和参数设置。

主电路主要由交流电源、桥式整流电路和电阻组成，交流电源的路径为 SimpowerSystems/Electrical Sources/AC voltage Source，参数设置：峰值电压为 220V，相位为 0°，频率为 50Hz。整流桥模块的路径为 SimpowerSystems/Power Electronics/

Universal Bridge,参数设置如图 4-18 所示。

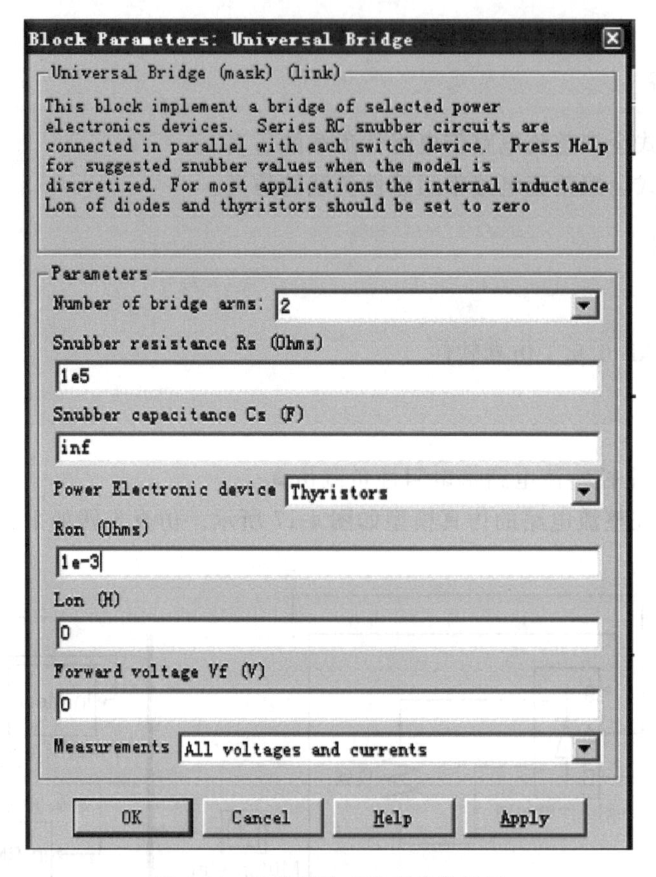

图 4-18　整流桥仿真模型参数设置

从图 4-18 可以看出,桥臂为 2,电力电子元器件为晶闸管,其他参数为默认值。为了测量晶闸管的电压和电流,在测量文本框中选取 All voltage and currents,当然在多路测量仪(Multimeter)里,可以选择相应的测量物理量。电阻模块路径为 SimpowerSystems/Elements/Series RLC Branch,参数设置:电阻为 100Ω,电感为 0H,电容为 inf。为了测量交流电源电流的有效值,采用了 Discrete RMS Value 模块。

(2) 控制电路建模和参数设置。

单相桥式整流电路控制电路的仿真模型主要由两个脉冲触发器组成(其路径为 Simulink/Sources/Pulse Generator),分别通向 VT1、VT4 和 VT2、VT3 两组晶闸管,一个脉冲触发器参数设置:峰值为 1,周期为 0.02s(与电源频率对应),脉冲宽度为 10,相位延迟时间为 0.001 67,这是因为本次仿真时,把延迟角设定为 30°,由于脉冲发生器对话框中延迟单位是时间(s),必须通过 $t=T\cdot\alpha/360$ 进行转换;另一个触发脉冲器的参数,延迟角和前一个脉冲触发器相差 180°，也即为 0.011 67，其他参数设置与前者相同。由于两个脉冲通向四个晶闸管，采用 Mux 模块（路径为 Simulink/Signal/Routing/Mux）把四个触发脉冲信号合成，Mux 模块参数设置为 4，表明输入端有 4 路信号。值得注意的是，在仿真模型 MATLAB 模块库中 Universal Bridge，对于电力电子元件为晶闸管的顺序是，上臂桥从左到右是依次是 VT1、VT2，下桥臂从左到右依次是 VT3、VT4，所以触发脉冲必须正确连接。

通向 VT1 的触发脉冲（Pulse Generator）的参数设置如图 4-19 所示。

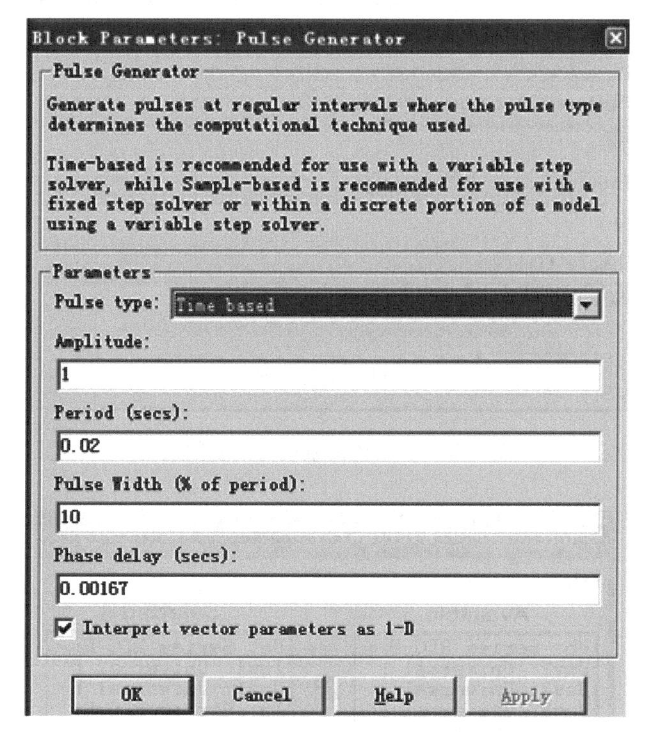

图 4-19　VT1 触发脉冲的参数设置

（3）测量模块的选择。

为了测量物理量的平均值，采用 Discrete Mean Value 模块，由于交流电源频率为 50Hz，所以本次仿真在参数设置时设 Fundamental Frequency 为 50，Initial input 为 0。对于物理量有效值的测量，采用 Discrete RMS Value 模块，在参数设置时设 Fundamental Frequency 为 50，与电源频率一致，设 Initial magnitude of input 为 0。

从仿真模型可以看出，本次仿真主要测量交流电源电流有效值、负载电压平均值、有效值以及流过晶闸管 VT1 电流有效值。

其他物理量的测量，采用多路测量仪 Muitimeter 模块，本次仿真中只选择电阻两端电压、晶闸管 1 两端电压、流过晶闸管 1 的电流和流过负载的电流，平均值测量模块的参数如图 4-20 所示。多路测量仪的参数如图 4-21 所示。

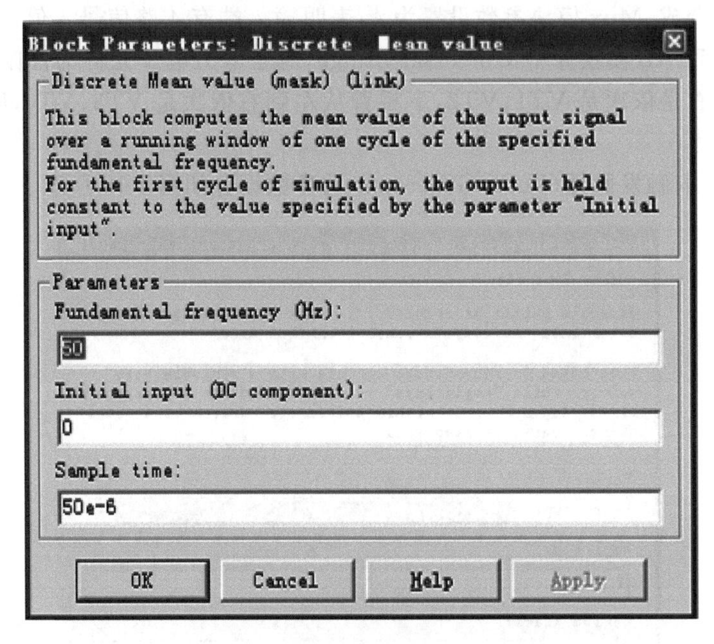

图 4-20　平均值测量模块的参数设定

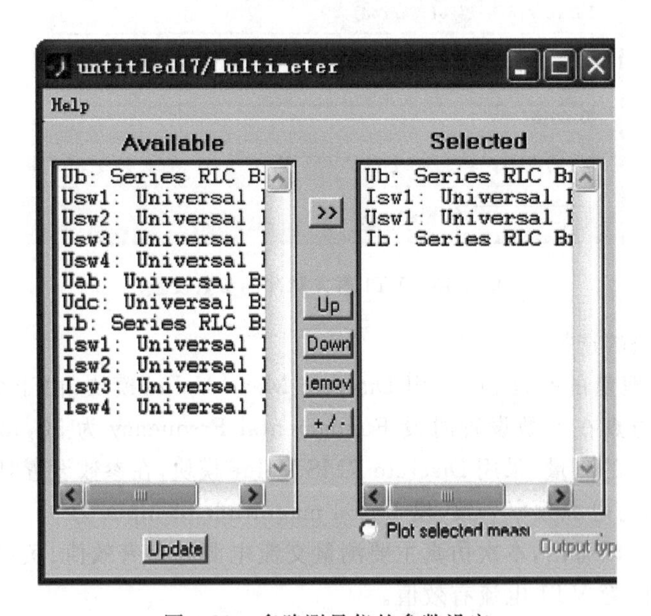

图 4-21　多路测量仪的参数设定

由于只测量 4 个信号，采用 Demux 模块，路径为 Simulink/Signal Routing/Demux，参数设置为输出端口为 4，其输出就变成 4 个端口，分别对应示波器测量端口即可。

仿真算法采用 ode15s，仿真时间为 1s。在这里需要说明的是，为了减小波形误差，一般情况是减小仿真算法的步长，可以在 Max step size 右边的文本框设定为 1e-4 即可。

仿真结果如图 4-22 所示。

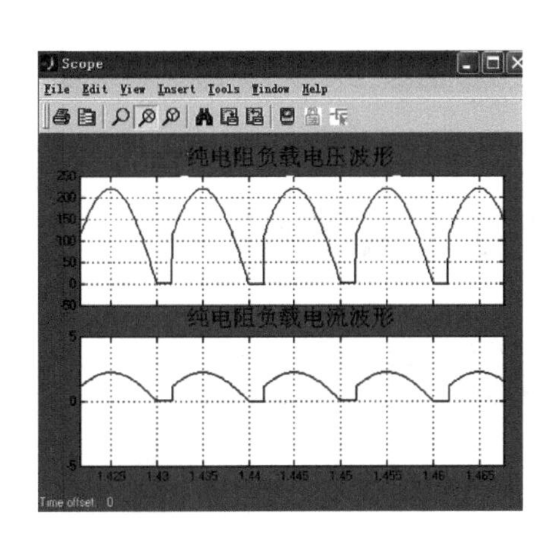

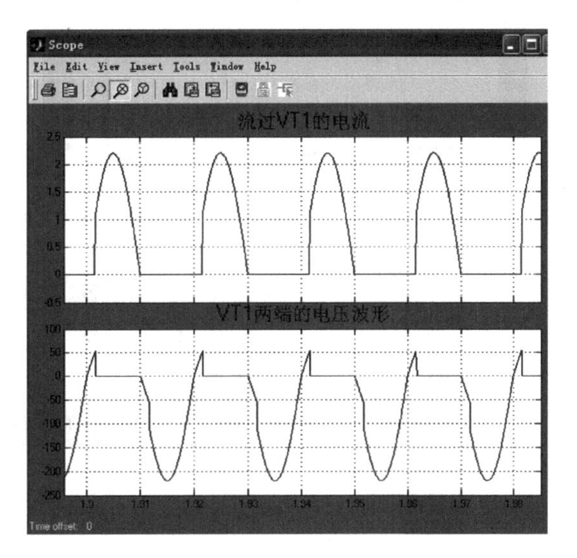

图 4-22　带电阻性负载单相桥式整流电路仿真结果

2）单相桥式全控整流电路带阻感性负载仿真

把电阻负载改为阻感性负载，$\alpha=30°$，在 Series RLC Branch 参数设置中，把电阻仍为 100Ω，而电感设置为 1H，仿真算法采用 ode15s，仿真时间为 1s。仿真结果如图 4-23 所示。

从仿真结果可以看出，在 $\omega t=\frac{\pi}{6}$ 期间，晶闸管 VT1、VT4 门极有触发电压，则它们导通工作与电阻负载一样，但当 $\omega t=\pi$ 以后，由于电感中能量的存在，电流将继续，VT1、VT4 继续导通，负载电压出现负半周，当 $\omega t=\frac{7}{6}\pi$ 时，晶闸管 VT2、VT3 正向偏置，若门极施加触发脉冲，则 VT2、VT3 触发导通，由于 VT2、VT3 的导通，使得 VT1、VT4 承受反压而关断，负载电流从 VT1、VT4 移到 VT2、VT3，这个过程称为晶闸管换流。

现把阻感性负载参数设置为电阻 100Ω，电感为 0.1H，延迟角改为 90°，得到仿真结果如图 4-24 所示。

从仿真结果可以看出，当负载电感 L 较小，而触发延迟角 α 又较大时，由于电感中储

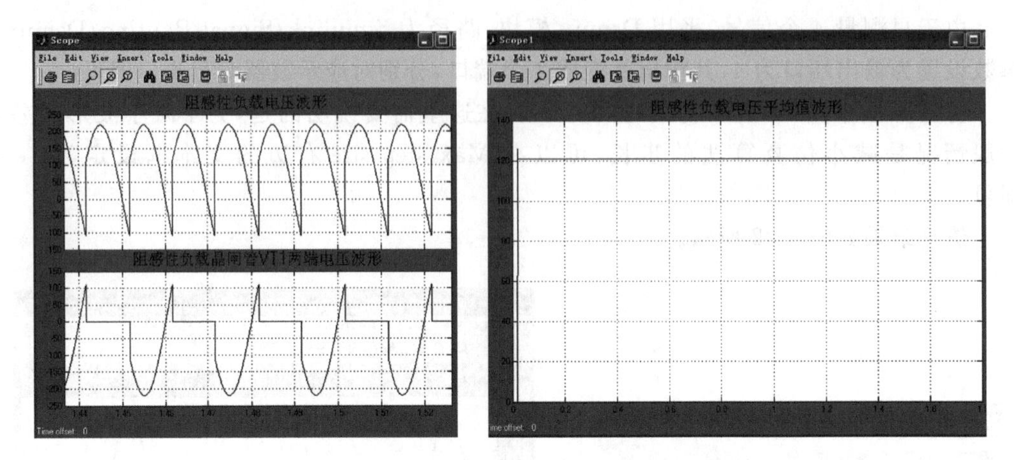

图 4-23 带阻感性负载单相桥式整流电路仿真结果

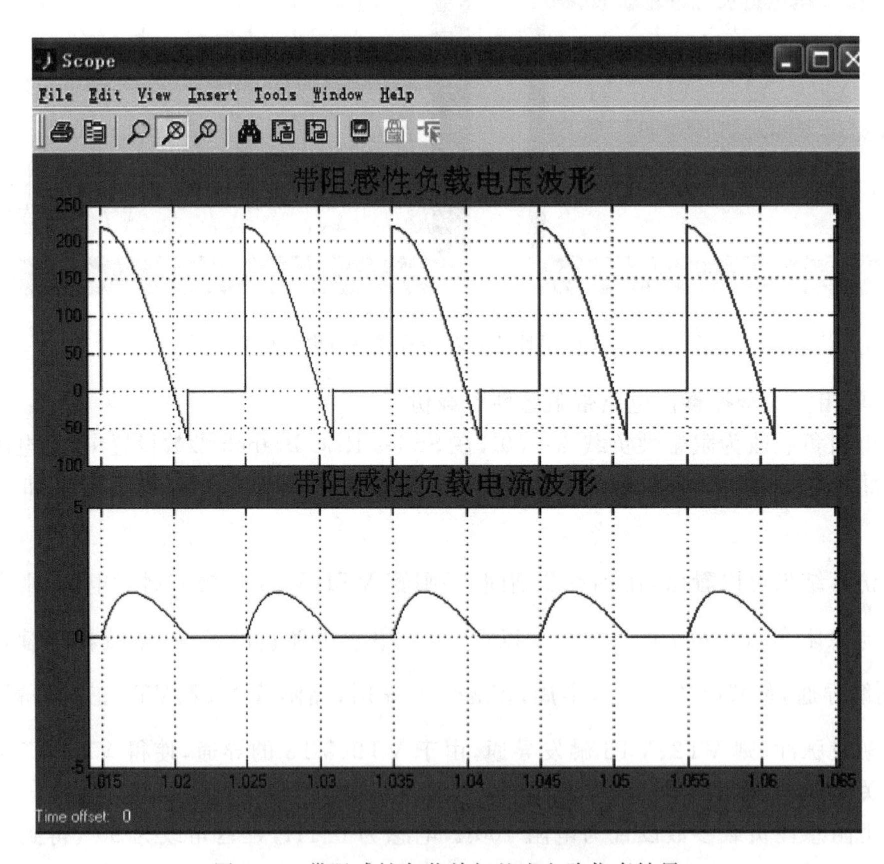

图 4-24 带阻感性负载单相整流电路仿真结果

存的能量较少，当 VT1、VT4 导通后，在 VT2、VT3 导通前负载电流 i_d 就已经下降为零，VT1、VT4 随之关断，出现了晶闸管元件导通角 $\theta<\pi$、电流断续的情况。

在仿真中，直接加入平均电压测量模块 Discrete Mean Value，就可以看出电流断续的负载端电压平均值的大小(注意要把平均电压测量模块的基频参数改为 50H)，直接得到电流断续负载电压平均值为 66.2V，如图 4-25 所示。

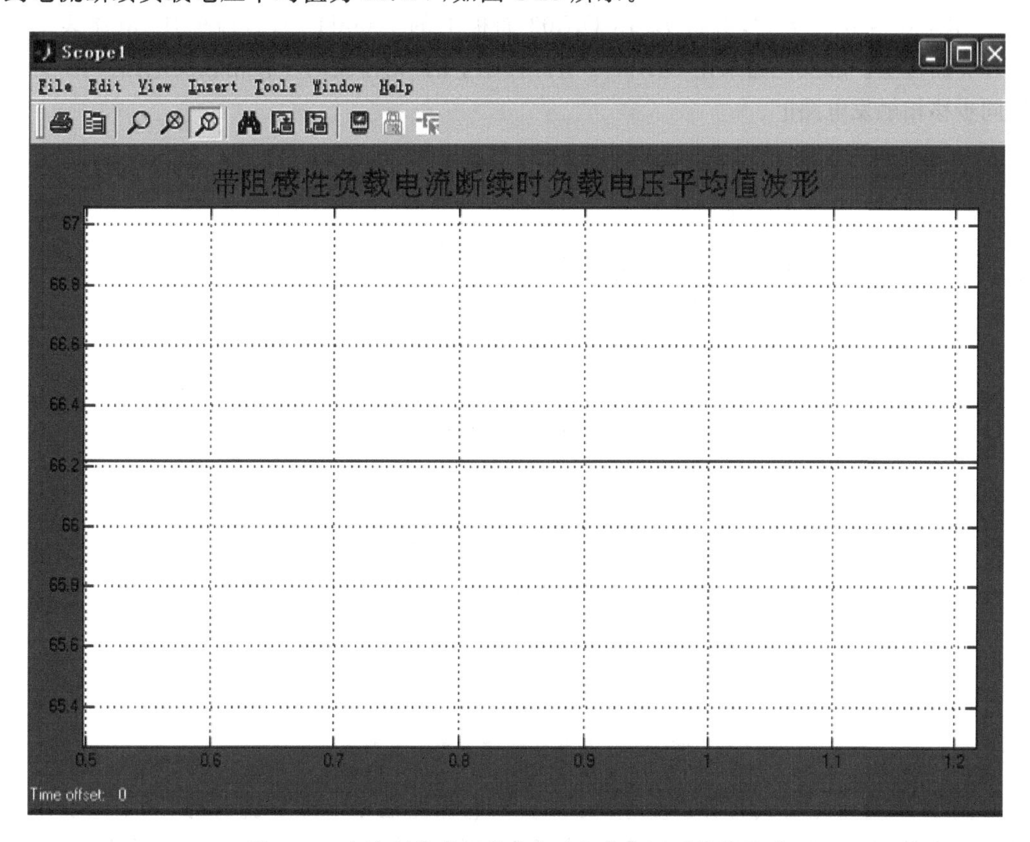

图 4-25　电流断续单相整流电路负载电压平均值波形

4.2.3　单相桥式全控整流及有源逆变电路 DJDK-1 型电力电子技术及电机控制实验台实验

1. 实验目的

(1) 加深理解单相桥式全控整流及逆变电路的工作原理。

(2) 研究单相桥式变流电路整流的全过程。

(3) 研究单相桥式变流电路逆变的全过程,掌握实现有源逆变的条件。

(4) 掌握产生逆变颠覆的原因及预防方法。

2. 实验原理

图 4-26 为单相桥式整流带阻感性负载,其输出负载 R 用 D42 三相可调电阻器,将两个 900Ω 电阻接成并联形式,电抗 L_d 用 DJK02 面板上的 700mH 挡,直流电压、电流表均在 DJK02 面板上。触发电路采用 DJK03-1 组件挂箱上的“锯齿波同步移相触发电路Ⅰ”和“锯齿波同步移相触发电路Ⅱ”。

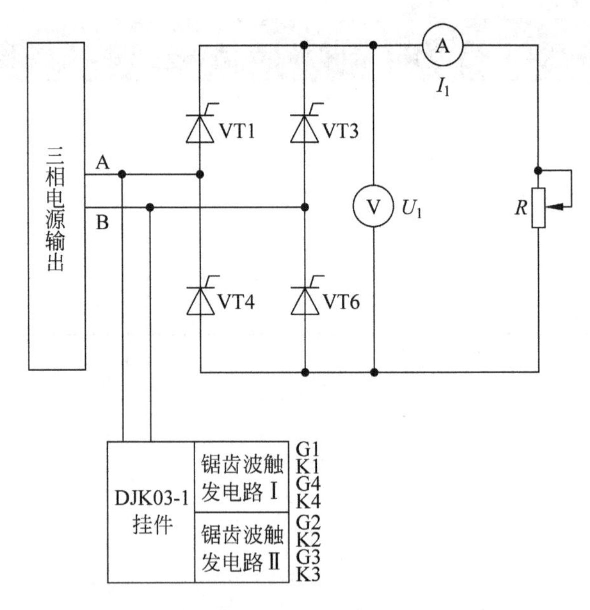

图 4-26 单相桥式整流实验原理图

图 4-27 为单相桥式有源逆变原理图,三相电源经三相不控整流,得到一个上负下正的直流电源,供逆变桥路使用,逆变桥路逆变出的交流电压经升压变压器反馈回电网。“三相不控整流”是 DJK10 上的一个模块,其“心式变压器”在此作为升压变压器用,从晶闸管逆变出的电压接“心式变压器”的中压端 Am、Bm,返回电网的电压从其高压端 A、B 输出,为了避免输出的逆变电压过高而损坏心式变压器,故将变压器接成Y/Y接法。图中的电阻 R、电抗 L_d 和触发电路与整流所用相同。

实现有源逆变的条件:

(1) 要有直流电动势,其极性须和晶闸管的导通方向一致,其值应大于变流电路直流侧的平均电压。

(2) 要求晶闸管的控制角 $\alpha>\frac{\pi}{2}$,使 U_d 为负值。

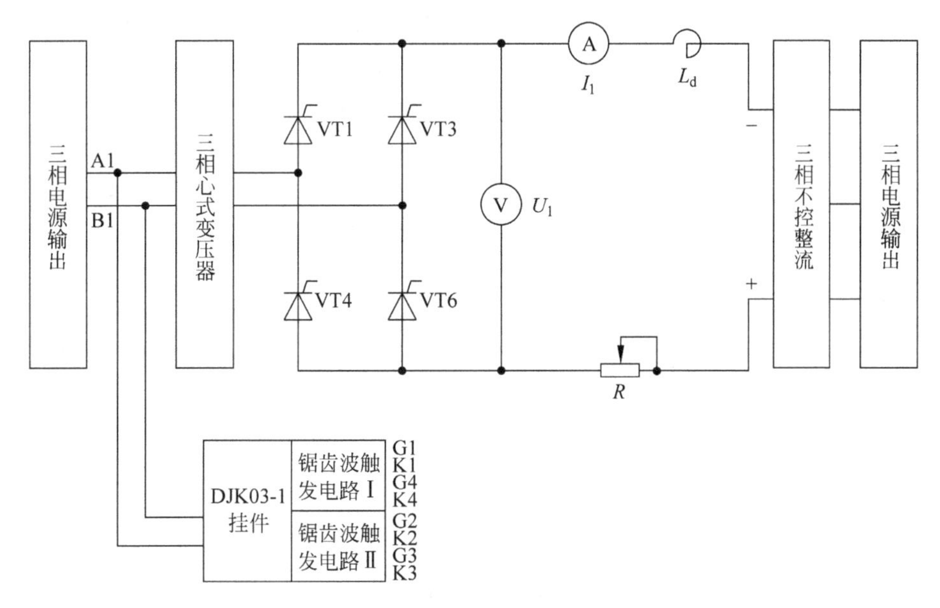

图 4-27 单相桥式有源逆变电路实验原理图

3. 实验设备

(1) 电源控制屏(DJK01)。

(2) 晶闸管主电路(DJK02)。

(3) 晶闸管触发电路(DJK03-1)。

(4) 变压器实验(DJK10)。

(5) 三相可调电阻(D42)。

(6) 双踪示波器。

(7) 万用表。

4. 实验内容

(1) 单相桥式全控整流电路实验。

(2) 单相桥式有源逆变电路实验。

5. 实验方法

(1) 触发电路的调试。

将 DJK01 电源控制屏的电源选择开关打到“直流调速”侧使输出线电压为 200V,用两根导线将 200V 交流电压接到 DJK03-1 的“外接 220V”端,按下“启动”按钮,打开

DJK03-1 电源开关，用示波器观察锯齿波同步触发电路各观察孔的电压波形。

将控制电压 U_{ct} 调至零（将电位器 RP2 逆时针旋到底），观察同步电压信号和“6”点 U_6 的波形，调节偏移电压 U_b（即调 RP3 电位器），使 $\alpha=170°$。

将锯齿波触发电路的输出脉冲端分别接至全控桥中相应晶闸管的门极和阴极，注意不要把相序接反了，否则无法进行整流和逆变。将 DJK02 上的正桥和反桥触发脉冲开关都打到“断”的位置，并使 U_{lf} 和 U_{lr} 悬空，确保晶闸管不被误触发。

(2) 单相桥式全控整流电路实验。

按图 4-28 接线，将电阻器放在最大阻值处，按下“启动”按钮，保持 U_b 偏移电压不变（即 RP3 固定），逐渐增加 U_{ct}（调节 RP2），在 $\alpha=60°$、$90°$ 时，用示波器观察、记录整流电压 U_d 和晶闸管两端电压 U_{VT} 的波形，并记录电源电压 U_2 和负载电压 U_d 的数值于表 4-4 中。

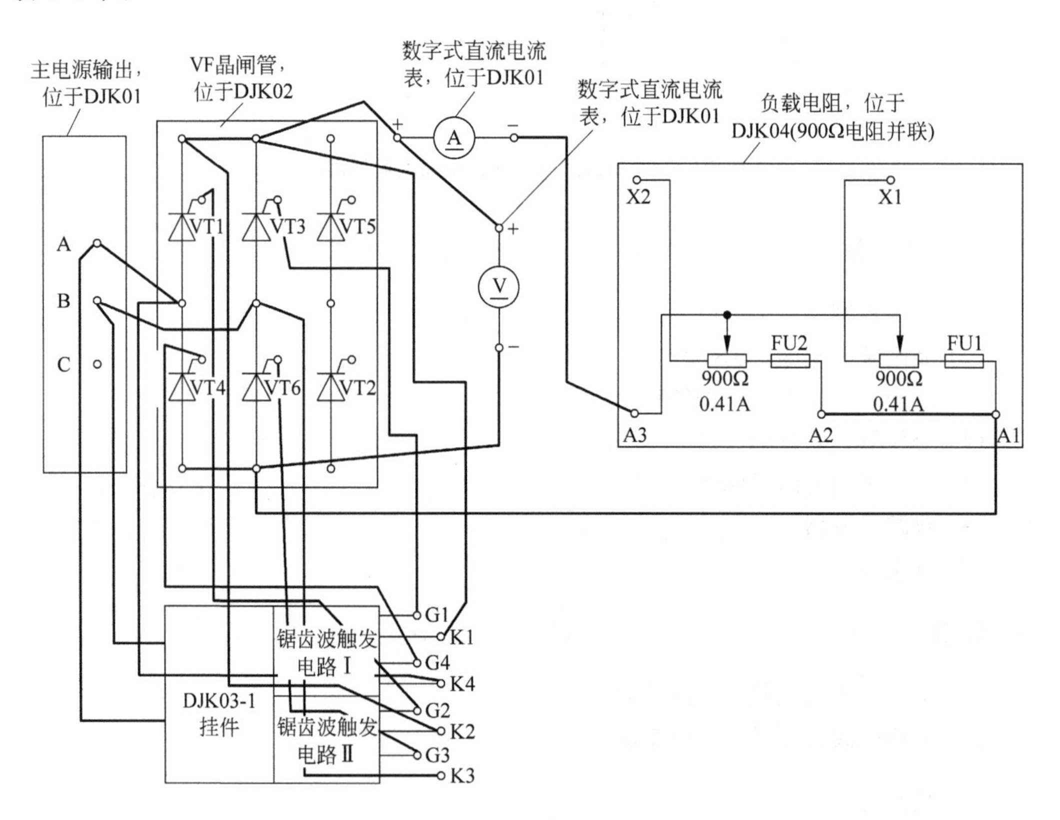

图 4-28 单相桥式全控整流电路带电阻性负载接线图

表 4-4　带电阻性负载实验数据记录表

α / 数据	30°	60°	90°	120°
U_2				
U_d(记录值)				
U_d(计算值)				

计算公式：$U_d=0.9U_2(1+\cos\alpha)/2$。

(3) 单相桥式有源逆变电路实验。

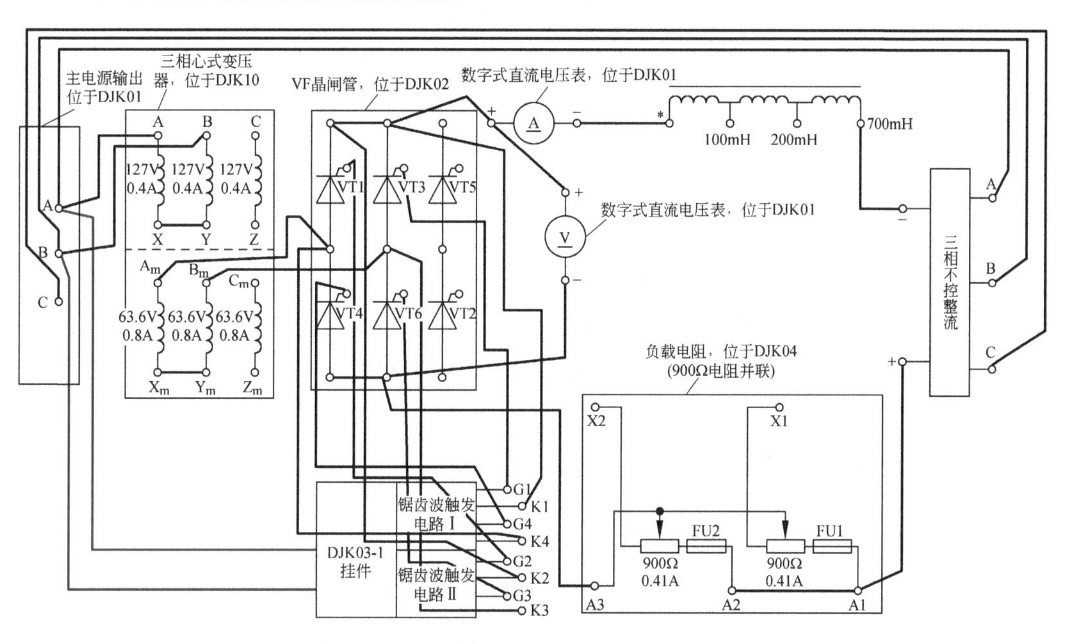

图 4-29　单相桥式有源逆变电路接线图

按图 4-29 接线，将电阻器放在最大阻值处，按下"启动"按钮，保持 U_b 偏移电压不变(即 RP3 固定)，逐渐增加 U_{ct}(调节 RP2)，在 $\beta=60°$、90°时，观察、记录逆变电压 U_d、电流 I_d 和晶闸管两端电压 U_{vt} 的波形，并记录负载电压 U_d 的数值于表 4-5 中。

表 4-5　有源逆变电路实验数据记录表

β / 数据	30°	60°	90°
U_2			
U_d(记录值)			
U_d(计算值)			

计算公式：$U_d=-0.9U_2\cos\beta$。

(4) 逆变颠覆现象的观察。

调节 U_{ct}，使 $\alpha=150°$，观察 U_d 波形。突然关断触发脉冲(可将触发信号拆去)，用双踪慢扫描示波器观察逆变颠覆现象，记录逆变颠覆时的 U_d 波形。

4.2.4 预习报告

(1) 单相桥式全控整流电路、单相桥式有源逆变电路的组成及其工作原理。

(2) 单相桥式全控整流电路带电阻性负载、阻感性负载的主要特点。

(3) 单相桥式全控整流电路的基本计算关系。

4.2.5 实验报告

(1) 画出 $\alpha=60°$、$90°$，$\beta=60°$、$90°$时 U_d 和 U_{VT} 的波形。

(2) 画出电路的移相特性 $U_d=f(\alpha)$ 曲线。

(3) 分析逆变颠覆的原因及逆变颠覆后会产生的后果。

4.2.6 注意事项

(1) 参照实验 4.1 的注意事项(1)。

(2) 在本实验中，触发脉冲是从外部接入 DJK02 面板上晶闸管的门极和阴极，此时，应将所用晶闸管对应的正桥触发脉冲或反桥触发脉冲的开关拨向“断”的位置，并将 U_{lf} 及 U_{lr} 悬空，避免误触发。

(3) 为了保证从逆变到整流不发生过流，其回路的电阻 R 应取比较大的值，但也要考虑晶闸管的维持电流，保证可靠导通。

4.2.7 思考题

(1) 实现有源逆变的条件是什么？在本实验中是如何保证能满足这些条件？

(2) 实验线路中变压器的作用是什么？

4.3 三相半波可控整流电路实验

4.3.1 电路工作原理

1. 带电阻性负载的工作情况

1）电路分析

三相半波可控整流电路共阴极接法带电阻性负载时的电路及 $\alpha=0°$ 时的波形如图 4-30 所示。

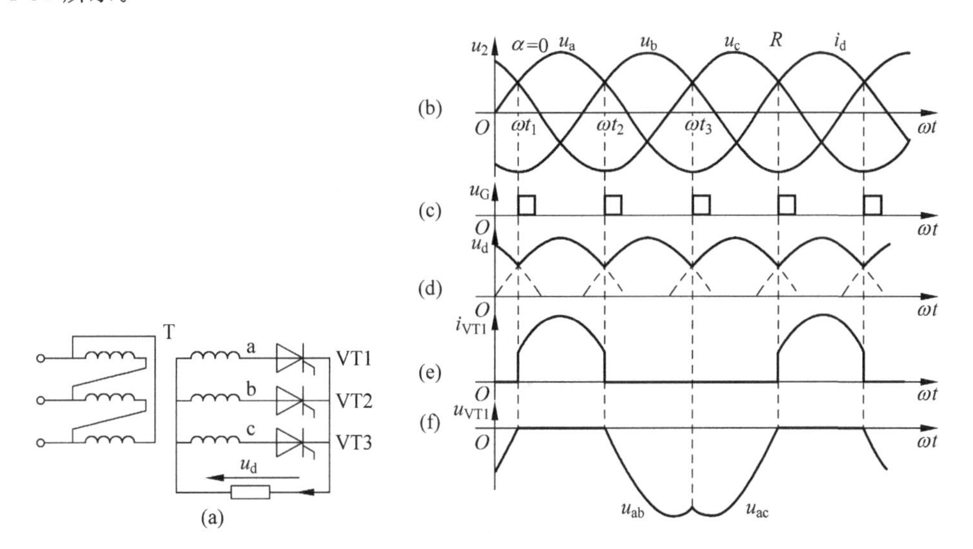

图 4-30 三相半波可控整流电路共阴极接法带电阻性负载时的电路及 $\alpha=0°$ 时的波形

为得到零线，变压器二次侧必须接成星形，而一次侧则接成三角形，避免 3 次谐波流入电网。

三个晶闸管按共阴极接法连接，这种接法触发电路有公共端，连线方便。

假设将晶闸管换作二极管，三个二极管对应的相电压中哪一个的值最大，则该相所对应的二极管导通，并使另两相的二极管承受反压关断，输出整流电压即为该相的相电压。

在相电压的交点 ωt_1、ωt_2、ωt_3 处，均出现了二极管换相，称这些交点为自然换相点，将其作为 α 的起点，即 $\alpha=0°$。

当 $\alpha=0°$时，三个晶闸管轮流导通 120°，u_d 波形为三个相电压在正半周期的包络线。变压器二次绕组电流有直流分量。晶闸管电压由一段管压降和两段线电压组成，随着 α

增大，晶闸管承受的电压中正的部分逐渐增多。

2）基本数量关系

电阻负载时 α 角的移相范围为 0°～150°。

整流电压平均值：

当 $\alpha \leqslant 30°$时，负载电流连续，有

$$U_{\mathrm{d}}=\frac{1}{\frac{2\pi}{3}}\int_{\frac{\pi}{6}+\alpha}^{\frac{5\pi}{6}+\alpha}\sqrt{2}U_2\sin\omega t\,\mathrm{d}(\omega t)=\frac{3\sqrt{6}}{2\pi}U_2\cos\alpha=1.17U_2\cos\alpha$$

当 $\alpha=0$ 时，U_{d} 最大，为 $U_{\mathrm{d}}=U_{\mathrm{d0}}=1.17U_2$。

当 $\alpha>30°$时，负载电流断续，晶闸管导通角减小，此时有

$$\begin{aligned}U_{\mathrm{d}}&=\frac{1}{\frac{2\pi}{3}}\int_{\frac{\pi}{6}+\alpha}^{\pi}\sqrt{2}U_2\sin\omega t\,\mathrm{d}(\omega t)\\&=\frac{3\sqrt{2}}{2\pi}U_2\left[1+\cos\left(\frac{\pi}{6}+\alpha\right)\right]\\&=0.675\left[1+\cos\left(\frac{\pi}{6}+\alpha\right)\right]\end{aligned}$$

U_{d}/U_2 随 α 变化的规律如图 4-31 所示。

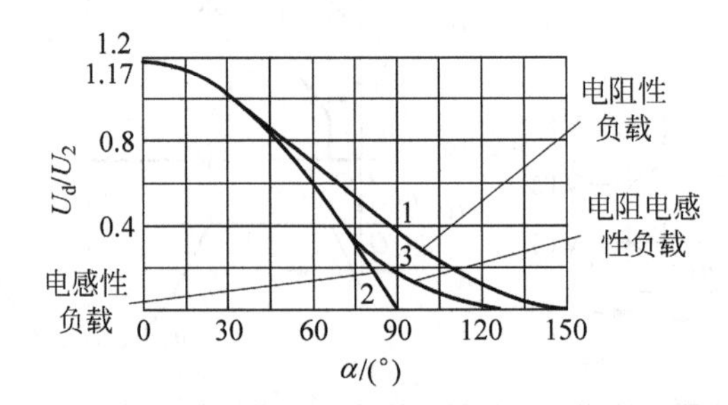

图 4-31　三相半波可控整流电路 U_{d}/U_2 与 α 的关系

负载电流平均值为

$$I_{\mathrm{d}}=\frac{U_{\mathrm{d}}}{R}$$

晶闸管承受的最大反向电压为变压器二次线电压峰值，即

$$U_{\mathrm{RM}}=\sqrt{2}\times\sqrt{3}U_2=\sqrt{6}U_2=2.45U_2$$

晶闸管阳极与阴极间的最大电压等于变压器二次相电压的峰值，即

$$U_{\mathrm{FM}}=\sqrt{2}U_2$$

2. 带阻感性负载的工作情况

1）电路分析

三相半波可控整流电路带阻感性负载时的电路及波形如图 4-32 所示。

L 值很大，整流电流 i_d 的波形基本是平直的，流过晶闸管的电流接近矩形波。

当 $\alpha \leqslant 30°$ 时，整流电压波形与电阻负载时相同。

当 $\alpha > 30°$ 时，当 u_2 过零时，由于电感的存在，阻止电流下降，因而 VT1 继续导通，直到下一相晶闸管 VT2 的触发脉冲到来，才发生换流，由 VT2 导通向负载供电，同时向 VT1 施加反压使其关断。

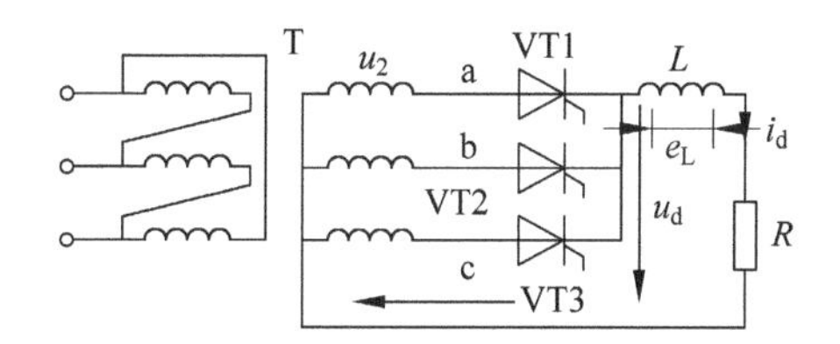

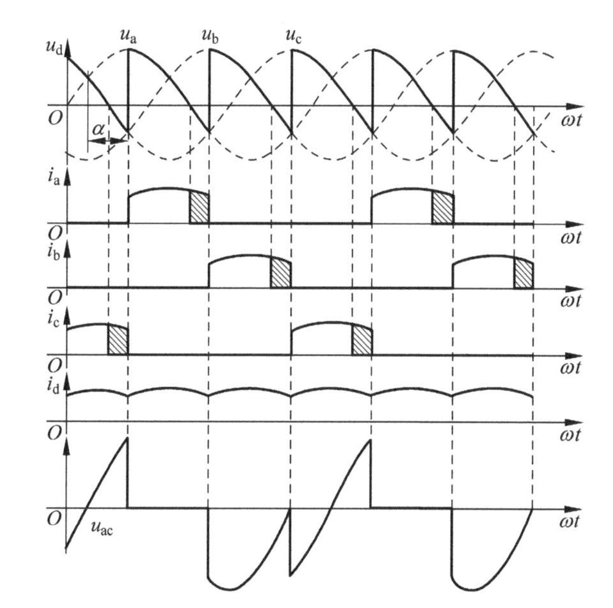

图 4-32　三相半波可控整流电路带阻感性负载时的电路及波形

2）基本数量关系

α 的移相范围为 0°～90°。

整流电压平均值为

$$U_d = 1.17U_2\cos\alpha$$

U_d/U_2 与 α 的关系，如图 4-33 所示。

当 L 很大时，如图 4-33 中曲线 2。

当 L 不是很大时，则当 $\alpha > 30°$ 后，u_d 中负的部分可能减少，整流电压平均值 U_d 略为增加。

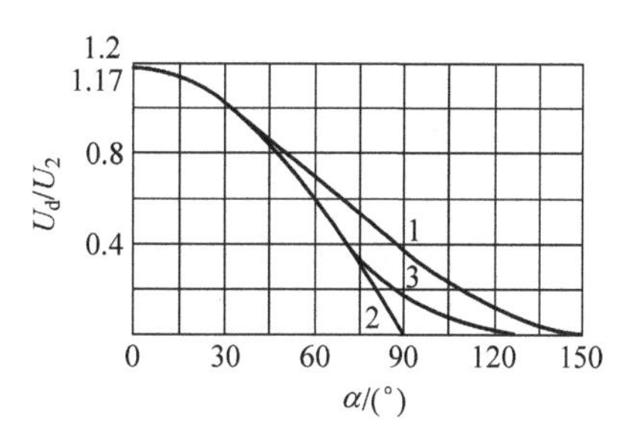

图 4-33　三相半波可控整流电路 U_d/U_2 与 α 的关系

变压器二次电流即晶闸管电流的有效值为

$$I_2 = I_T = \frac{1}{\sqrt{3}} I_d = 0.577 I_d$$

晶闸管的额定电流为

$$I_{T(AV)} = \frac{I_d}{1.57} = 0.368 I_d$$

晶闸管最大正反向电压峰值均为变压器二次线电压峰值，即

$$U_{FM} = U_{RM} = 2.45 U_2$$

4.3.2 三相半波可控整流电路 MATLAB/Simulink 仿真实验设计与实现

1. 实验目的

(1) 加深理解三相半波可控整流电路的工作原理，研究不同负载时的工作情况。

(2) 掌握三相半波可控整流电路的 MATLAB/Simulink 的仿真建模方法，会设置各模块的参数。

2. 实验内容

(1) 三相半波可控整流电路带电阻性负载仿真。

(2) 三相半波可控整流电路带阻感性负载仿真。

3. 实验器材

(1) PC。

(2) MATLAB 6.5.1 仿真软件。

4. 实验仿真

1) 三相半波可控整流带电阻性负载仿真

三相半波可控整流电路的仿真模型如图 4-34 所示。仿真步骤如下：

(1) 主电路仿真模型的建立。

三相对称电压源建模和参数设置。提取交流电压源模块 AC Voltage Source(路径为 SimPowerSystems/Electrical Sources/AC Voltage Source)，再用复制的方法得到三相电源的另两个电压源模块，并把模块标签分别改为 A、B、C，从路径 SimPowerSystems/Elements/Ground 取接地元件 Ground，按图 4-34 主电路图进行连接。

晶闸管整流桥的建模和主要参数设置。取晶闸管整流桥 Universal Bridge，然后双击

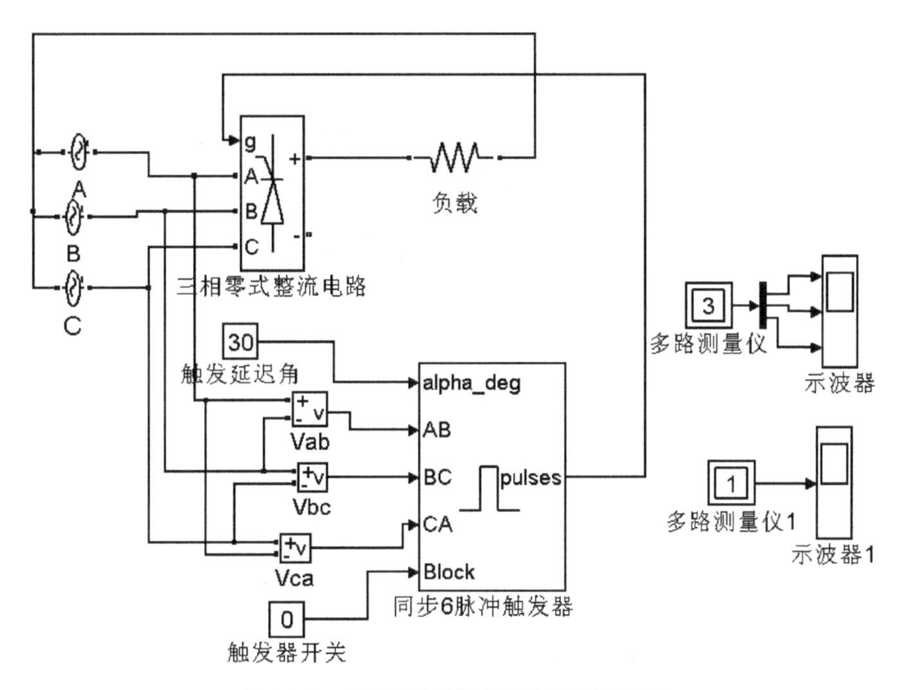

图 4-34　三相半波可控整流电路仿真模型

模块图标打开整流桥参数设置对话框，参数设置如图 4-35 所示，当采用三相整流桥时，桥臂数取 3，电力电子元件选择晶闸管，整流桥的参数设置如下。

同步脉冲触发器的建模和参数设置。同步 6 脉冲 Synchronized 6-Pluse Generator，提取路径为 SimPowerSystems/Extra Library/Control Blocks/Synchronized 6-Pluse Generator，其有 5 个端口，与 alpha-deg 连接的端口为触发延迟角，与 Block 连接的端口是触发器开关信号，当开关信号为 0 时，开放触发器；当开关信号为 1 时，封锁触发器，故取模块 Constant(提取路径为 Simulink/Sources/Constant)与 Block 端口连接，把参数改为 0，使得开放触发器，同步 6 脉冲触发器参数设置如图 4-36 所示，把同步频率改为 50Hz。由于同步 6 脉冲触发器需要三相线电压，故取电压测量模块 Voltage Measurement(提取路径为 SimPowerSystems/Measurements/Voltage Measurement,)进行如图 4-36 连接即可。

(2) 控制电路的建模与仿真。

取模块 Constant。双击此模块图标，打开参数设置对话框，将参数设置某个值，即为触发延迟角。

仿真算法采用 ode15s，仿真时间为 1s。

当 $\alpha=30°$时，带电阻性负载，阻值为 10Ω 时仿真结果如图 4-37 所示。

当 $\alpha=60°$时，带电阻性负载，阻值为 10Ω 时仿真结果如图 4-38 所示。

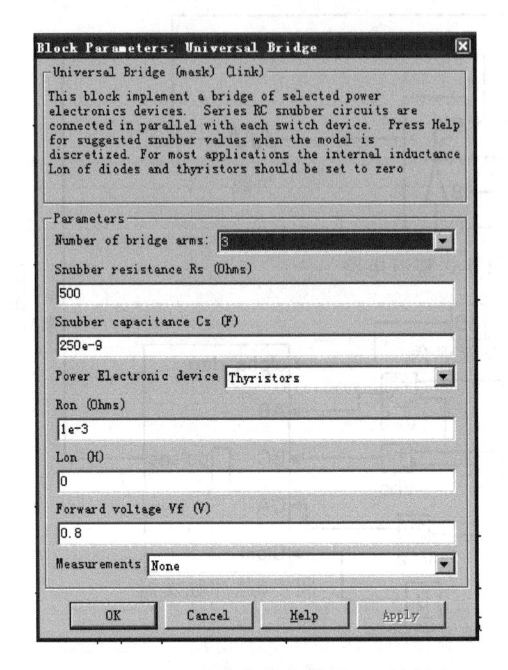

图 4-35　三相整流桥参数设置对话框

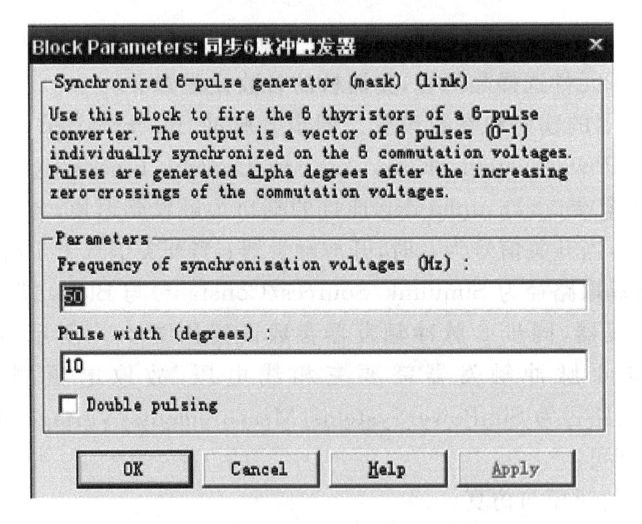

图 4-36　同步 6 脉冲触发器参数设置对话框

2）三相半波可控整流带阻感性负载仿真

把电阻改为电阻和电感串联，参数设置为电阻 10Ω，电感为 1H。

仿真算法采用 ode15s，仿真时间为 1s。当 $\alpha=30°$、$\alpha=60°$ 时的仿真结果如图 4-39

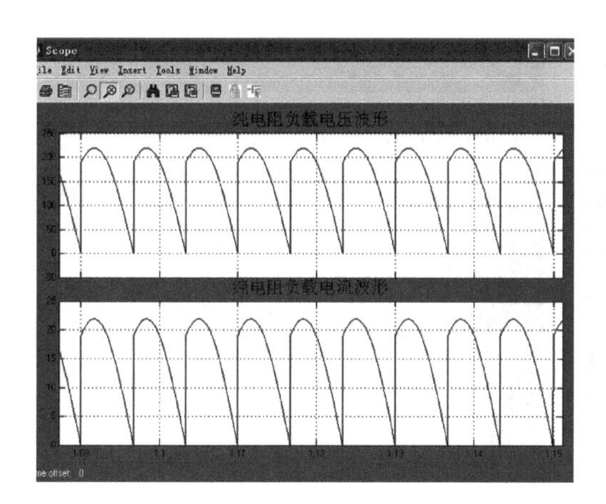

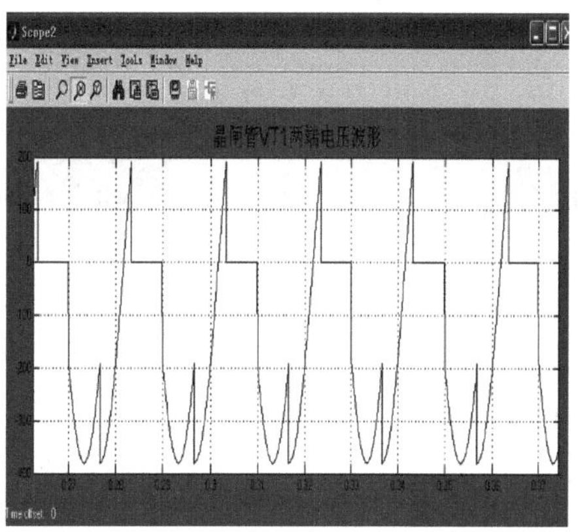

图 4-37 三相半波可控整流电路带电阻性负载仿真结果(1)

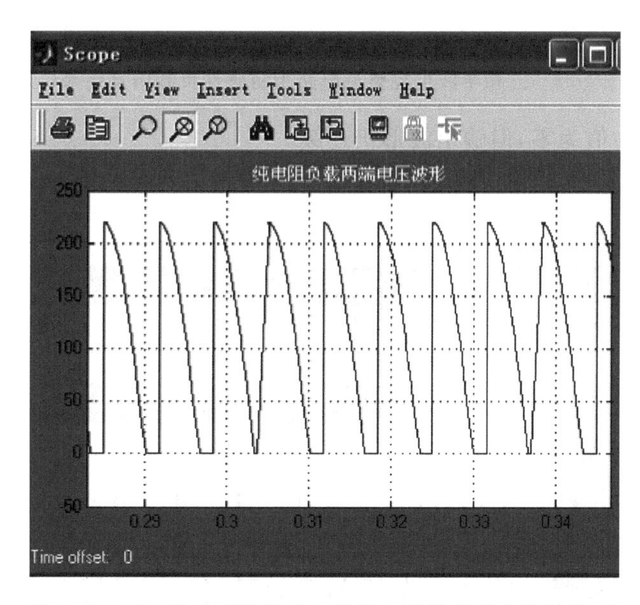

图 4-38 三相半波可控整流电路带电阻性负载仿真结果(2)

所示。

从仿真结果可以看出,当 $\alpha \leqslant 30°$时,整流输出电压与电阻负载完全相同。

当 $\alpha > 30°$时,假如 A 相 VT1 导通,输出 $u_d = u_a$,当 u_a 过零变负后,由于负载中有足够大的电感存在,因此 VT1 将继续导通,只是它由电源 A 相转为由负载电感提供电流,直到 VT2 导通,输出 $u_d = u_b$,由于 VT2 的导通,将 VT1 关断,VT1 的电流终止,负载电流由电感提供转为由 B 相提供,晶闸管 VT2 开始流过电流,其后的过程与 A 相相似。所以当 $\alpha > 30°$时,由于电感的存在,输出电压有一段时间出现负值,当 $\alpha = 90°$时,u_d 正、负面积

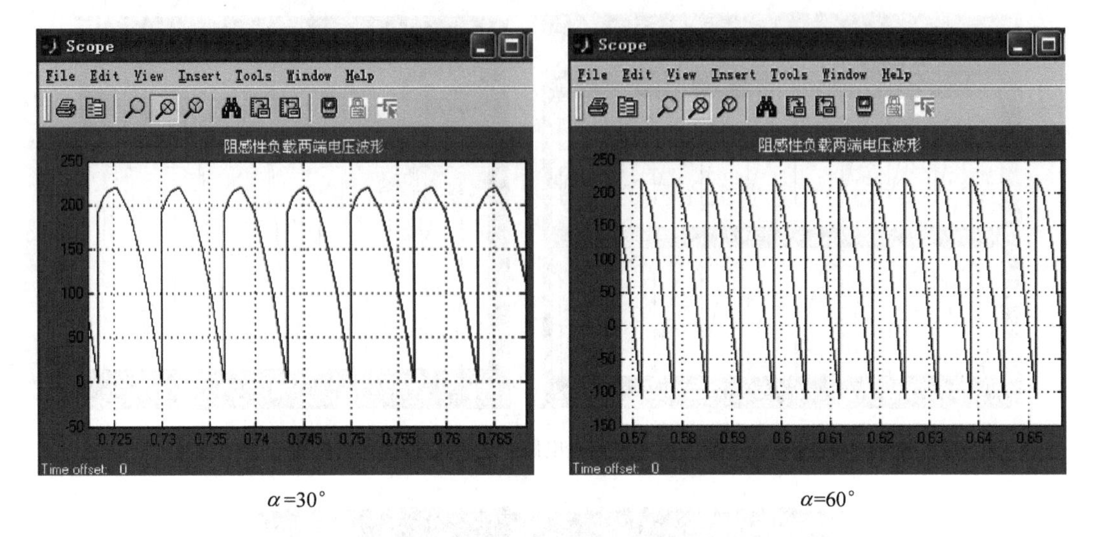

$\alpha=30^\circ$ $\alpha=60^\circ$

图 4-39 三相半波可控整流电路带阻感性负载仿真结果(1)

相同,输出电压平均值为零,但输出波形仍连续。

如果导通角过大,而电感又比较小,这 u_d 就可能存在断续,现令 $\alpha=120^\circ$,仿真结果如图 4-40 所示。

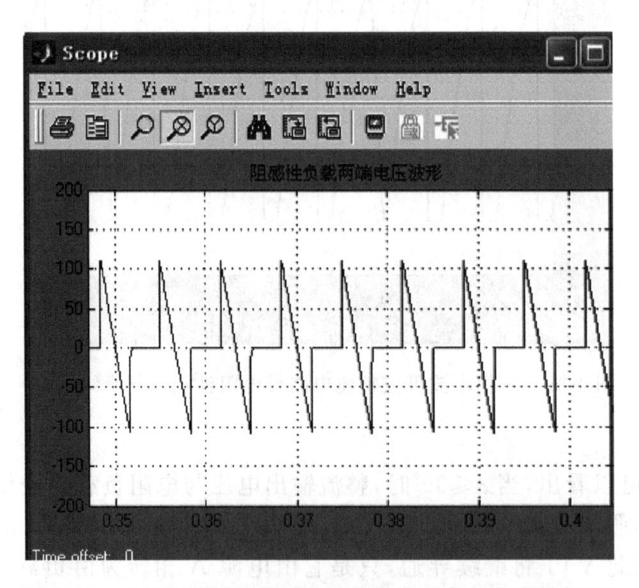

图 4-40 三相半波可控整流电路带阻感性负载仿真结果(2)

从仿真结果可以看出，当 $\alpha=120°$时，电感较小时，就不能维持输出电压连续，而其输出电压平均值总为零，因此三相半波可控整流电路电感负载的移相范围为 0～90°。

4.3.3　三相半波可控整流电路 DJDK-1 型电力电子技术及电机控制实验台实验

1. 实验目的

了解三相半波可控整流电路的工作原理，研究可控整流电路带电阻性负载和阻感性负载时的工作情况。

2. 实验原理

三相半波可控整流电路用了三只晶闸管，与单相电路比较，其输出电压脉动小，输出功率大。不足之处是晶闸管电流即变压器的副边在一个周期内只有 1/3 时间有电流流过，变压器利用率较低。图 4-41 中晶闸管用 DJK02 正桥组的三个，电阻 R 用 D42 三相可调电阻，将两个 900Ω 电阻接成并联形式，L_d 电感用 DJK02 面板上的 700mH 挡，其三相触发信号由 DJK02-1 内部提供，只需在其外加一个给定电压接到 U_{ct}端即可。直流电压、电流表由 DJK02 获得。

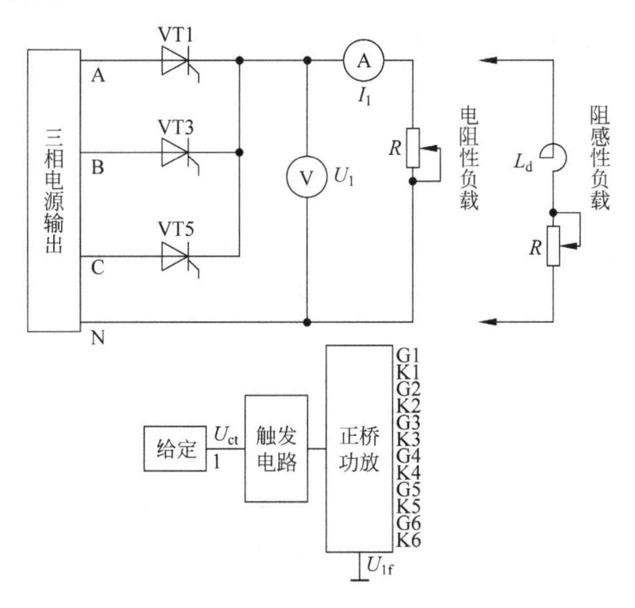

图 4-41　三相半波可控整流电路实验原理

3. 实验设备

(1) 电源控制屏(DJK01)。
(2) 晶闸管主电路(DJK02)。
(3) 三相晶闸管触发电路(DJK02-1)。
(4) 给定及实验器件(DJK06)。
(5) 三相可调电阻(D42)。
(6) 双踪示波器。
(7) 万用表。

4. 实验内容

(1) 三相半波可控整流电路带电阻性负载。
(2) 三相半波整流带阻感性负载。

5. 实验方法

(1) DJK02 和 DJK02-1 上的"触发电路"调试。

① 打开 DJK01 总电源开关,操作"电源控制屏"上的"三相电网电压指示"开关,观察输入的三相电网电压是否平衡。

② 将 DJK01"电源控制屏"上"调速电源选择开关"拨至"直流调速"侧。

③ 用 10 芯的扁平电缆,将 DJK02 的"三相同步信号输出"端和 DJK02-1"三相同步信号输入"端相连,打开 DJK02-1 电源开关,拨动"触发脉冲指示"钮子开关,使"窄"的发光管亮。

④ 观察 A、B、C 三相的锯齿波,并调节 A、B、C 三相锯齿波斜率调节电位器(在各观测孔左侧),使三相锯齿波斜率尽可能一致。

⑤ 将 DJK06 上的"给定"输出 U_g 直接与 DJK02-1 上的移相控制电压 U_{ct} 相接,将给定开关 S2 合上(即 $U_{ct}=0$),调节 DJK02-1 上偏移电压电位器,用双踪示波器观察 A 相同步电压信号和"双脉冲观察孔"VT1 的输出波形,使 $\alpha=150°$。

⑥ 适当增加给定 U_g 的正电压输出,观测 DJK02-1 上"脉冲观察孔"的波形,此时应观测到单窄脉冲和双窄脉冲。

⑦ 将 DJK02-1 面板上的 U_{lf} 端接地,用 20 芯的扁平电缆,将 DJK02-1 的"正桥触发脉冲输出"端和 DJK02"正桥触发脉冲输入"端相连,并将 DJK02"正桥触发脉冲"的 6 个开关拨至"通",观察正桥 VT1～VT6 晶闸管门极和阴极之间的触发脉冲是否正常。

(2) 三相半波可控整流电路带电阻性负载。

按图 4-42 接线,将电阻器放在最大阻值处,按下"启动"按钮,DJK06 上的"给定"从零开始,慢慢增加移相电压,使 α 能在 30°～150°范围内调节,用示波器观察并记录 $\alpha=90°$时

整流输出电压 U_d 和晶闸管两端电压 U_{VT} 的波形，并记录相应的电源电压 U_2 及 U_d 的数值于表 4-6 中。

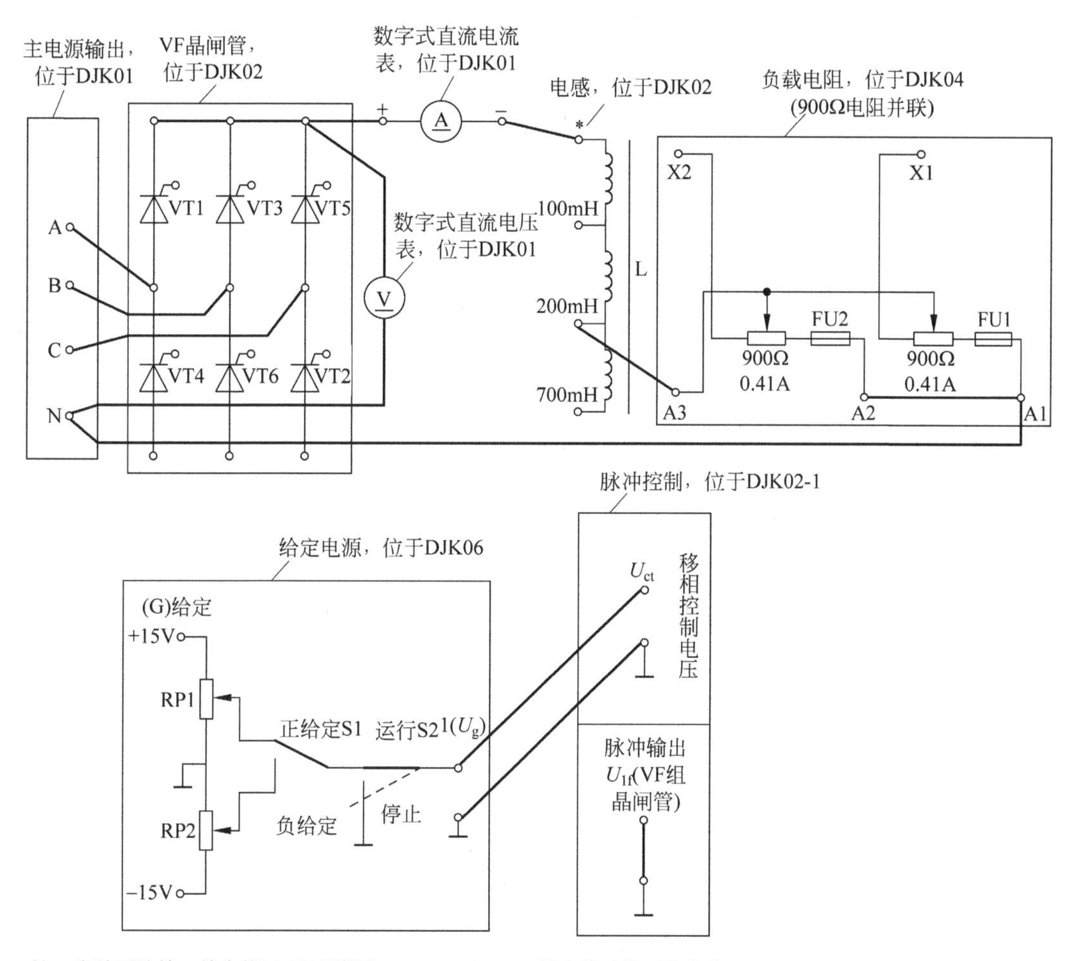

注：实验开始前，首先将DJK02面板上VT1、VT3、VT5触发脉冲的开关合上。

图 4-42　三相半波可控整流电路带电阻性负载接线图

表 4-6　带电阻性负载实验数据记录表

数据 \ α	30°	60°	90°	120°	150°
U_2					
U_d(记录值)					
U_d/U_2					
U_d(计算值)					

计算公式：

$$U_d = 1.17U_2\cos\alpha, \quad 0^\circ \sim 30^\circ$$

$$U_d = 0.675U_2[1+\cos(a+\pi/6)], \quad 30^\circ \sim 150^\circ$$

(3) 三相半波整流带阻感性负载。

按图 4-43 接线，将 DJK02 上 700mH 的电抗器与负载电阻串联后接入主电路，观察并记录不同移相角 α 时 U_d、I_d 的输出波形，并记录相应的电源电压 U_2 及 U_d 值于表 4-7 中，画出 $\alpha=90^\circ$时的 U_d 及 I_d 波形图。

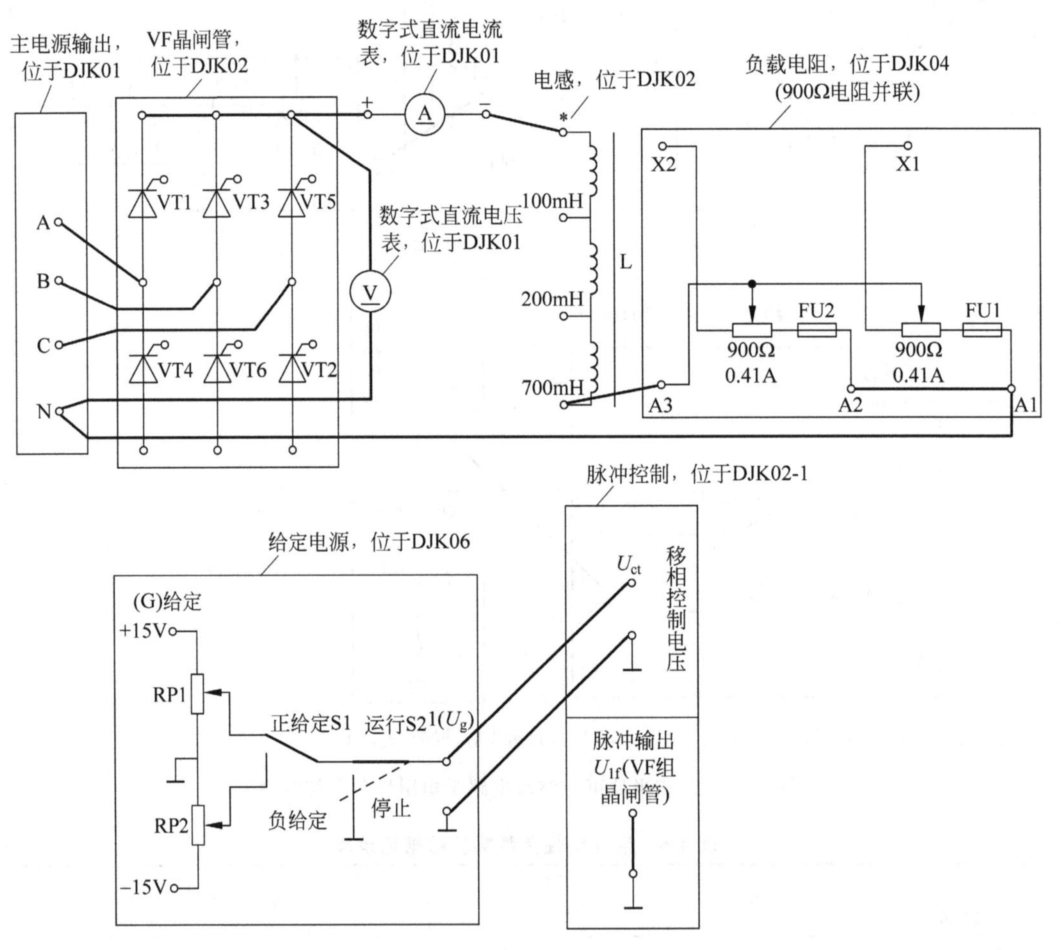

图 4-43 三相半波可控整流电路带阻感性负载接线图

表 4-7 带阻感性负载实验数据记录表

数据 \ α	30°	60°	90°
U_2			
U_d(记录值)			
U_d/U_2			
U_d(计算值)			

4.3.4 预习报告

(1) 三相半波可控整流电路的组成及其工作原理。

(2) 三相半波可控整流电路带电阻性负载、阻感性负载的主要特点。

(3) 三相半波可控整流电路的基本计算关系。

4.3.5 实验报告

绘出当 $\alpha=90°$时,整流电路供电给电阻性负载、阻感性负载时的 U_d及 I_d的波形,并进行分析讨论。

4.3.6 注意事项

(1) 整流电路与三相电源连接时,一定要注意相序。

(2) 正确使用示波器,避免示波器的两根地线接在非等电位的端点上,造成短路事故。

4.3.7 思考题

(1) 如何确定三相触发脉冲的相序,主电路输出的三相相序能任意改变吗?

(2) 根据所用晶闸管的定额,如何确定整流电路的最大输出电流?

4.4 三相桥式半控整流电路实验

4.4.1 电路工作原理

三相桥式半控整流电路主电路结构图如图 4-44 所示,它由一个三相半波不控整流电路与一个三相半波可控整流电路串联而成，因此这种电路兼有可控与不可控两者的特点。共阳极组的整流二极管总是在自然换相点换流，使电流换到阴极电位更低的一相上去；而共阴极组的3个晶闸管则要触发后才能换到阳极电位更高的一相中去。输出整流电压 u_d 的波形是二组整流电压波形之和，改变可控组的控制角可得到 $0\sim2.34U_2$ 的可调输出平均电压 U_d。

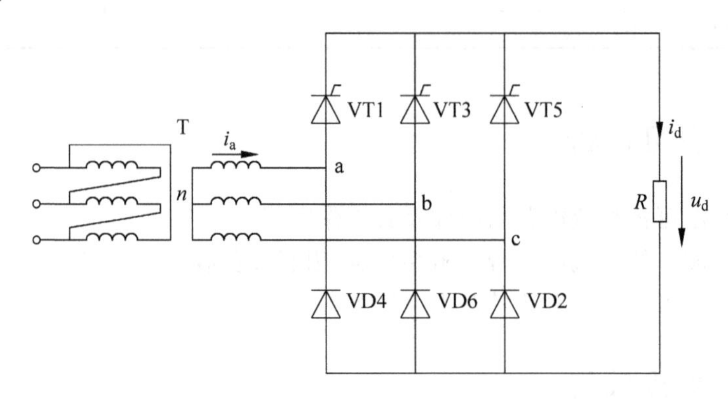

图4-44　三相桥式半控整流电路原理

1. 带电阻负载的工作情况

当 $\alpha=0°$ 时，即触发脉冲在自然换相点出现，整流电路输出电压最大，其数值为 $2.34U_2$，u_d 波形与三相全控桥 $\alpha=0°$ 时输出的电压波形一样。

图4-45为三相桥式半控整流电路带电阻性负载在 $\alpha=30°$ 时的电压波形。在 ωt_1 时刻，u_{g1} 触发VT1导通，电源电压 u_{ab} 通过VT1、VD6施加于负载。在 ωt_2 时刻，共阳极组二极管自然环流，VD2导通、VD6关断，电源电压 u_{ac} 通过VT1、VD2施加于负载。在 ωt_3 时刻，由于 u_{g3} 还未出现，VT3不能导通，VT1维持导通到 ωt_4 时刻，触发VT3导通，使VT1承受反向电压而关断，电路转为VT3与VD2导通。依此类推，负载 R 上得到的是脉动频率为3倍电源频率的脉动直流电压，在一个脉动周期中，它由一个缺角波形和一个完整波形组成。当 $\alpha=60°$ 时，u 波形只剩下3个波头，波形刚好维持连续。因此，可以得出，当 $0°\leqslant\alpha\leqslant60°$ 时，有

$$U_d = 1.17U_2(1+\cos\alpha) = 2.34U_2\,\frac{1+\cos\alpha}{2}$$

图4-46为三相桥式半控整流电路带电阻性负载在 $\alpha=120°$ 时的电压波形。VT1在 u_{ac} 的作用下，在 ωt_1 时刻 u_{g1} 触发VT1开始导通，到 ωt_2 时刻a相电压为零时，VT1仍不会关断，因为使VT1正向导通的不是相电压 u_a 而是线电压 u_{ac}。到 ωt_3 时刻，$u_{ac}=0$，VT1才关断。在 $\omega t_3\sim\omega t_4$ 期间，VT3虽受 u_{ba} 正向电压，但门极无触发脉冲，故VT3不导通，

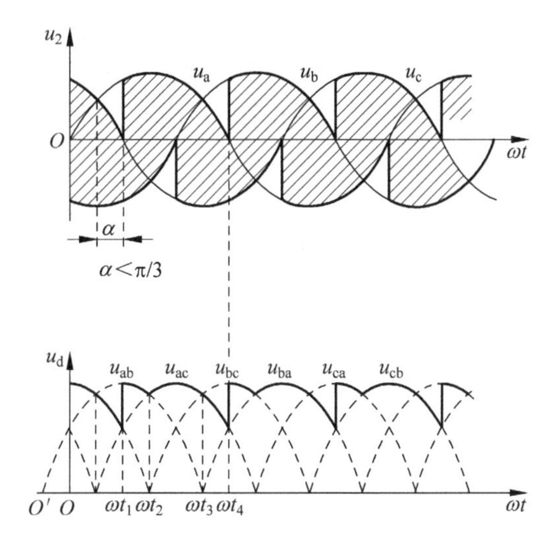

图 4-45　三相桥式半控整流电路带电阻性负载波形($\alpha=30°$)

波形出现断续。到 ωt_4 时刻，VT3 才触发导通，一直到 u_{ba} 线电压为零时关断。因此，当 $\alpha>60°$时，u_d 波形是断续的，由三个间断的线电压波头组成。其平均电压为

$$U_d = 1.17U_2(1+\cos\alpha) = 2.34U_2\frac{1+\cos\alpha}{2}$$

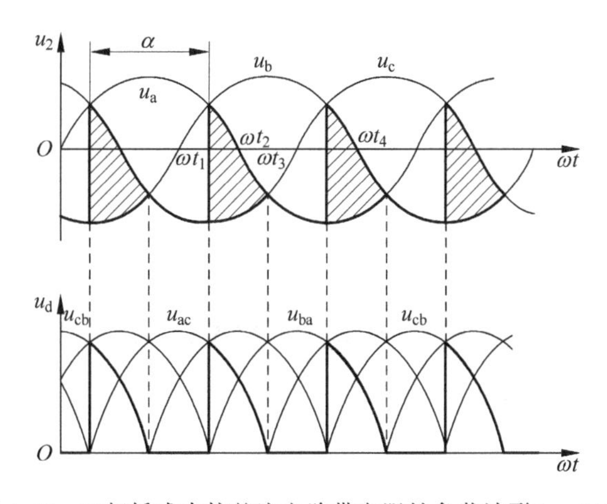

图 4-46　三相桥式半控整流电路带电阻性负载波形($\alpha=120°$)

2. 带电感性负载的工作情况

带电感性负载时，三相桥式半控整流电路和单相桥式半控电路具有相似的工作特点：晶闸管在承受正向电压时触发导通，整流管在承受正向电压时自然导通；由于大电感 L

的作用，工作的线电压过零变负时，晶闸管仍然可能继续导通，形成同相晶闸管与整流管同时导通的自然续流现象，使输出电压 u 波形不出现负值部分。电感性负载在 $\alpha \leqslant 60°$ 时，各处电压电流波形分别如图 4-47 所示。输出平均电压 u_d 的计算与电阻负载时一样。

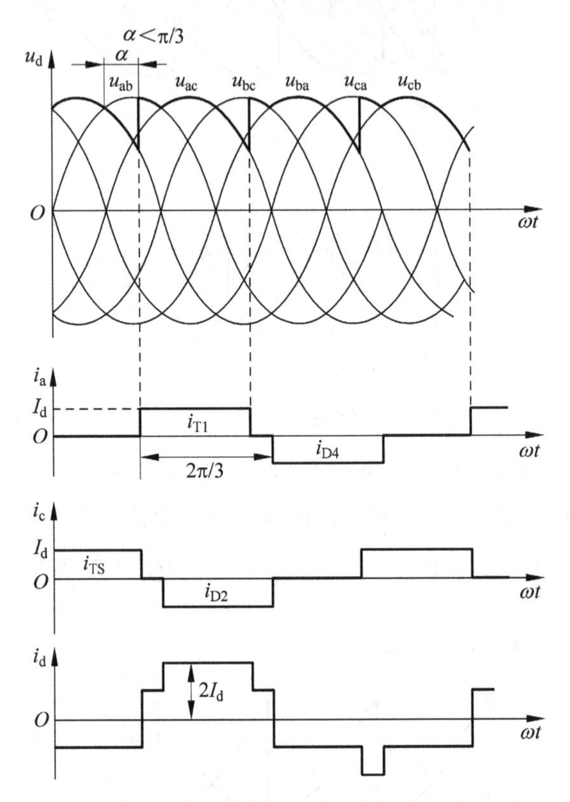

图 4-47　三相桥式半控整流电路带电感性负载波形（$\alpha=120°$）

4.4.2　三相桥式半控整流电路 MATLAB/Simulink 仿真实验设计与实现

1. 实验目的

（1）加深理解三相桥式半控整流电路的工作原理，研究不同负载时的工作情况。

（2）掌握三相桥式半控整流电路的 MATLAB/Simulink 的仿真建模方法，会设置各模块的参数。

2. 实验内容

(1) 三相桥式半控整流电路带纯电阻负载仿真。
(2) 三相桥式半控整流电路带阻感性负载仿真。

3. 实验器材

(1) PC。
(2) MATLAB 6.5.1 仿真软件。

4. 实验仿真

(1) 三相桥式半控整流电路带电阻性负载仿真

由于仿真模型中整流桥都是同一电力电子元件,搭建三相半控桥式整流电路时必须用分立元件,取 3 个晶闸管模型 Thyristor(在 VT2 、VT3 晶闸管参数设置时把 show measurement port 左边方框中"√"去掉,其作用是为了隐藏测量端口)、3 个二极管模型 Diode 和模块,进行如图 4-48 所示连接。

现在把这几个元件进行封装处理,得到三相半控桥式整流电路仿真模型如图 4-49 所示。

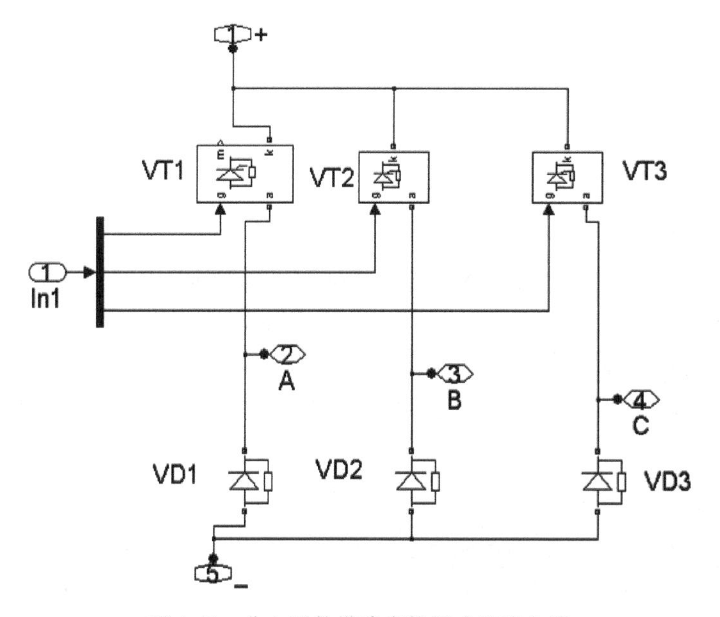

图 4-48 分立元件搭建半控桥式整流电路

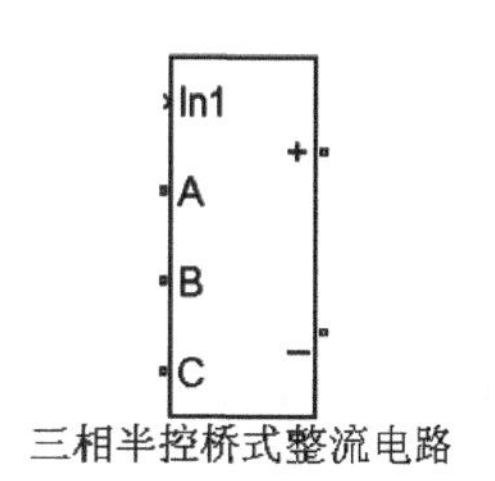

图 4-49 三相半控桥式整流电路封装模型

取三相电源、3个触发脉冲器，参数设置与三相半波可控整流电路相同，负载取100Ω，搭建仿真模型如图4-50所示。

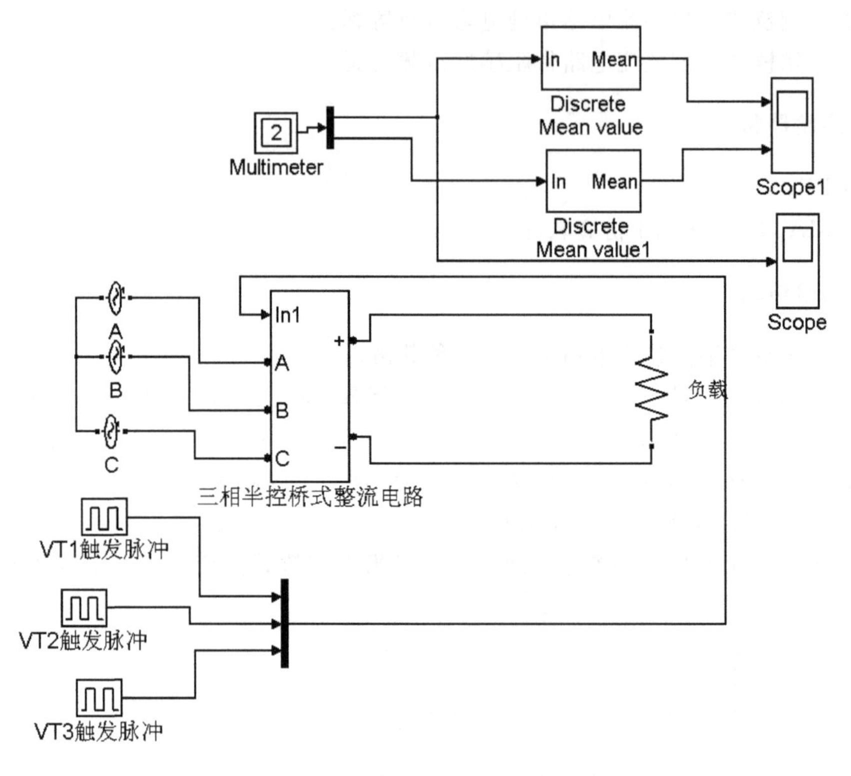

图4-50 三相半控桥式整流电路仿真模型

仿真算法采用ode15s，仿真时间为1s，仿真结果如图4-51所示。

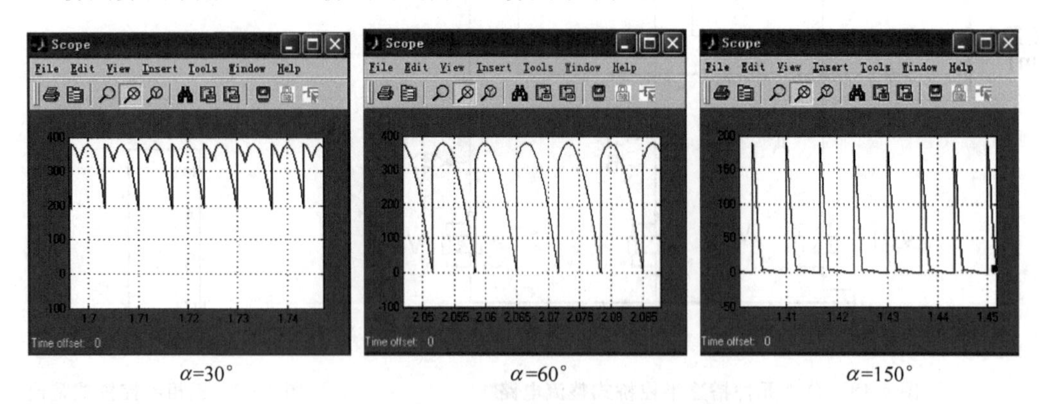

图4-51 三相半控桥式整流电路仿真结果(1)

从仿真结果可以看出，三相半控桥式整流电路有如下特点：

① 三个晶闸管的触发脉冲相位各差120°。

② $\alpha=60°$是输出电压连续和断续的分界，当$\alpha\geqslant60°$时整流电压的脉动一周内只有3次。

③ 当$\alpha=180°$时，输出电压$u_d=0$，因此移相范围为0°～180°。

(2) 三相桥式半控整流电路带阻感性负载仿真

现把负载改为阻感性负载，电阻$R=100\Omega$，电感为1H，给定不同的触发延迟角，得到仿真结果如图4-52所示。

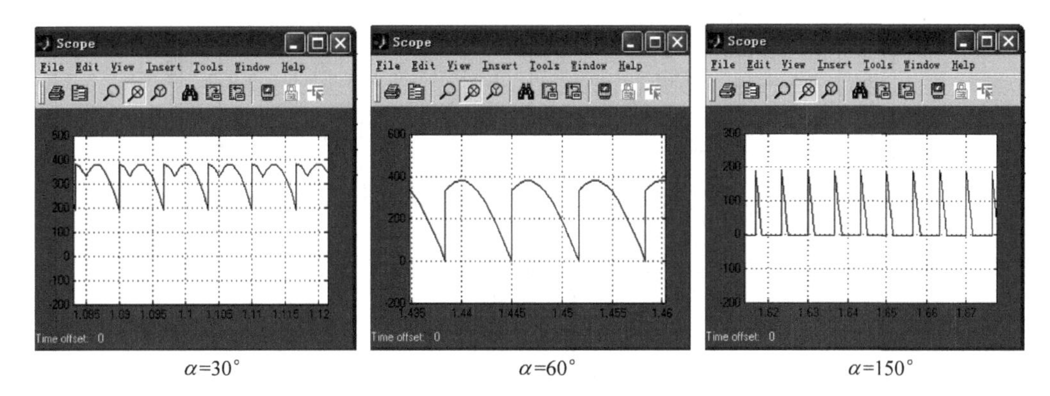

α=30°　　α=60°　　α=150°

图4-52　三相半控桥式整流电路仿真结果(2)

从仿真结果可以看出，当接有阻感性负载时，负载两端电压波形与无电感相同。

4.4.3　三相桥式半控整流电路DJDK-1型电力电子技术及电机控制实验台实验

1. 实验目的

(1) 了解三相桥式半控整流电路的工作原理及输出电压，电流波形。

(2) 了解晶闸管在带电阻性及阻感性负载，在不同控制角α下的工作情况。

2. 实验原理

在中等容量的整流装置或要求不可逆的电力拖动中，可采用比三相全控桥式整流电路更简单、经济的三相桥式半控整流电路。它由共阴极接法的三相半波可控整流电路与共阳极接法的三相半波不可控整流电路串联而成，因此这种电路兼有可控与不可控两者的特性。共阳极组三个整流二极管总是在自然换流点换流，使电流换到比阴级电位更低的一相，而共阴极组三个晶闸管则要在触发后才能换到阳极电位高的一个。输出整流电

压 U_d 的波形是三组整流电压波形之和，改变共阴极组晶闸管的控制角 α，可获得 0～$2.34U_2$ 的直流可调电压。

三相桥式半控整流电路实验原理图如图 4-53 所示。其中三个晶闸管在 DJK02 面板上，三相触发电路在 DJK02-1 上，二极管和给定在 DJK06 挂箱上，直流电压电流表以及电感 L_d 从 DJK02 上获得，电阻 R 用 D42 三相可调电阻，将两个 900Ω 电阻接成并联形式。

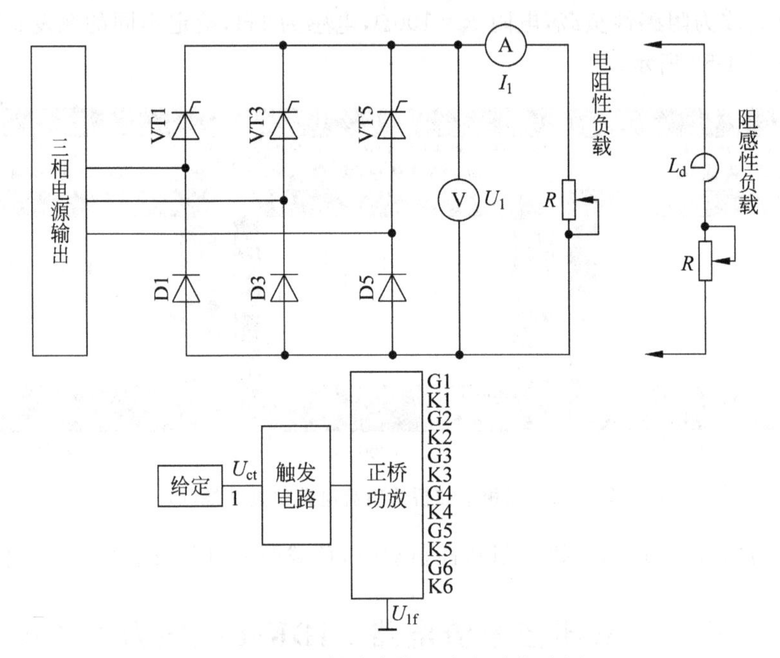

图 4-53　三相桥式半控整流电路实验原理

3. 实验设备

(1) 电源控制屏(DJK01)。
(2) 晶闸管主电路(DJK02)。
(3) 三相晶闸管触发电路(DJK02-1)。
(4) 给定及实验器件(DJK06)。
(5) 三相可调电阻(D42)。
(6) 双踪示波器。
(7) 万用表。

4. 实验内容

(1) 三相桥式半控整流供电给电阻性负载。

(2) 三相桥式半控整流供电给阻感性负载。

5. 实验方法

(1) DJK02 和 DJK02-1 上的“触发电路”调试。

① 打开 DJK01 总电源开关,操作“电源控制屏”上的“三相电网电压指示”开关,观察输入的三相电网电压是否平衡。

② 将 DJK01“电源控制屏”上“调速电源选择开关”拨至“直流调速”侧。

③ 用 10 芯的扁平电缆,将 DJK02 的“三相同步信号输出”端和 DJK02-1“三相同步信号输入”端相连,打开 DJK02-1 电源开关,拨动“触发脉冲指示”钮子开关,使“窄”的发光管亮。

④ 观察 A、B、C 三相的锯齿波,并调节 A、B、C 三相锯齿波斜率调节电位器(在各观测孔左侧),使三相锯齿波斜率尽可能一致。

⑤ 将 DJK06 上的“给定”输出 U_g 直接与 DJK02-1 上的移相控制电压 U_{ct} 相接,将给定开关 S2 拨到接地位置(即 $U_{ct}=0$),调节 DJK02-1 上的偏移电压电位器,用双踪示波器观察 A 相同步电压信号和“双脉冲观察孔” VT1 的输出波形,使 $\alpha=120°$(注意此处的 α 表示三相晶闸管电路中的移相角,它的 0°是从自然换流点开始计算,前面实验中的单相晶闸管电路的 0°移相角表示从同步信号过零点开始计算,两者存在相位差,前者比后者滞后 30°)。

⑥ 适当增加给定 U_g 的正电压输出,观测 DJK02-1 上“脉冲观察孔”的波形,此时应观测到单窄脉冲和双窄脉冲。

⑦ 用 8 芯的扁平电缆,将 DJK02-1 面板上“触发脉冲输出”和“触发脉冲输入”相连,使得触发脉冲加到正反桥功放的输入端。

⑧ 将 DJK02-1 面板上的 U_{lf} 端接地,用 20 芯的扁平电缆,将 DJK02-1 的“正桥触发脉冲输出”端和 DJK02“正桥触发脉冲输入”端相连,并将 DJK02“正桥触发脉冲”的 6 个开关拨至“通”,观察正桥 VT1～VT6 晶闸管门极和阴极之间的触发脉冲是否正常。

(2) 三相半控桥式整流电路供电给电阻负载时的特性测试。

按图 4-54 接线,将给定输出调到零,负载电阻放在最大阻值位置,按“启动”按钮,缓慢调节给定,观察 α 在 30°、60°、90°、120°等不同移相范围内,整流电路的输出电压 U_d,输出电流 I_d 以及晶闸管端电压 U_{VT} 的波形,并加以记录。

(3) 三相半控桥式整流电路带阻感性负载。

按图 4-55 接线,将电抗为 700mH 的 L_d 接入重复(1)步骤。

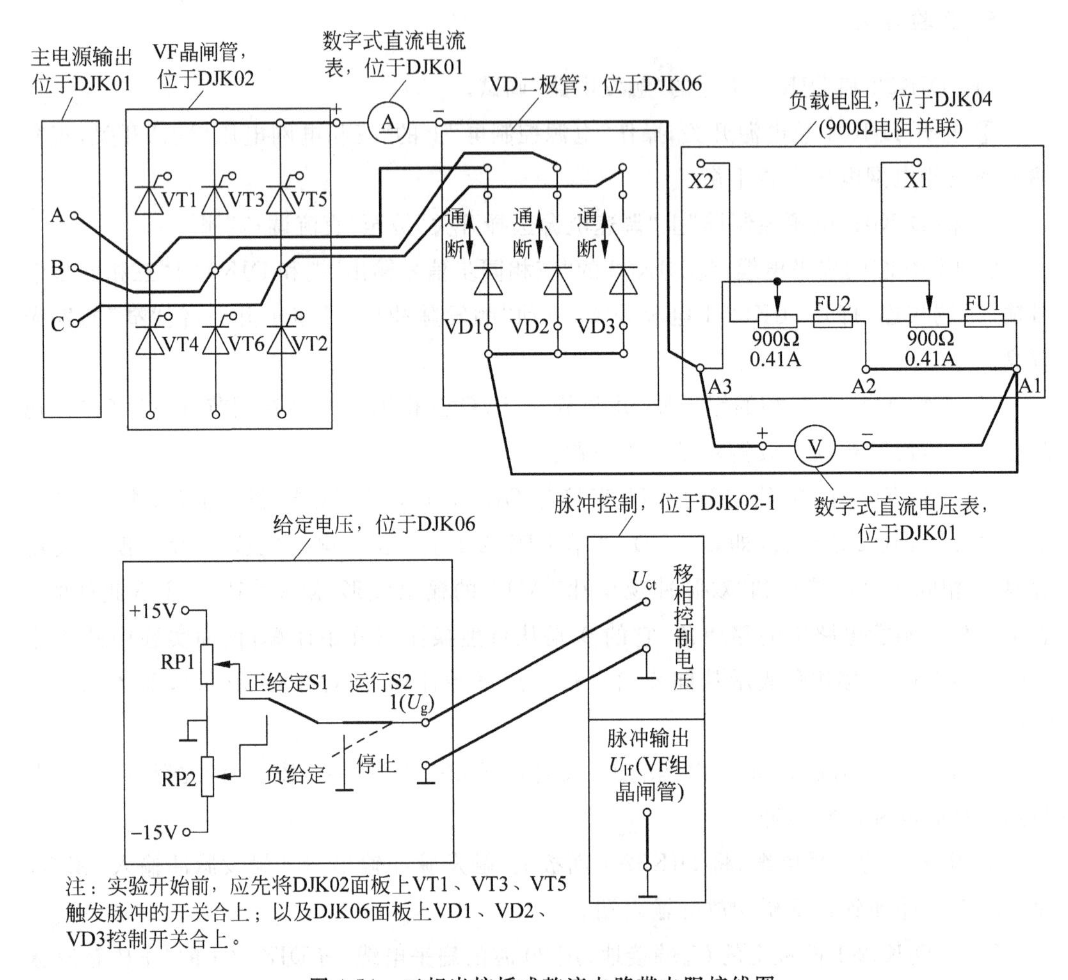

图 4-54　三相半控桥式整流电路带电阻接线图

4.4.4　预习报告

(1) 三相桥式半控整流电路的组成及其工作原理。

(2) 三相桥式半控整流电路带电阻性负载、阻感性负载的主要特点。

(3) 三相桥式半控整流电路的主要计算关系。

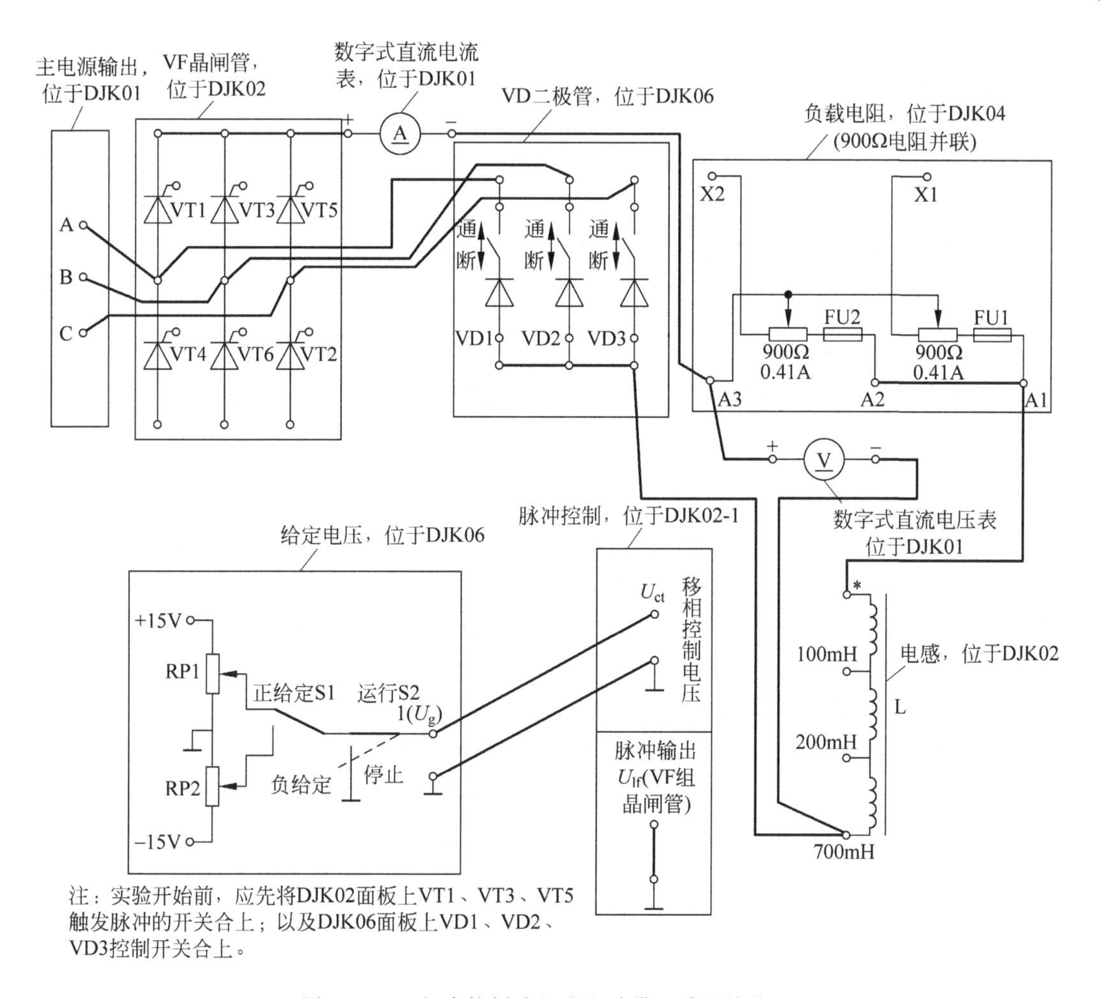

图 4-55　三相半控桥式整流电路带阻感性接线图

4.4.5 实验报告

(1) 绘出实验的整流电路供电给电阻负载时的 $U_d=f(t)$，$I_d=f(t)$ 以及晶闸管端电压 $U_{VT}=f(t)$ 的波形。

(2) 绘出整流电路在 $\alpha=60°$ 与 $\alpha=90°$ 时带阻感性负载时的波形。

4.4.6 思考题

(1) 为什么说可控整流电路供电给电动机负载与供电给电阻性负载在工作上有很大差别?

(2) 实验电路在电阻性负载工作时能否突加一阶跃控制电压? 在电动机负载工作时呢?

4.5 三相桥式全控整流及有源逆变电路实验

4.5.1 电路工作原理

如图 4-56 所示,电流 i_d 的流向是从 E_D 的正极流出而从 U_d 的正极流入,即电机向外输出能量,以发电状态运行;变流器则吸收能量并以交流形式回馈到交流电网,此时电路即为有源逆变工作状态。

电动势 E_D 的极性在有源逆变工作状态下,电路输出电压波形如图 4-57 所示。此时,晶闸管导通的大部分区域均为交流电的负电压,晶闸管在此期间由于 E_D 的作用仍承受极性为正的相电压,输出的平均电压为负值。三相桥式逆变电路一个周期中的输出电压由 6 个形状相同的波头组成,其形状随 β 的不同而不同。该电路要求 6 个脉冲,两脉冲之间的间隔为 $\pi/3$,分别按照 1、2、3、4、5、6 的顺序依次发出,其脉冲宽度应大于 $\pi/3$ 或者采用"双窄脉冲"输出。上述电路中,晶闸管阻断期间主要承受正向电压,而且最大值为线电压的峰值。

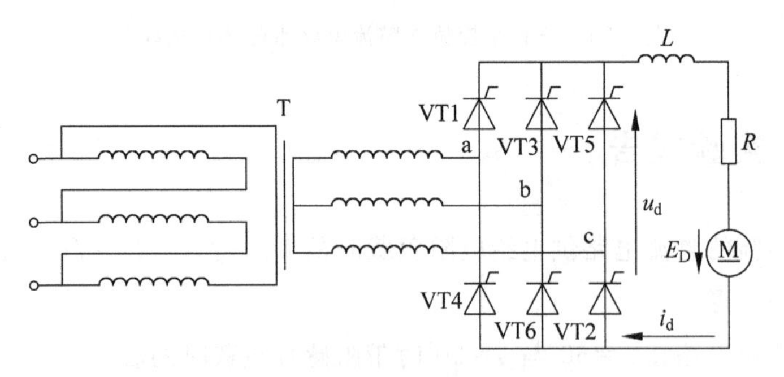

图 4-56 三相桥式全控整流及有源逆变电路工作原理

三相桥式全控整流电路带电阻性负载时的波形如图 4-58～图 4-61 所示。

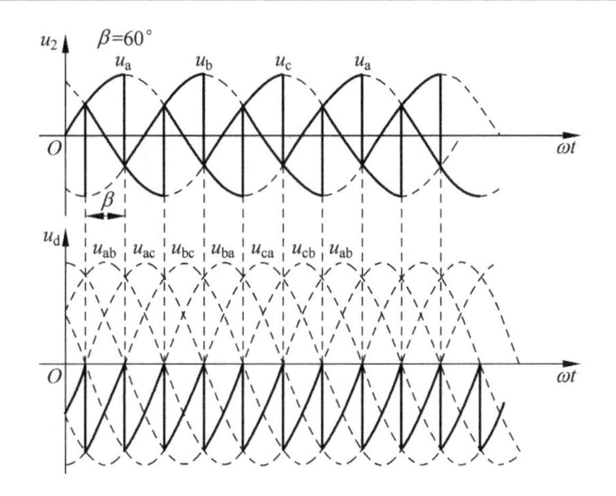

图 4-57 三相桥式有源逆变电路输出电压波形

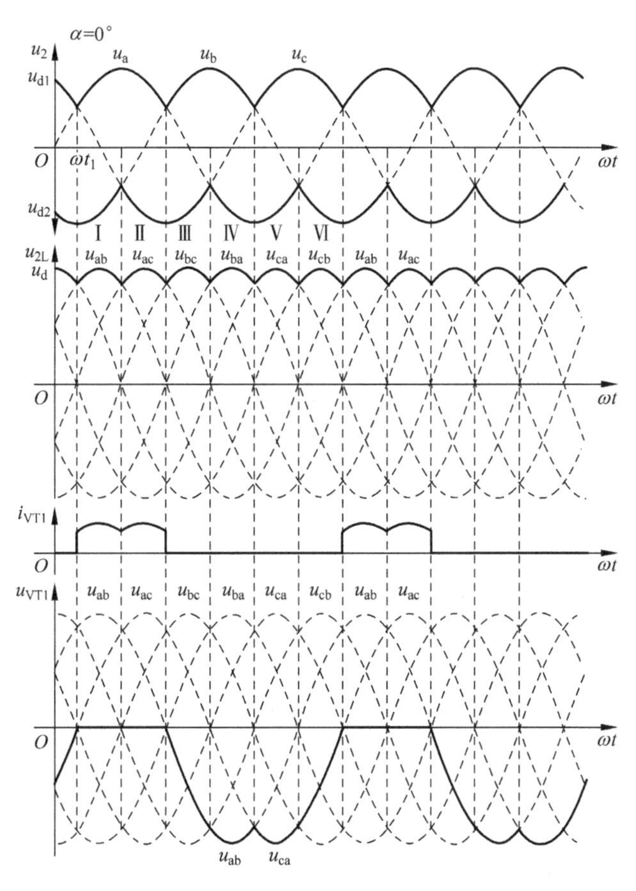

图 4-58 三相桥式全控整流电路带电阻性负载时的波形(α=0°)

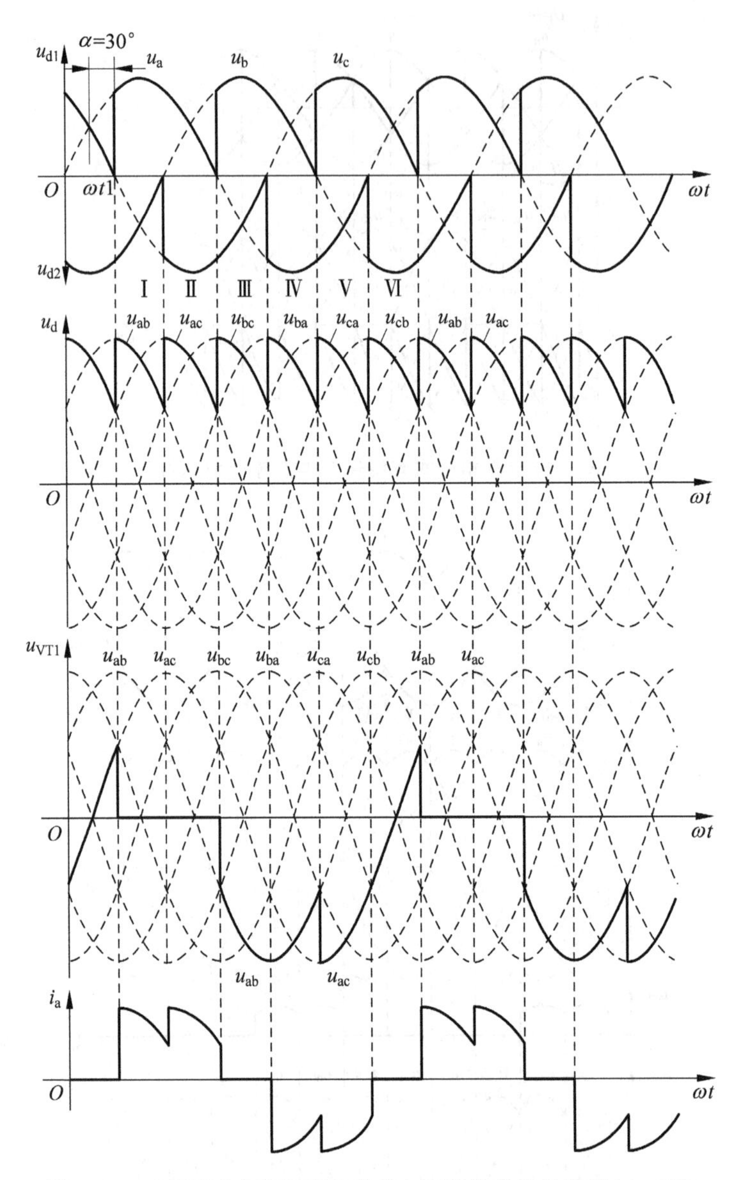

图 4-59　三相桥式全控整流电路带电阻性负载时的波形($\alpha=30°$)

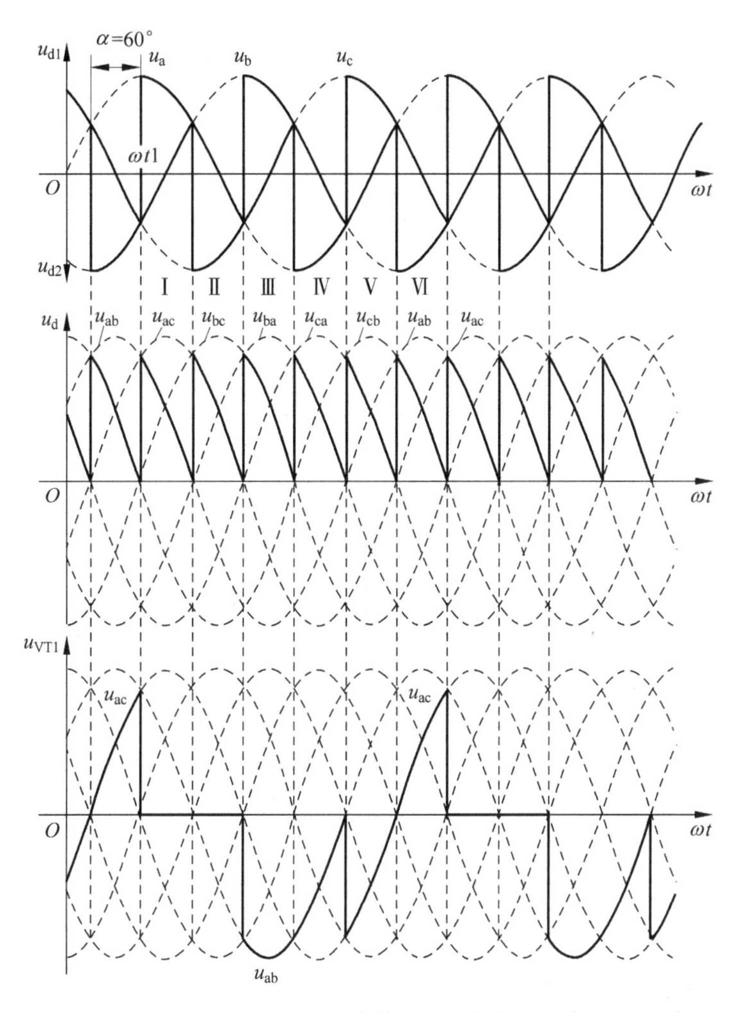

图 4-60　三相桥式全控整流电路带电阻性负载时的波形($\alpha=60°$)

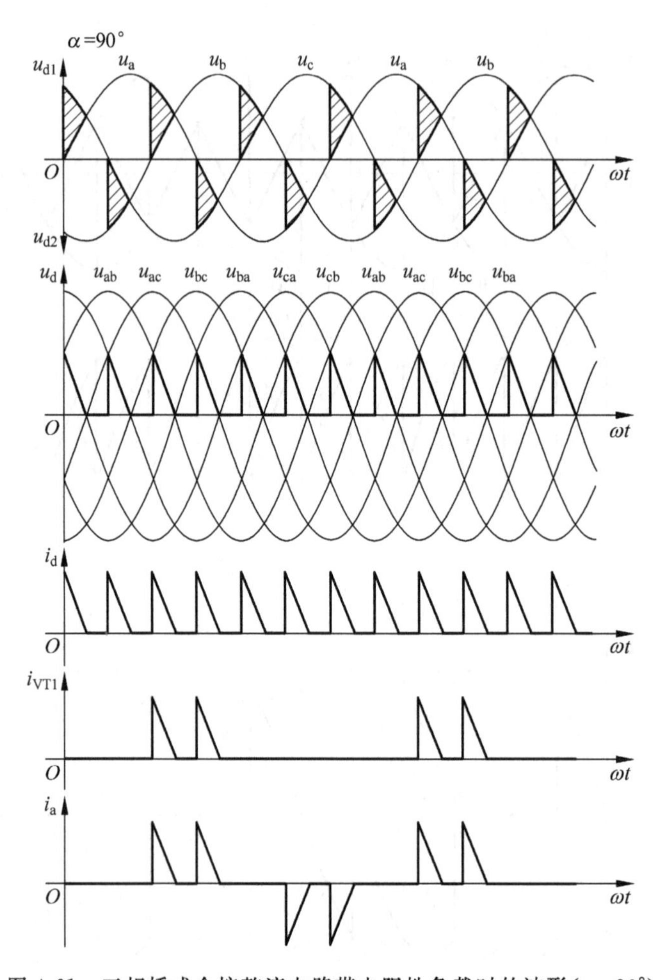

图 4-61　三相桥式全控整流电路带电阻性负载时的波形($\alpha=90°$)

当 $\alpha \leqslant 60°$时，u_d波形均连续，对于电阻性负载，i_d波形与 u_d波形形状一样，也连续。

当 $\alpha > 60°$时，u_d波形每 60°中有一段为零，u_d波形不能出现负值。带电阻性负载时，三相桥式全控整流电路 α 角的移相范围是 0°～120°。

三相桥式全控整流电路带阻感性负载时的波形如图 4-62～图 4-64 所示。

带阻感性负载时，三相桥式全控整流电路 α 角的移相范围是 0°～90°。

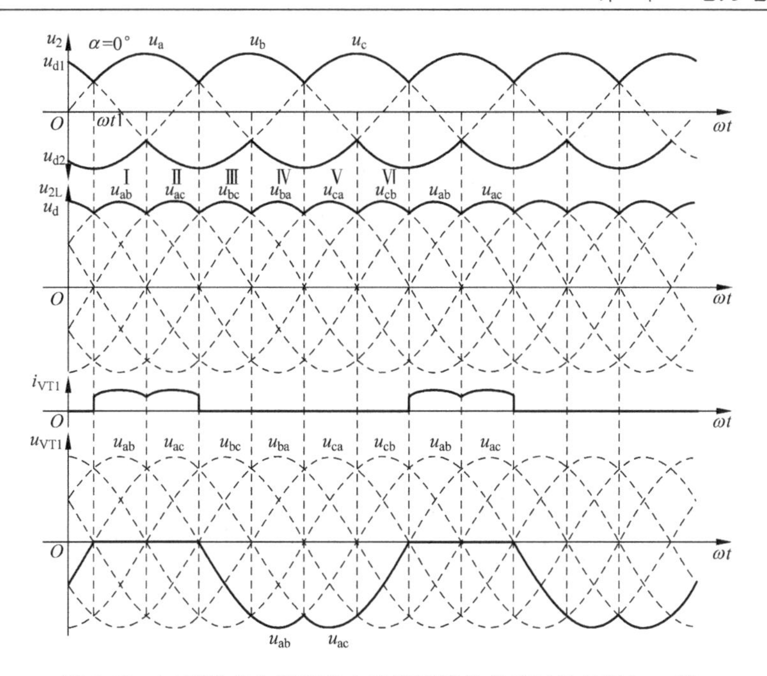

图 4-62　三相桥式全控整流电路带阻感性负载时的波形($\alpha=0°$)

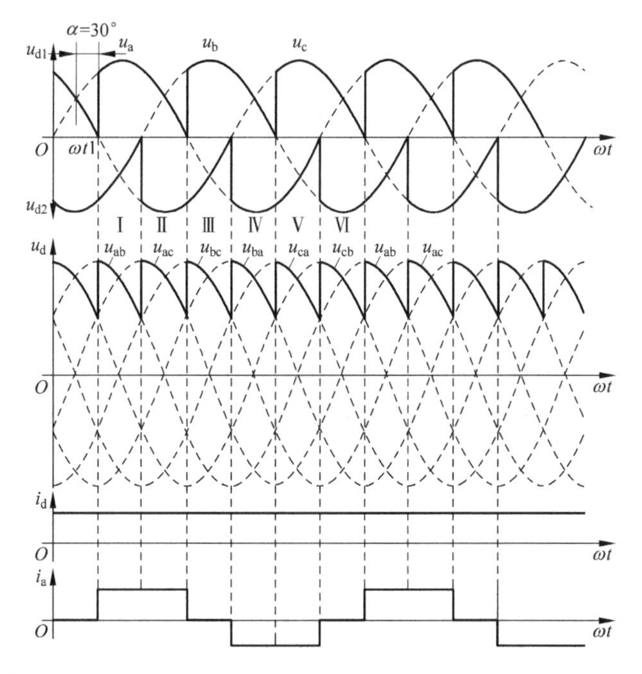

图 4-63　三相桥式全控整流电路带阻感性负载时的波形($\alpha=30°$)

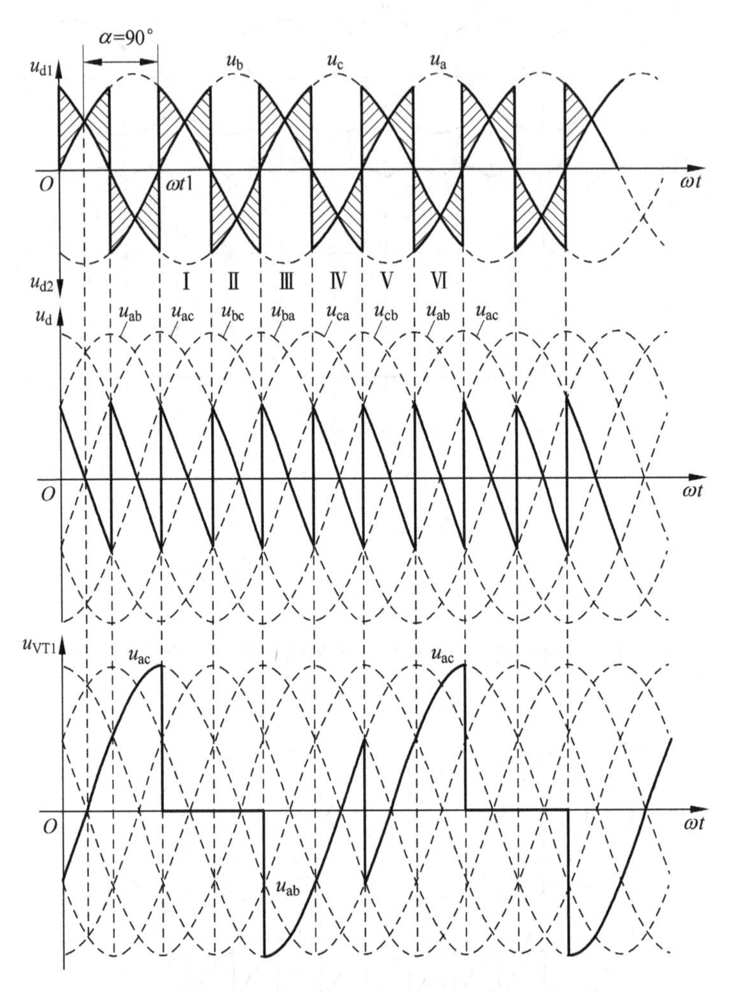

图 4-64　三相桥式全控整流电路带阻感性负载时的波形($\alpha=90°$)

4.5.2　三相桥式全控整流及有源逆变电路 MATLAB/Simulink 仿真实验设计与实现

1. 实验目的

(1) 加深理解三相桥式全控整流及有源逆变电路的工作原理。

(2) 掌握三相桥式全控整流及有源逆变电路的 MATLAB/Simulink 的仿真建模方法,会设置各模块的参数。

2. 实验内容

(1) 三相桥式全控整流电路带纯电阻性负载仿真。
(2) 三相桥式全控整流电路带阻感性负载仿真。
(3) 三相桥式全控整流电路有源逆变工作状态仿真。

3. 实验器材

(1) PC。
(2) MATLAB 6.5.1 仿真软件。

4. 实验仿真

1) 三相桥式全控整流电路带电阻性负载仿真

三相桥式全控整流电路仿真模型如图 4-65 所示。

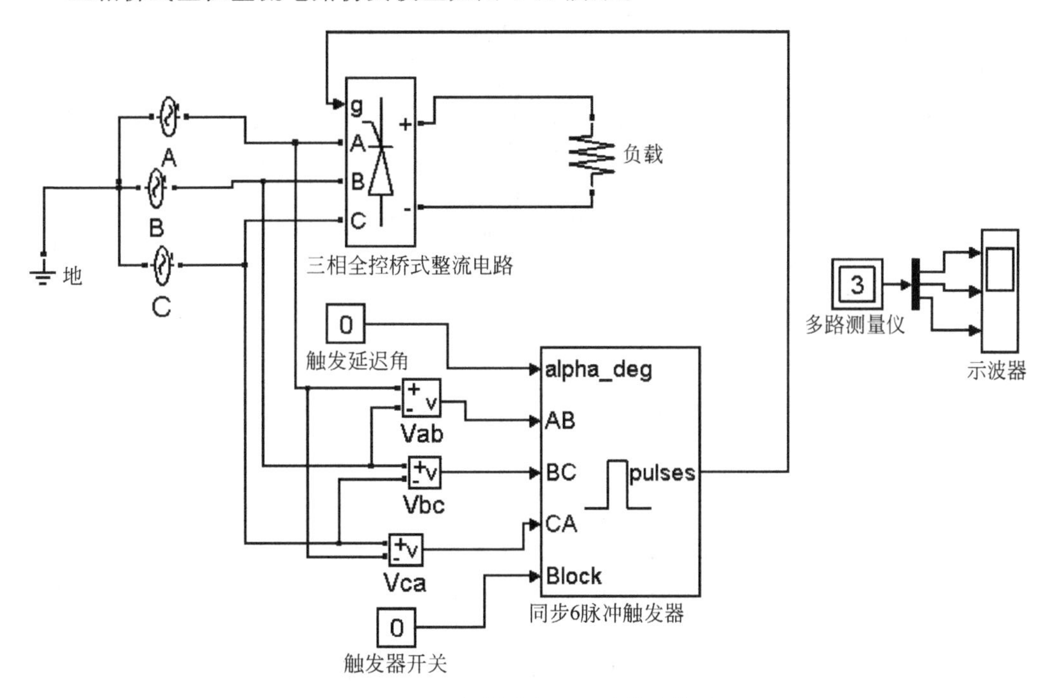

图 4-65　三相桥式整流电路仿真模型

(1) 主电路仿真模型的建立。

① 三相对称电压源建模和参数设置。提取交流电压源模块 AC Voltage Source,再用复制的方法得到三相电源的另两个电压源模块,并把模块标签分别改为 A、B、C,从路

径 SimPowerSystems/Elements/Ground 取接地元件 Ground，按图 4-65 左边主电路图进行连接。三相对称电压源参数设置与三相半波可控整流电路相同。

② 晶闸管整流桥的建模和主要参数设置。取晶闸管整流桥 Universal Bridge，并将模块标签改为“三相整流桥”。当采用三相整流桥时，桥臂数取 3，电力电子元件选择晶闸管，其他参数设置为默认值。

③ 负载建模和参数设置。提取电抗器元件 RLC Branch，通过参数设置成为纯电阻，阻值为 100Ω，并将模块标签改为“电阻负载”。

④ 同步脉冲触发器的建模和参数设置的方法与图 4-42 相同。注意同步脉冲触发器采用的是双脉冲。在 Double pulsing 前面的方框中打“√”即可。

(2) 控制电路的建模与仿真。

取模块 Constant，标签改为“触发延迟角”。双击此模块图标，打开参数设置对话框，将参数设置为某个值，此处设置为 60，即触发延迟角为 60°。

图 4-66 为 $\alpha=60°$、$\alpha=90°$时的仿真结果。

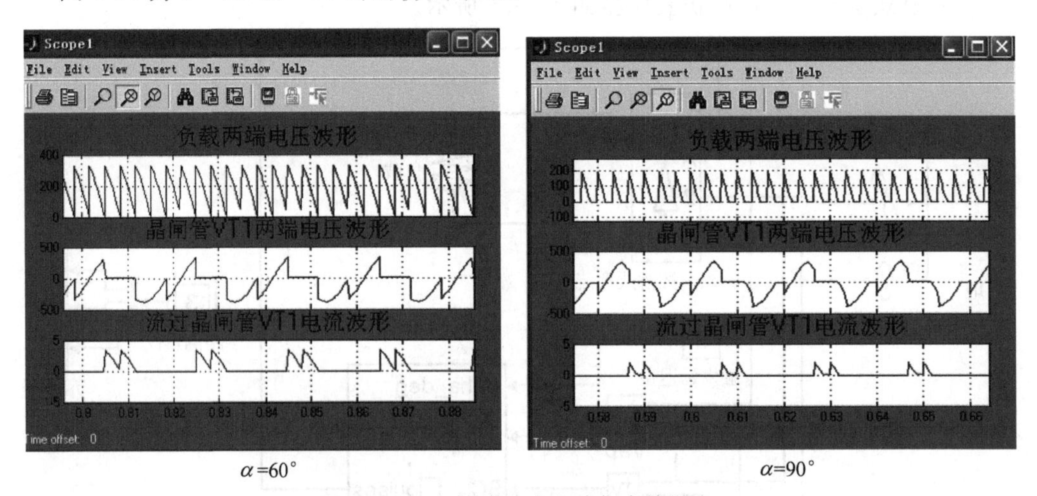

$\alpha=60°$　　　　$\alpha=90°$

图 4-66　三相桥式整流电路仿真结果(1)

2) 三相桥式全控整流电路接阻感性负载仿真

把负载参数改为阻感性负载，电阻为 100Ω，电感为 10H，$\alpha=30°$、$\alpha=90°$时的仿真结果如图 4-67 所示。

从仿真结果可以看出，当 $\alpha \leqslant 60°$时，u_d 波形连续，电路的工作情况与带纯电阻负载十分相似，区别在于负载不同时，同样的整流输出电压加在负载上，得到的负载电流波形不同，纯电阻负载时，i_d 波形与 u_d 的波形一样。而阻感性负载时，由于电感的作用，使得负载电流 i_d 波形变得平直，当电感足够大时，负载电流的波形可以近似为一条水平线。

当 $\alpha>60°$时，阻感性负载的工作情况与纯电阻负载时不同，电阻负载时波形不会出现负的部分，而阻感性负载时，电感中感应电动势存在，当线电压进入负半波后，电感中的能

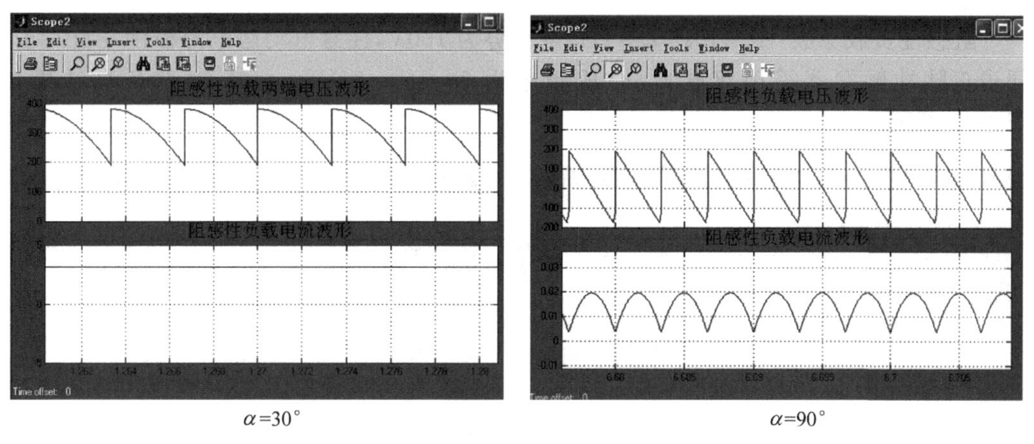

$\alpha=30°$　　　　$\alpha=90°$

图 4-67　三相桥式整流电路仿真结果(2)

量维持电流流通，晶闸管继续导通，直至下一个晶闸管的导通才使前一个晶闸管关断，这样，当 $\alpha>60°$时，电流仍将连续；当 $\alpha=90°$时，整流电压的正负半波相同，输出电压基本为零，因此电感性负载移相范围是 0°～90°。

3）三相桥式全控整流电路有源逆变工作状态仿真

对于阻感性负载，当触发延迟角 $\alpha>90°$时，如果外接有感应电动势，整流电路就处于逆变状态，图 4-68 为三相全控桥式电路逆变工作状态的仿真模型。

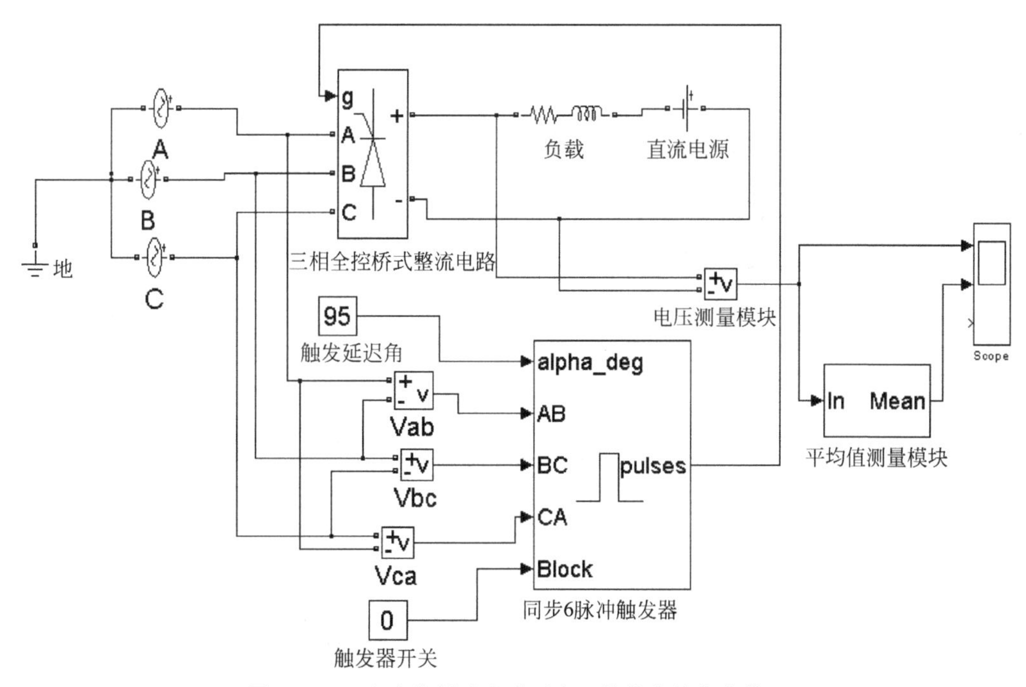

图 4-68　三相全控桥式电路逆变工作状态的仿真模型

阻感性负载参数：$R=10\Omega$，$L=1\text{H}$，电动势为100V，注意电动势电源极性左负右正。同步6脉冲触发器采用双脉冲，合成频率为50。$\alpha=95°$、$\alpha=105°$时的仿真结果如图4-69所示。

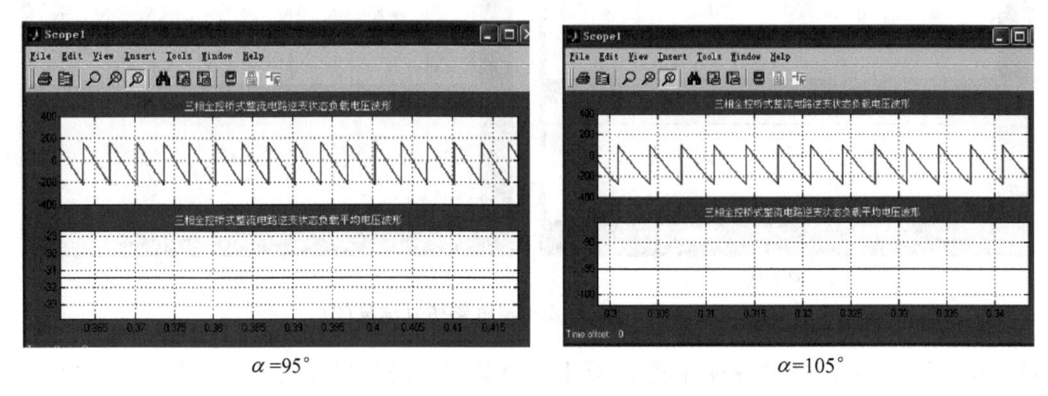

$\alpha=95°$　　$\alpha=105°$

图4-69　三相全控桥式电路逆变工作状态的仿真结果

当$\alpha>180°$以后，从有源逆变电路看，超前角为负值，电路就不能换流，这就意味着交流电源将继续导通而进入正半波整流状态，交流电源与负载侧直流电源同时提供电能，相当于两个电源短路情况，这种现象称为逆变颠覆。假如丢失一个脉冲，比如把B相脉冲丢失，也会出现逆变颠覆现象。

把图4-65的B相脉冲去掉，取$\alpha=150°$，负载参数保持不变。直流电源取220V，仿真结果如图4-70所示。

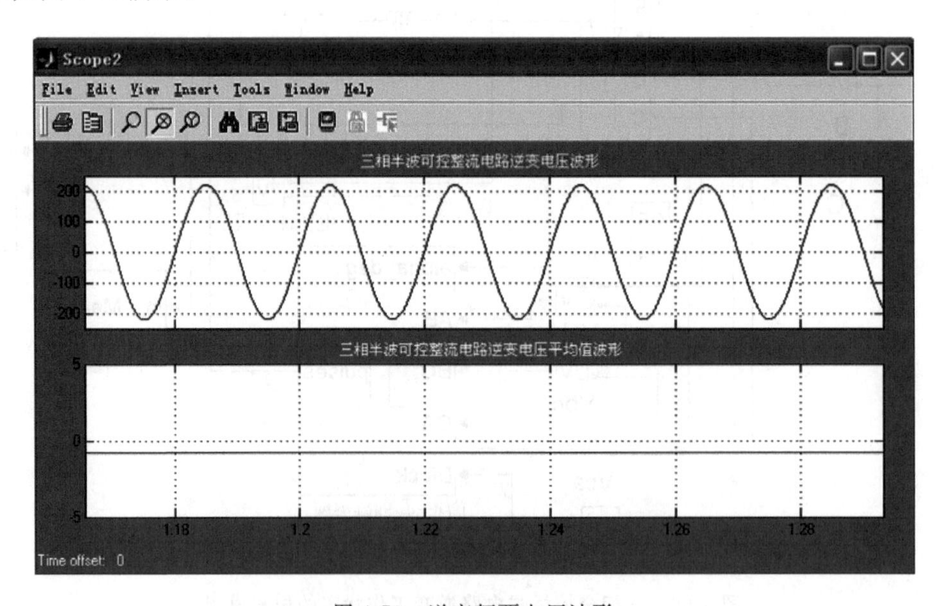

图4-70　逆变颠覆电压波形

从仿真结果可以看出，当丢失一相脉冲后，负载两端电压出现正值，负载平均电压为零。相当于两个电源短路。这是有源逆变状态的一种危险故障。

4.5.3 三相桥式全控整流电路 DJDK-1 型电力电子技术及电机控制实验台实验

1. 实验目的

(1) 加深对三相桥式全控整流及有源逆变电路的工作原理的理解。

(2) 了解 KC 系列集成触发器的调整方法和各点的波形。

2. 实验原理

实验线路如图 4-71、图 4-72 所示。主电路由三相全控整流电路及作为逆变直流电源的三相不控整流电路组成，触发电路为 DJK02-1 中的集成触发电路，由 KC04、KC41、KC42 等集成芯片组成，可输出经高频调制后的双窄脉冲链。

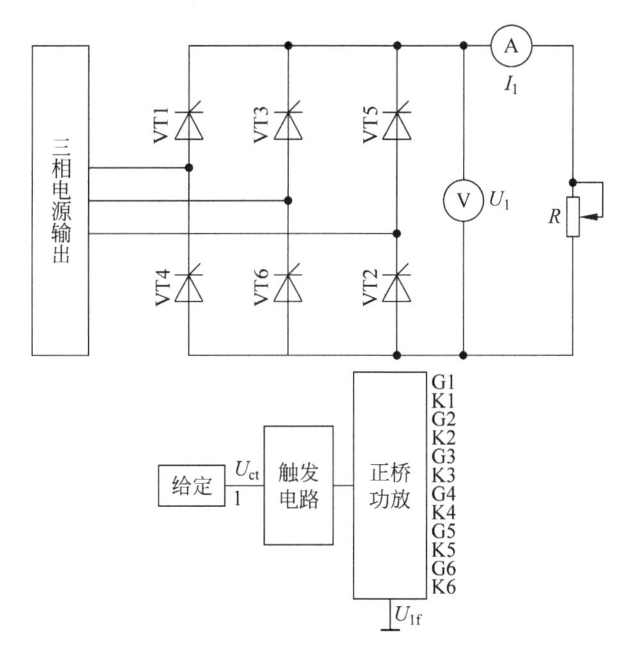

图 4-71　三相桥式全控整流电路实验原理

在三相桥式有源逆变电路中，电阻、电感与整流的一致，而三相不控整流及心式变压器均在 DJK10 挂件上，其中心式变压器用作升压变压器，逆变输出的电压接心式变压器

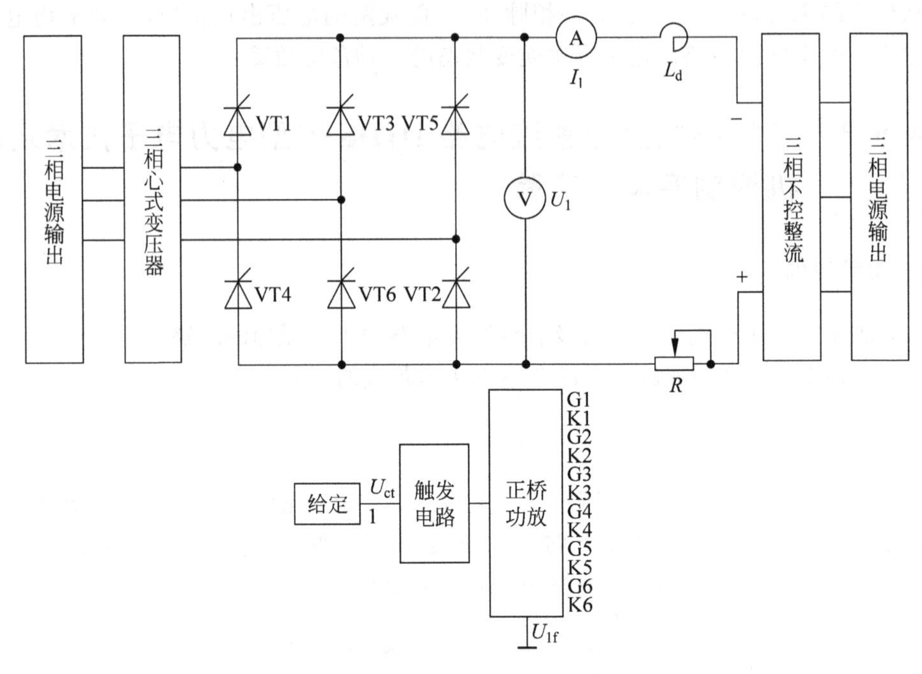

图 4-72 三相桥式有源逆变电路实验原理

的中压端 A_m、B_m、C_m，返回电网的电压从高压端 A、B、C 输出，变压器接成Y/Y接法。

图中的 R 均使用 D42 三相可调电阻，将两个 900Ω 电阻接成并联形式；电感 L_d 在 DJK02 面板上，选用 700mH 挡，直流电压、电流表由 DJK02 获得。

3. 实验设备

(1) 电源控制屏(DJK01)。
(2) 晶闸管主电路(DJK02)。
(3) 三相晶闸管触发电路(DJK02-1)。
(4) 给定及实验器件(DJK06)。
(5) 变压器实验(DJK10)。
(5) 三相可调电阻(D42)。
(6) 双踪示波器。
(7) 万用表。

4. 实验内容

(1) 三相桥式全控整流电路。

(2) 三相桥式有源逆变电路。

(3) 在整流或有源逆变状态下，当触发电路出现故障(人为模拟)时观测主电路的各电压波形。

5. 实验方法

(1) DJK02 和 DJK02-1 上的“触发电路”调试。

① 打开 DJK01 总电源开关，操作“电源控制屏”上的“三相电网电压指示”开关，观察输入的三相电网电压是否平衡。

② 将 DJK01“电源控制屏”上的“调速电源选择开关”拨至“直流调速”侧。

③ 用 10 芯的扁平电缆，将 DJK02 的“三相同步信号输出”端和 DJK02-1“三相同步信号输入”端相连，打开 DJK02-1 电源开关，拨动“触发脉冲指示”钮子开关，使“窄”的发光管亮。

④ 观察 A、B、C 三相的锯齿波，并调节 A、B、C 三相锯齿波斜率调节电位器(在各观测孔左侧)，使三相锯齿波斜率尽可能一致。

⑤ 将 DJK06 上的“给定”输出 U_g 直接与 DJK02-1 上的移相控制电压 U_{ct} 相接，将给定开关 S2 拨到接地位置(即 $U_{ct}=0$)，调节 DJK02-1 上的偏移电压电位器，用双踪示波器观察 A 相同步电压信号和“双脉冲观察孔” VT1 的输出波形，使 $\alpha=150°$(注意此处的 α 表示三相晶闸管电路中的移相角，它的 0°是从自然换流点开始计算，前面实验中的单相晶闸管电路的 0°移相角表示从同步信号过零点开始计算，两者存在相位差，前者比后者滞后 30°)。

⑥ 适当增加给定 U_g 的正电压输出，观测 DJK02-1 上“脉冲观察孔”的波形，此时应观测到单窄脉冲和双窄脉冲。

⑦ 用 8 芯的扁平电缆，将 DJK02-1 面板上“触发脉冲输出”和“触发脉冲输入”相连，使得触发脉冲加到正反桥功放的输入端。

⑧ 将 DJK02-1 面板上的 U_{lf} 端接地，用 20 芯的扁平电缆，将 DJK02-1 的“正桥触发脉冲输出”端和 DJK02“正桥触发脉冲输入”端相连，并将 DJK02“正桥触发脉冲”的六个开关拨至“通”，观察正桥 VT1～VT6 晶闸管门极和阴极之间的触发脉冲是否正常。

(2) 三相桥式全控整流电路。

按图 4-73 接线，将 DJK06 上的“给定”输出调到零(逆时针旋到底)，将电阻器调至最大阻值处，按下“启动”按钮，调节给定电位器，增加移相电压，使 α 角在 30°～150°范围内调节，同时，根据需要不断调整负载电阻 R，使得负载电流 I_d 保持在 0.6A 左右(注意 I_d 不得超过 0.65A)。用示波器观察并记录 $\alpha=30°$、60°及 90°时的整流电压 U_d 和晶闸管两端电压 U_{vt} 的波形，并记录相应的 U_d 数值于表 4-8 中。

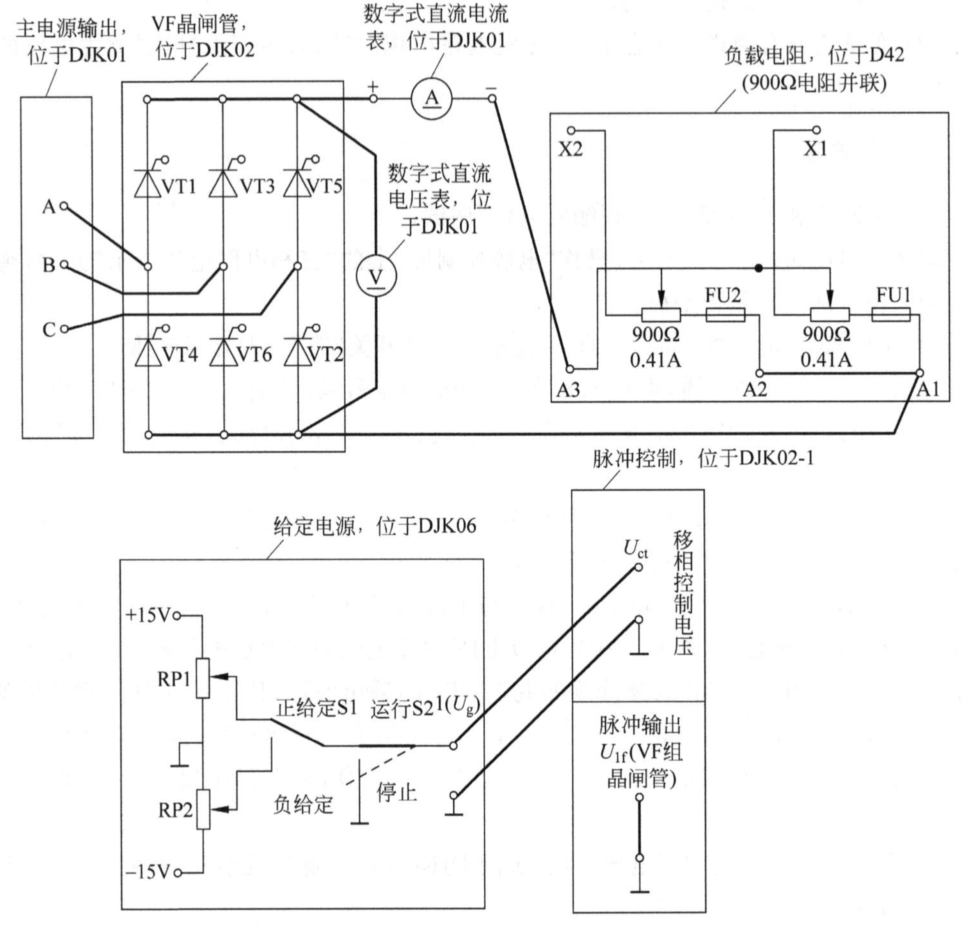

注：实验开始前，应先将DJK02面板上触发脉冲的开关合上。

图 4-73　三相桥式全控整流电路接线图

表 4-8　整流实验数据记录表

数据 \ α	30°	60°	90°
U_2			
U_d(记录值)			
U_d/U_2			
U_d(计算值)			

计算公式：

$$U_d = 2.34U_2\cos\alpha \qquad (0°\sim60°)$$

$$U_d = 2.34U_2\left[1+\cos\left(\alpha+\frac{\pi}{3}\right)\right] \qquad (60°\sim120°)$$

(3) 三相桥式有源逆变电路。

按图 4-74 接线，将 DJK06 上的“给定”输出调到零(逆时针旋到底)，将电阻器调至最大阻值处，按下“启动”按钮，调节给定电位器，增加移相电压，使 β 角在 30°～90°范围内调节，同时，根据需要不断调整负载电阻 R，使得电流 I_d保持在 0.6A 左右(注意 I_d不得超过 0.65A)。用示波器观察并记录 β=30°、60°、90°时的电压 U_d和晶闸管两端电压 U_{vt}的波形，并记录相应的 U_d数值于表 4-9 中。

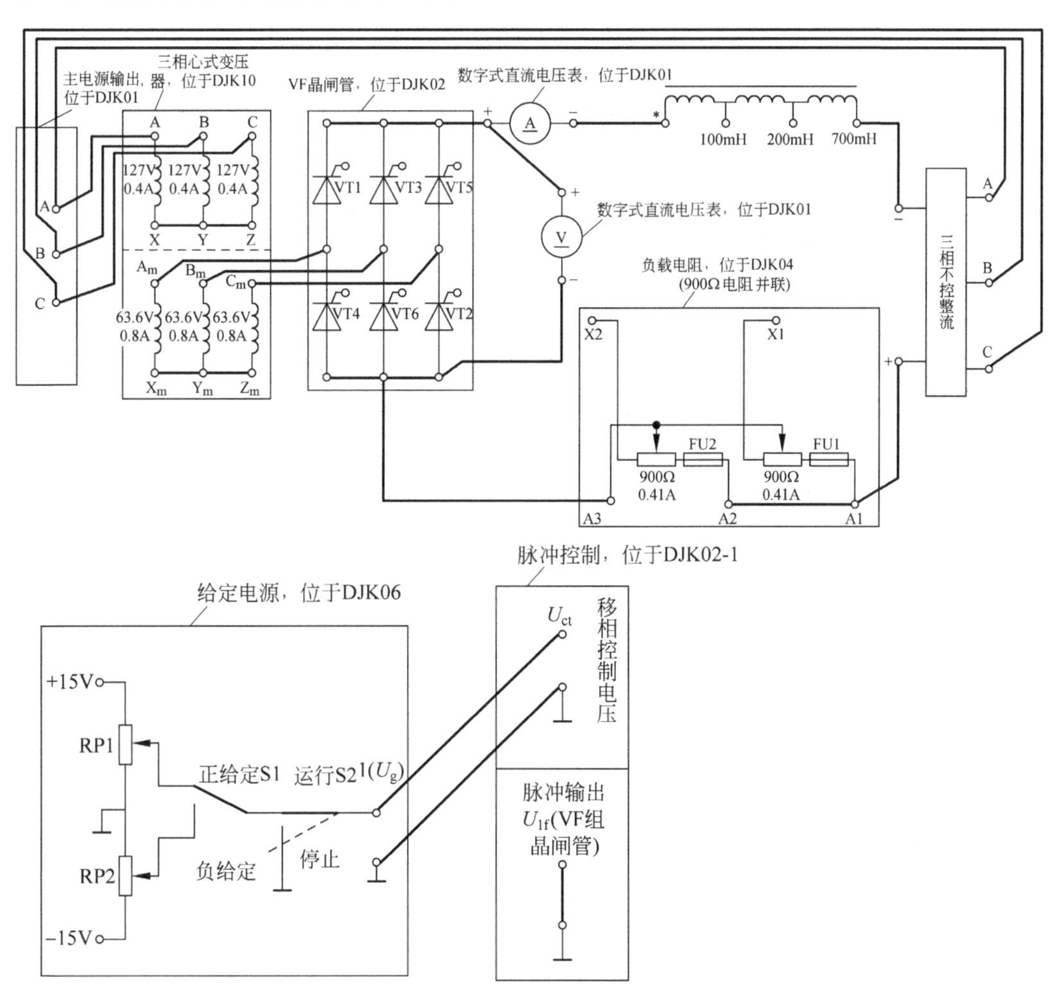

图 4-74 三相桥式有源逆变电路接线图

表 4-9　有源逆变实验数据记录表

β 数据	30°	60°	90°
U_2			
U_d(记录值)			
U_d/U_2			
U_d(计算值)			

计算公式：

$$U_d = 2.34 U_2 \cos(180° - \beta)$$

(4) 故障现象的模拟。

当 $\beta=60°$ 时，将触发脉冲钮子开关拨向“断开”位置，模拟晶闸管失去触发脉冲时的故障，观察并记录这时的 U_d、U_{vt} 波形的变化情况。

4.5.4　预习报告

(1) 三相桥式全控整流电路的组成及其工作原理。

(2) 三相桥式全控整流及有源逆变电路在不同负载及触发角时的波形。

(3) 三相桥式全控整流及有源逆变电路的主要计算关系。

4.5.5　实验报告

(1) 绘出电路的移相特性 $U_d = f(\alpha)$。

(2) 绘出整流电路的输入-输出特性 $U_d/U_2 = f(\alpha)$。

(3) 绘出三相桥式全控整流电路 $\alpha=30°$、$60°$、$90°$ 时的整流电压 U_d 和晶闸管两端电压 U_{vt} 的波形。

(4) 绘出三相桥式全控整流电路 $\alpha=150°$、$120°$、$90°$ 时的逆变电压 U_d 和晶闸管两端电压 U_{vt} 的波形。

(5) 简单分析模拟的故障现象。

4.5.6　注意事项

(1) 为了防止过流，启动时将负载电阻 R 调至最大阻值位置。

(2) 三相不控整流桥的输入端可加接三相自耦调压器，以降低逆变用直流电源的电压值。

(3) 有时会发现脉冲的相位只能移动 120°左右就消失了，这是因为 A、C 两相的相位接反了，这对整流状态无影响，但在逆变时，由于调节范围只能到 120°，使实验效果不明显，用户可自行将四芯插头内的 A、C 相两相的导线对调，就能保证有足够的移相范围。

4.5.7 思考题

(1) 如何解决主电路和触发电路的同步问题？在本实验中主电路三相电源的相序可任意设定吗？

(2) 在本实验的整流及逆变时，对 α 角有什么要求？为什么？

4.6 反激式电流控制开关稳压电源实验

4.6.1 电路工作原理

单端反激式直流变换电路如图 4-75 所示，开关管导通时，直流输入电源加在隔离变压器的一次侧线圈上，线圈流过电流，储存能量，但根据变压器的同名端，这时二次侧二极管反偏，负载由滤波电容供电，开关管关断时，线圈中的磁场急剧减小，二次侧线圈的感应电势极性反向，二极管导通，二次侧线圈的储能逐步转变为电场能量向电容充电，并向负载传递电流，所谓单端是指变压器只有单一方向的磁通，仅工作在其磁滞回线的第一象限，所谓反激，是指开关管导通时，变压器的一次侧线圈仅作为电感储存能量，没有能量传递到负载。

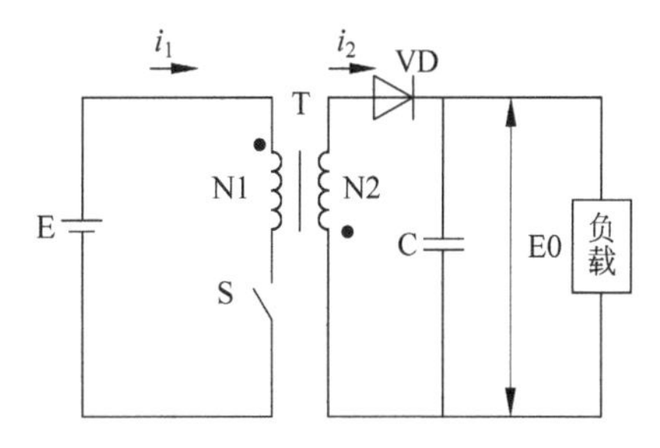

图 4-75　单端反激式直流变换电路

4.6.2 反激式电流控制开关稳压电源 MATLAB/Simulink 仿真实验设计与实现

1. 实验目的

(1) 加深对单端反激式电路工作原理的理解。

(2) 掌握单端反激式电路的 MATLAB/Simulink 的仿真建模方法，会设置各模块的参数。

2. 实验内容

单端反激式电路电阻性负载仿真。

3. 实验器材

(1) PC。
(2) MATLAB 6.5.1 仿真软件。

4. 实验仿真

单端反激式电路仿真模型如图 4-76 所示。仿真步骤如下：

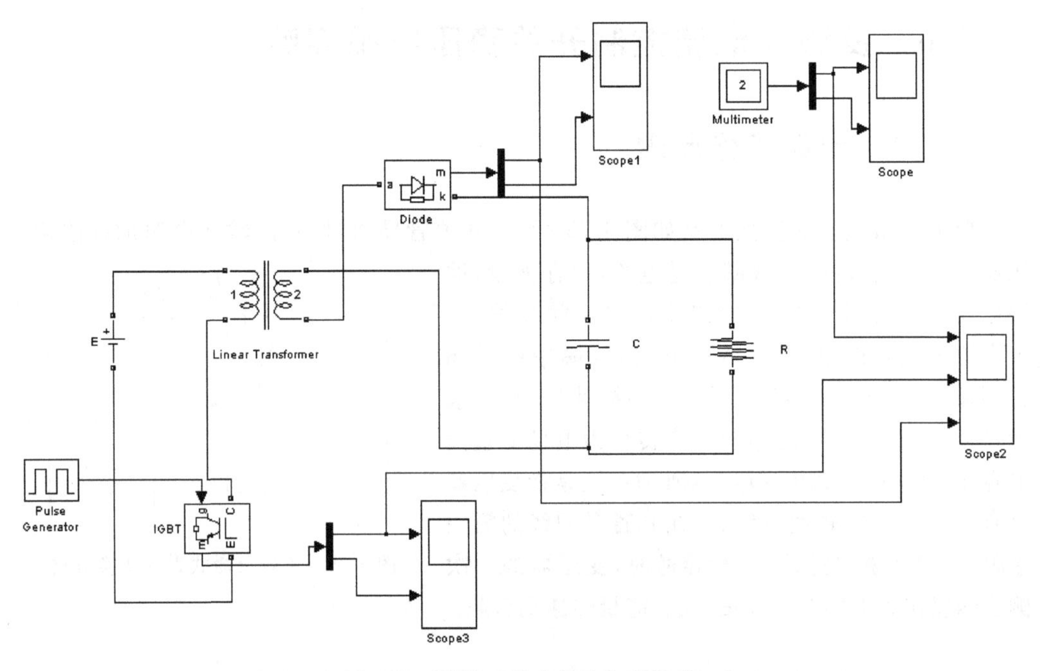

图 4-76 单端反激式电路仿真模型

1) 主电路建模和参数设置

主电路主要由直流电源、一个 IGBT 管、二极管、电容和变压器以及负载组成，直流电参数设置为 100V。负载为纯电阻 10Ω，电容参数为 1e-6，二极管和 IGBT 管参数为默认值。

变压器参数设置如图 4-77 所示。

变压器一次侧参数的电压和二次侧的电压关系就是变压器一次侧匝数和二次侧匝数的关系，在一次侧电压和二次侧电压确定的基础上，变压器功率大小决定了变压器一、二

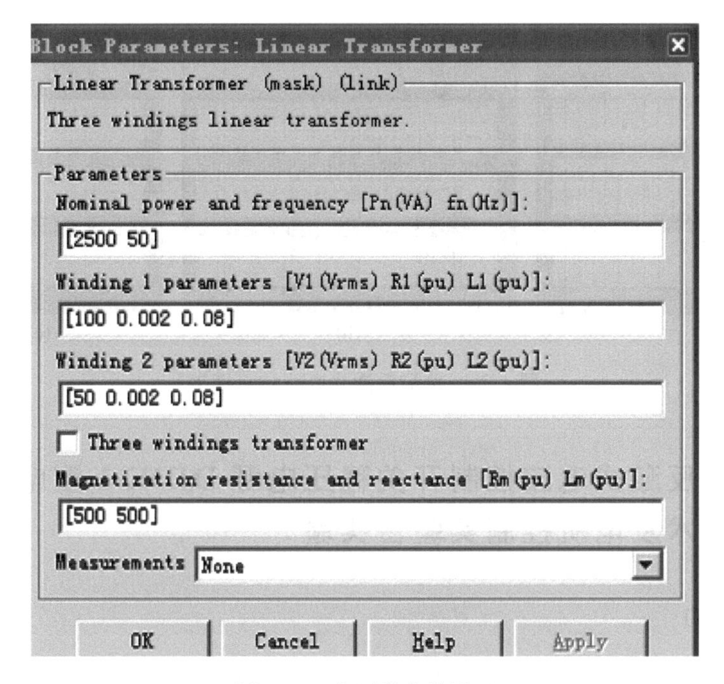

图 4-77　变压器参数设置

次侧电流的大小。因为直流电源的电压为 100V,所以把一次侧电压设定为 100V,而把二次侧电压设为 50V,是为了表明此变压器匝数之比为 2∶1。注意变压器的频率设定与触发脉冲的周期设定要一致。由于单端反激式电路涉及变压器同名端,在搭建仿真模型时,必须按图 4-73 正确连接。

2) 控制电路的仿真模型

控制电路的仿真模型主要有一个脉冲触发器通向 IGBT,参数设置:峰值为 1,周期为 0.02s,相位延迟时间为 0。

3) 测量模块的选择

从仿真模型可以看出,本次仿真主要测量负载两端电压和负载电流。仿真算法采用 ode23tb,仿真时间为 10s,脉冲宽度为 50、20、80 时的仿真结果如图 4-78 所示。

由于变压器一次侧和二次侧电压分别为 100V 和 50V,可以得出一次侧和二次侧绕组匝数之比为 2,当脉冲宽度为 50 时,$\frac{t_{on}}{t_{off}}=1$,由上面理论分析,负载电压幅值应为 50V;同样,当脉冲宽度分别为 20 和 80 时,$\frac{t_{on}}{t_{off}}$分别为 0.25 和 4,则负载电压幅值分别为 12.5V 和 200V,与仿真结果一致。

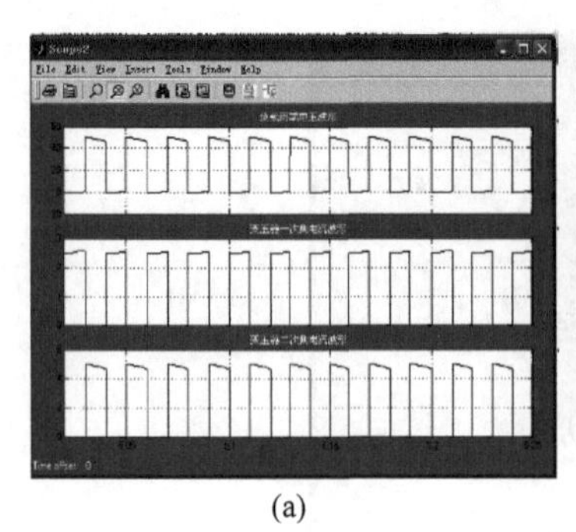
(a)

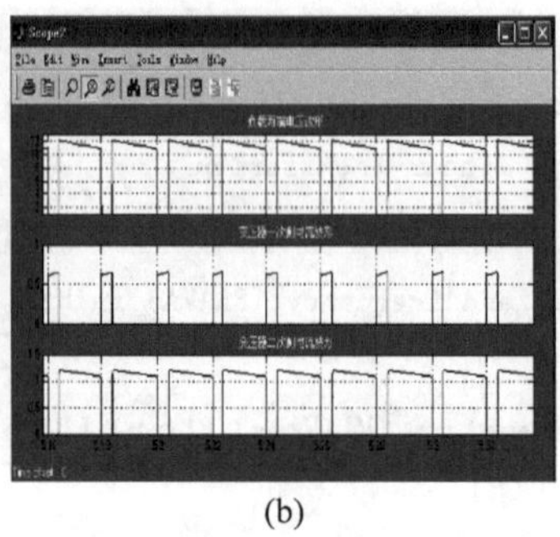
(b)

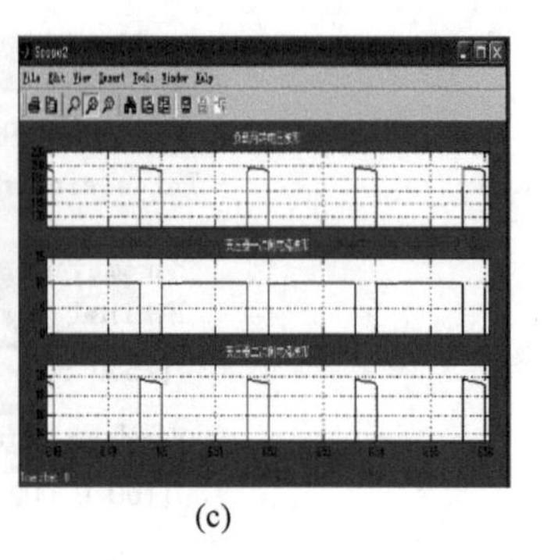
(c)

图 4-78 单端反激式电路仿真模型

4.6.3 反激式电流控制开关稳压电源 DJDK-1 型电力电子技术及电机控制实验台实验

1. 实验目的

(1) 了解单管反激式开关电源的主电路结构、工作原理。
(2) 测试工作波形,了解电流控制原理。

2. 实验原理

单管反激式开关电源原理电路如图 4-79 所示。

交流输入经二极管整流后的直流电压 U_{dc} 经变压器初级绕加到功率三极管 Q1 的 C 极,同时经电阻 R9、R10 加到 Q1 的 b 极使 Q1 开通。U_{dc} 电压加到变压器初级使磁通逐渐上升,初级电流也线性增大,变压器反馈绕组 3-4 上的感应电势的极性使 Q1 的 b-e 极之间正向偏置增大,使 Q1 完全饱和导通,这是一个正反馈自激过程。

Q1 饱和导通之后变压器初级承受 U_{dc} 电压,变压器磁路中的磁通 Φ 正比于 $U_{dc}*t$ 中的伏秒积分,t 是 Q1 开通的时间长度。在变压器磁通达到饱和值之前,Φ 线性增长,Q1 中的电流线性增长。为了保证 Q1 中的电流不超过其元件最大值,因此必须在适当的时候切断此电流,这个电流峰值的控制由三极管 Q2 实现。当 R7 中的电流大到一定允许值时 Q2 导通,强迫将 Q1 的 b 极变为零电平,使 Q1 关断; Q2 的通断受三极管 Q4 的通断来控制; 而 Q4 的通断由三极管 Q3 和 4N35 中的三极管的导通情况来决定; Q3 的通断由来自电流反馈采样电阻 R7 上的电压来控制。当 R7 上的电流大到一定值时,Q3 的 b-e 极正偏加大,使 Q3 导通。

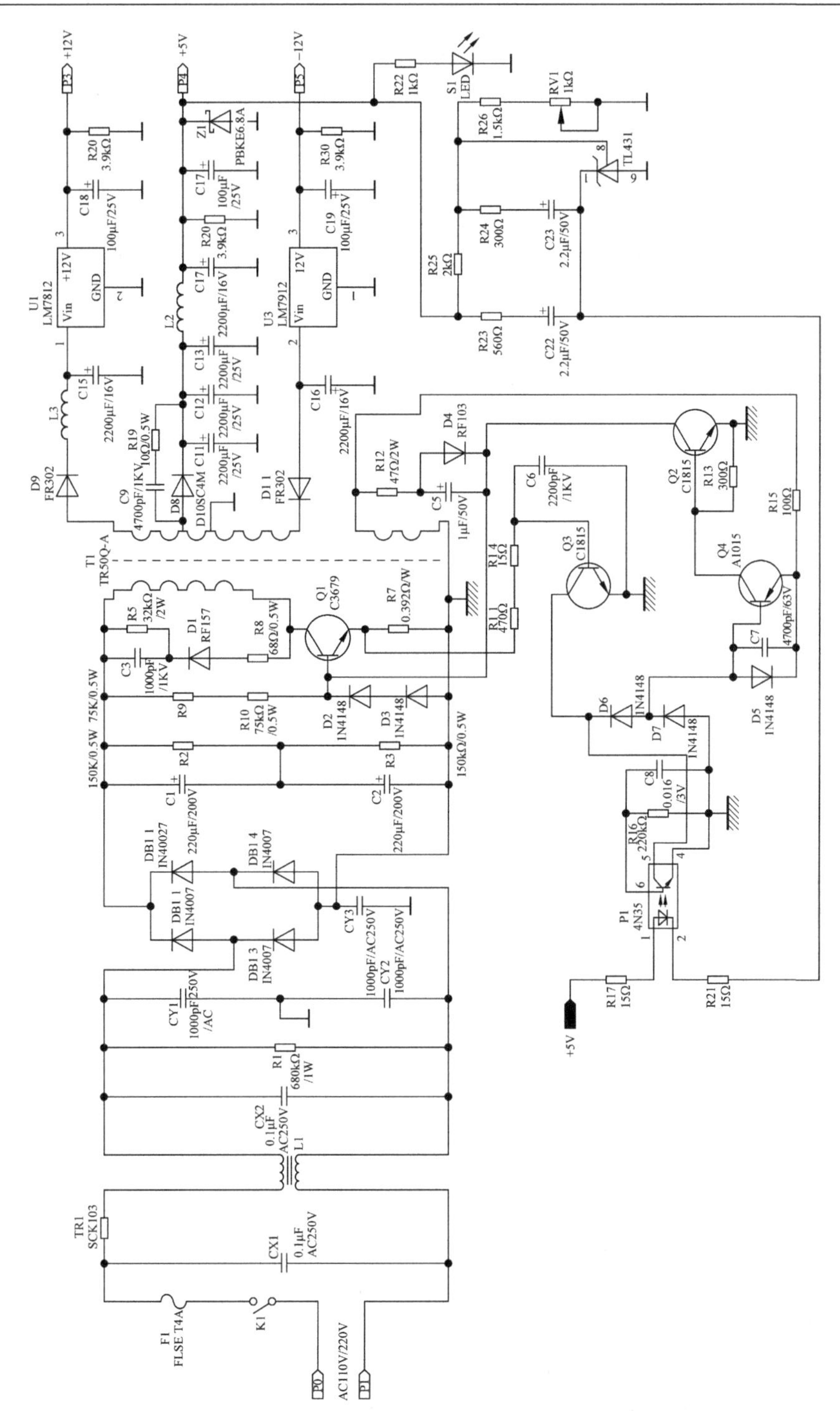

图 4-79　单管反激式开关电源原理

本线路对5V直流输出电压有自动稳压调节功能，当负载减小，5V输出电压增大时，输出电压的采样电阻分压后加到TL431的R端的电压增大。由TL431的作用原理可知其C端电压会自动下降，造成4N35的二极管中电流增大，从而使4N35的三极管的等效内阻减小，结果使Q4提前导通最终使Q1提前关断，即负载减小时Q1的开通/关断占空比减小，这从Q1的e极的波形可以明显看到。当输入交流电压减小，U_{dc}下降时，Q1导通后变压器中的磁通上升速率减小，结果Q1的开断周期延长。开关频率下降，例如从180V AC输入时的62kHz下降到100V AC输入时的44.8kHz。

当Q1中的电流被切断之后，变压器电感储能释放，磁通下降，变压器副边绕组的感应电势经整流滤波后输出。这就是一般反激式(Fly back)的原理。

TL431的原理框图如图4-80所示。

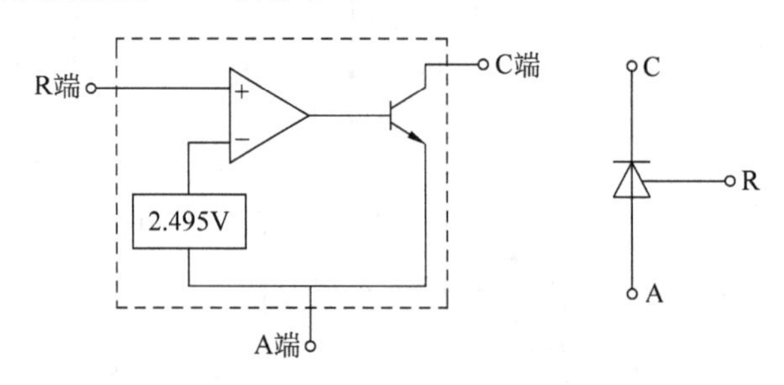

图4-80 TL431的原理

3. 实验设备

(1) 电源控制屏(DJK01)。
(2) 单相调压与可调负载(DJK09)。
(3) 单端反激式开关电源(DJK23)。
(4) 三相可调电阻(D42)。
(5) 双踪示波器。
(6) 万用表。

4. 实验内容与步骤

(1) 系统接线。
① 将DJK09的交流调压输出接至DJK23的交流输入端。
② 将DJK09上的两个电阻并接成可调负载电阻。
(2) 波形观察。
① 接入DJK09单相自耦调压器的220V交流电源，并开启DJK01控制屏的电源开关。
② 调节DJK09的交流输出为180V，并调节DJK09上的负载电阻，使DJK23上5V

直流输出的电流为2A。

③ 用示波器观测电路相应各点的波形：

Q1的e极(即电流采样电阻R7两端)的波形。

三极管Q1的b级波形。

变压器反馈绕组3-4端的电压波形。

三极管Q2的b级波形。

三极管Q3的b级波形。

三极管Q3的c级波形。

开关频率与占空比的测定并记录数据。

④ 改变交流输入电压为100V,负载不变,重复步骤③。

⑤ 令5V直流输出负载电流为0.3A,交流输入为180V,重复步骤③。

(3) 开关电源稳压特性的测试。

① 保持负载不变(5V、2A；±12V,0.5A),改变DJK23的交流输入电压(从70V到250V),测定5V和12V直流输出电压的变化及纹波系数。

② 保持DJK23交流输入电压不变,改变负载(从5V,0.15～2A到±12V,0.15～0.5A),测定5V和12V直流输出电压的变化及纹波系数。

4.6.4 实验报告

(1) 记录并分析开关电源稳压特性测试数据。

(2) 整理实验过程中的记录的波形。

4.6.5 注意事项

(1) 交流输入电压必须大于60V,小于250V。

(2) 用示波器观察电路波形时,必须要注意共地问题。

(3) +5V的最大负载电流为5A,±12V的最大负载电流为1A。

4.6.6 思考题

(1) 什么叫反激式开关电源？它与正激式有何区别？

(2) 什么叫自激式与他激式开关电源？

(3) 变压器的磁路在制作时为什么必须留有气隙？

(4) 开关管的选择原则是什么？

4.7 半桥型开关稳压电源的性能研究

4.7.1 电路工作原理

半桥式直流变换电路由两个开关器件串联接在电源上，用两个大电容也串联在电源上获得电源，开关连接点和电容连接点作为输出端，通过变压器输出，电路如图 4-81 所示，两开关器件也以推挽方式工作，当 S1 开通、S2 关断时，变压器的同名端"·"电压极性为正，二次侧输出电压 u_2 为正，$u_{2+}=\frac{1}{n}\left(E-\frac{E}{2}\right)=\frac{E}{2n}$，这时，C1 放电，C2 充电；当 S2 开通、S1 关断时，变压器"·"的电压极性为负，变压器输出负电压 $u_{2-}=\frac{1}{n}\left(E-\frac{E}{2}\right)=\frac{E}{2n}$，这时 C1 充电，C2 放电，交替通断 S1、S2，变压器二次侧就得到交流方波输出电压$u_2=\frac{E}{2n}$。

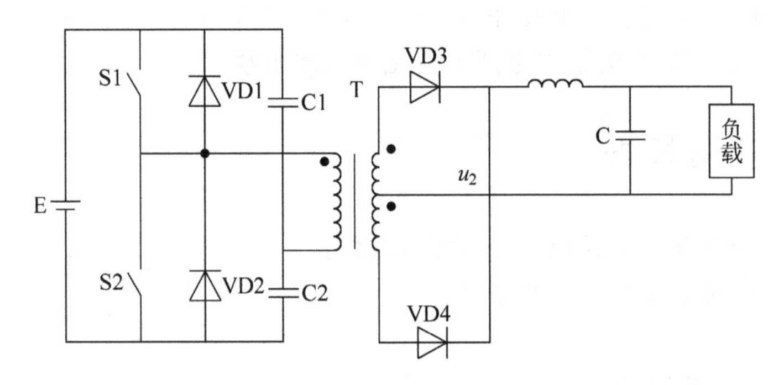

图 4-81 半桥式直流变换电路

4.7.2 半桥型开关稳压电源 MATLAB/Simulink 仿真实验设计与实现

1. 实验目的

(1) 加深对半桥式直流变换电路工作原理的理解。

(2) 掌握半桥式直流变换电路的 MATLAB/Simulink 的仿真建模方法，会设置各模块的参数。

2. 实验内容

半桥式直流变换电路带电阻性负载仿真。

3. 实验器材

(1) PC。
(2) MATLAB 6.5.1 仿真软件。

4. 实验仿真

半桥式直流变换电路的仿真模型如图 4-82 所示。

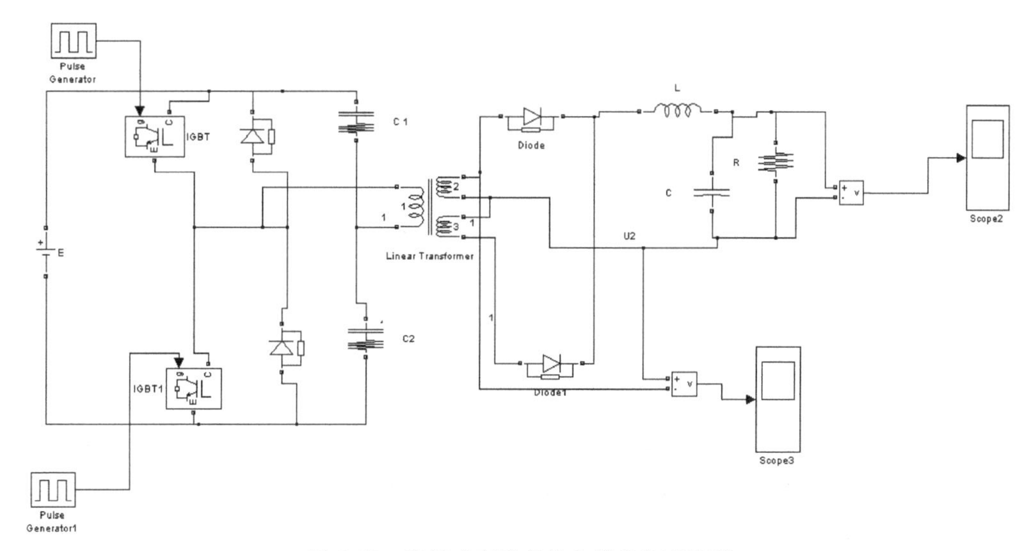

图 4-82 半桥式直流变换电路的仿真模型

仿真步骤如下：

(1) 主电路建模和参数设置。

主电路主要由直流电源、GBT 管、二极管、电容和变压器以及负载组成，直流电参数设置为 100V。负载为纯电阻 10Ω，电容参数为 1e-5，电感参数为 0.01H，二极管和 IGBT 管参数为默认值。由于电容 C1、C2 不能直接接电源，把电容 C1 和电容 C2 的参数设置为：$R=0.000001\Omega$，$C=1e\text{-}1$。

变压器参数设置如图 4-83 所示。

(2) 控制电路的仿真模型。

控制电路的仿真模型主要有一个脉冲触发器通向 IGBT，参数设置：峰值为 1，周期为 0.02s，相位延迟时间为 0。除另一个触发脉冲相位延迟为 0.01 外，其他相同。

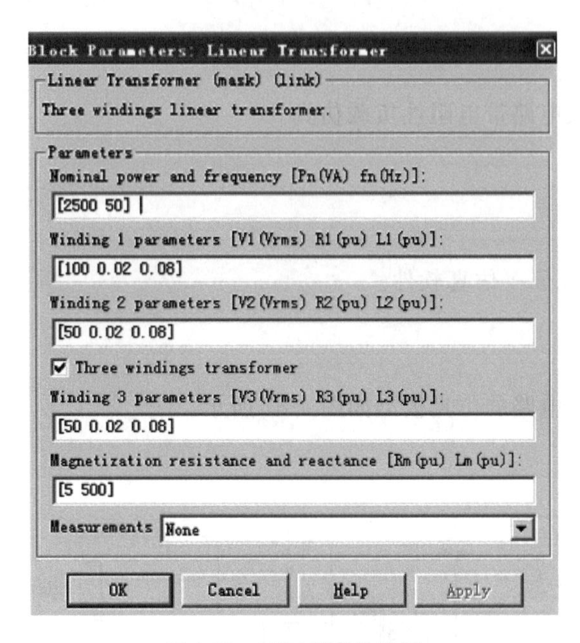

图 4-83　变压器参数设置

（3）测量模块的选择。

从仿真模型可以看出，本次仿真主要测量端电压。仿真算法采用 ode23tb，仿真时间为 10s，仿真结果如图 4-84 所示。

从仿真结果可以看出，电压为 25V，与理论分析一致。

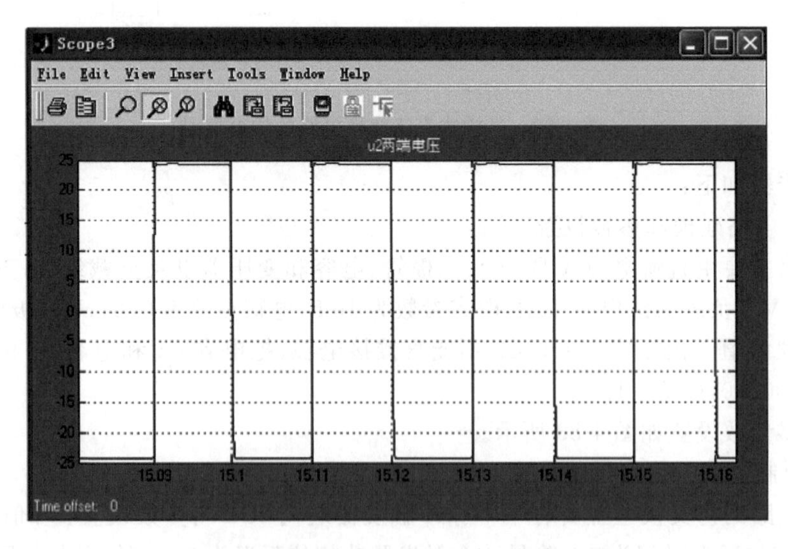

图 4-84　半桥式直流变换电路的仿真结果

4.7.3 半桥型开关稳压电源DJDK-1型电力电子技术及电机控制实验台实验

1. 实验目的

(1) 熟悉典型开关电源主电路的结构、元器件和工作原理。
(2) 了解PWM控制与驱动电路的原理和常用的集成电路。
(3) 了解反馈控制对电源稳压性能的影响。

2. 实验原理

(1) 半桥型开关直流稳压电源的电路结构原理和各元器件均已画在DJK19挂箱的面板上，并有相应的输入与输出接口和必要的测试点。

主电路的结构框图如4-85所示，线路原理如图4-86所示。

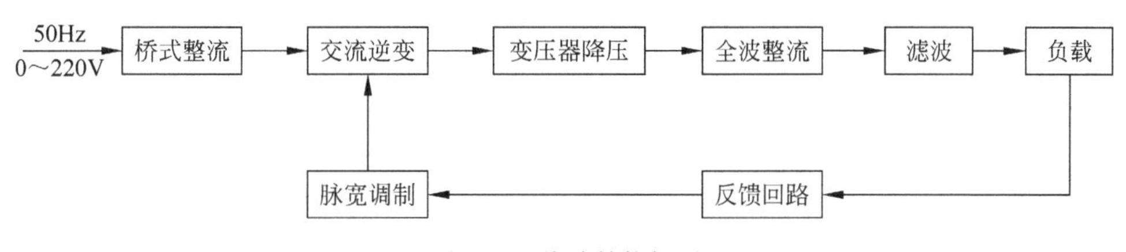

图4-85 线路结构框图

(2) 逆变电路采用的电力电子器件为美国IR公司生产的全控型电力MOSFET管，其型号为IRFP450，主要参数为：额定电流16A，额定耐压500V，通态电阻0.4Ω。两只MOSFET管与两只电容C1、C2组成一个逆变桥，在两路PWM信号的控制下实现了逆变，将直流电压变换为脉宽可调的交流电压，并在桥臂两端输出开关频率约为26kHz、占空比可调的矩形脉冲电压。然后通过降压、整流、滤波后获得可调的直流电源电压输出。该电源在开环时，它的负载特性较差，只有加入反馈，构成闭环控制后，当外加电源电压或负载变化时，均能自动控制PWM输出信号的占空比，以维持电源的输出直流电压在一定的范围内保持不变，达到了稳压的效果。

(3) 控制与驱动电路：控制电路以SG3525为核心构成，SG3525为美国Silicon General公司生产的专用PWM控制集成电路，其内部电路结构及各引脚功能如图4-87所示，它采用恒频脉宽调制控制方案，其内部包含有精密基准源、锯齿波振荡器、误差放大器、比较器、分频器和保护电路等。调节U_r的大小，在A、B两端可输出两个幅度相等、频率相等、相位相互错开180°、占空比可调的矩形波(即PWM信号)。它适用于各开关电源、斩波器的控制。

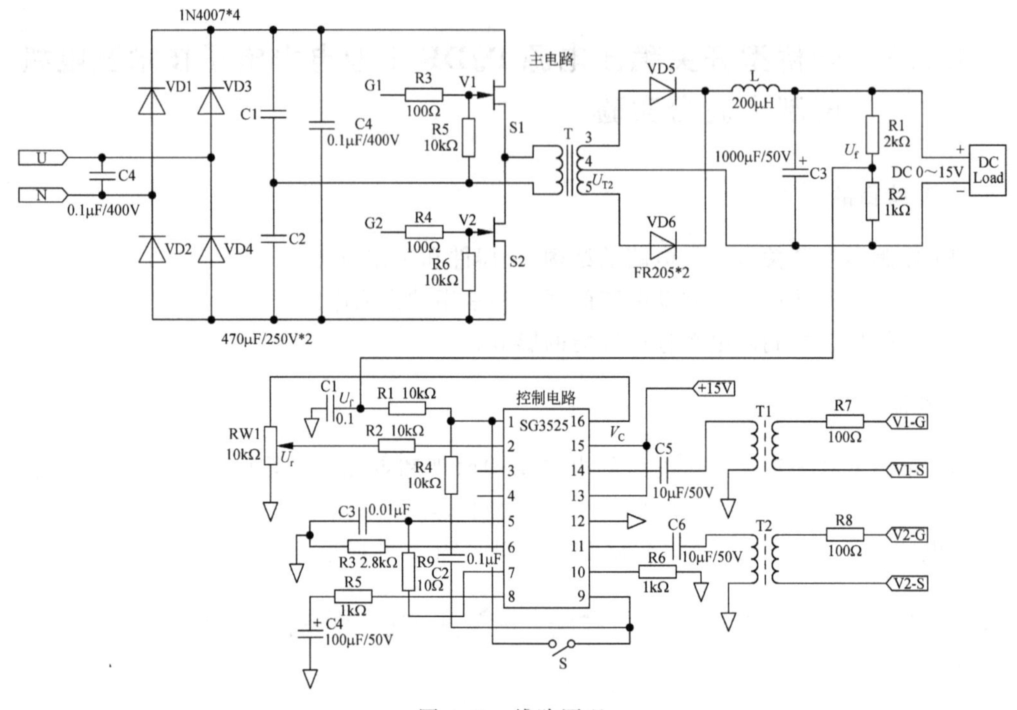

图 4-86　线路原理

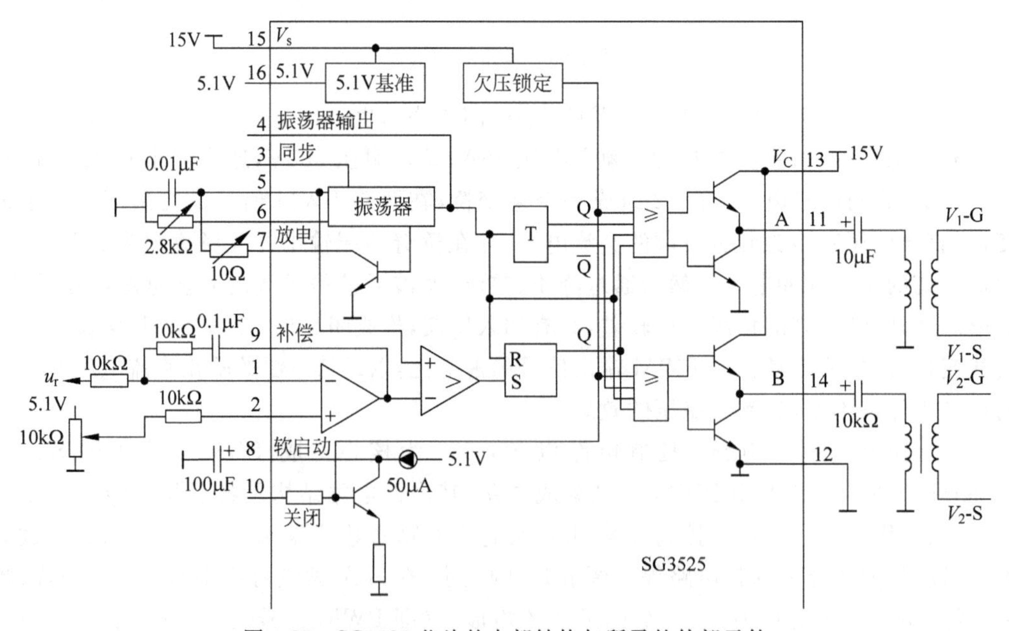

图 4-87　SG3525 芯片的内部结构与所需的外部元件

3. 实验设备

(1) 电源控制屏(DJK01)。

(2) 单相调压与可调负载(DJK09)。

(3) 半桥型开关电源(DJK19)。

(4) 双踪示波器。

(5) 万用表。

4. 实验内容与步骤

(1) 控制与驱动电路的测试。

① 开启 DJK19 控制电路电源开关。

② 将 SG3525 的第 1 脚与第 9 脚短接(接通开关 K)使系统处于开环状态,并将 10 脚接地(将 10 脚与 12 脚相接)。

③ SG3525 各引出脚信号的观测:调节 PWM 脉宽调节电位器,用示波器观测主要测试点信号的变化规律,然后调定在一个较典型的位置上,记录测试点的波形参数(包括波形类型、幅度 A、频率 f 和脉宽 t),并填入表 4-10。

表 4-10　主要测试点数据记录表

SG3525 引脚	11 脚(A)	14 脚(B)
波形类型		
幅值 A/V		
频率 f/Hz		
占空比/%		
脉宽 t/ms		

④ 用双踪示波器的两个探头同时观测 11 脚和 14 脚的输出波形,调节 PWM 脉宽调节电位器,观测两路输出的 PWM 信号,找出占空比随 U_r 的变化规律,并测量两路 PWM 信号之间的"死区"时间 t_{dead}=________。

⑤ 用双踪示波器观测加到两只 MOSFET 管栅源之间的波形,记录之,并与 A、B 两端的波形作比较;同时判断加到两 MOSFET 管栅源之间的控制信号极性(即变压器同名端的接法)是否正确。

⑥ 先断开 10 脚与 12 脚的连线,然后用导线连接 16 脚与 10 脚,观测 A、B 两端的输出信号的变化,该有何结论。

(2) 主电路开环特性的测试。

① 按面板上主电路的要求在逆变输出端装入 220V 15W 的白炽灯,在直流输出两端

接入负载电阻，并将主电路接至实验装置 50Hz 某一相交流可调电压(0～250V)的输出端。

② 将输入交流电压 U_i 调到 200V，用示波器的一个探头分别观测逆变桥的输出变压器副边和直流输出的波形，记录波形参数及直流输出电压 U_o 中的纹波，并填入表 4-11 中。

表 4-11　直流输出电压及纹波数据记录表

U_r/V									
占空比/%									
U_{T2}/V									
U_o/V									
纹波/V									

③ 在直流电压输出侧接入直流电压表和电流表。在 U_i=200V 时，在一定的脉宽下，作电源的负载特性测试，即调节可变电阻负载 R，测定直流电源输出端的伏安特性：$U_o=f(I)$，并填入表 4-12 中。

表 4-12　负载变化测试数据记录表

R/Ω									
占空比/%									
U_o/V									
I/A									

④ 在一定的脉宽下，保持负载不变，使输入电压 U_i 在 200V 左右调节，测量直流输出电压 U_o 测定电源电压变化对输出的影响，并填入表 4-13 中。

表 4-13　电源电压变化测试数据记录表

U_i/V	100	120	140	160	180	200	220	240	250
占空比/%									
U_o/V									
I/A									

⑤ 上述各实验步骤完毕后，将输入电压 U_i 调回零位。

(3) 主电路闭环特性测试。

① 准备工作：

A. 断开控制与驱动电路中的开关 K。

B. 将主电路的反馈信号 U_f 接至控制电路的 U_f 端，使系统处于闭环控制状态。

② 重复主电路开环特性测试的各实验步骤。

4.7.4 实验报告

(1) 整理实验数据和记录的波形。

(2) 分析开环与闭环时负载变化对直流电源输出电压的影响。

(3) 分析开环与闭环时电源电压变化对直流电源输出电压的影响。

(4) 对半桥型开关稳压电源性能研究的总结与体会。

4.7.5 注意事项

双踪示波器有两个探头，可同时测量两路信号，但这两探头的地线都与示波器的外壳相连，所以两个探头的地线不能同时接在同一电路不同电位的两个点上，否则这两点会通过示波器外壳发生电气短路。当需要同时观察两个信号时，必须在被测电路上找到这两个信号的公共点，将示波器两个探头的地线接于此处，两个探头的信号端接两个被测信号。

4.7.6 思考题

(1) 开关稳压电源的工作原理是什么？有哪些电路结构形式及主要元器件？

(2) 利用闭环控制达到稳压的原理是什么？

(3) 半桥型开关稳压电源与常用的由三端稳压块构成的稳压电源相比，有哪些特点？

(4) 全桥型开关稳压电源的电路结构又该如何？与半桥型相比将有哪些特点？

(5) 为什么在主电路工作时，不能用示波器的双踪探头同时对两只管子栅源之间的波形进行观测？

4.8 直流斩波电路的性能研究

4.8.1 电路工作原理

1) 降压斩波电路

降压斩波电路(Buck Chopper)的原理及工作波形如图 4-88 所示。图中 V 为全控型器件，选用 IGBT；D 为续流二极管。由图 4-88(b)中 V 的栅极电压波形 U_{GE} 可知，当 V

处于通态时，电源 U_i 向负载供电，$U_D=U_i$。当 V 处于断态时，负载电流经二极管 D 续流，电压 U_D近似为零，至一个周期 T 结束，再驱动 V 导通，重复上一周期的过程。负载电压的平均值为

$$U_o=\frac{t_{on}}{t_{on}+t_{off}}U_i=\frac{t_{on}}{T}U_i=\alpha U_i$$

式中，t_{on}为 V 处于通态的时间，t_{off}为 V 处于断态的时间，T 为开关周期，α 为导通占空比，简称占空比或导通比($\alpha=t_{on}/T$)。由此可知，输出到负载的电压平均值 U_o最大为 U_i，若减小占空比 α，则 U_o 随之减小，由于输出电压低于输入电压，故称该电路为降压斩波电路。

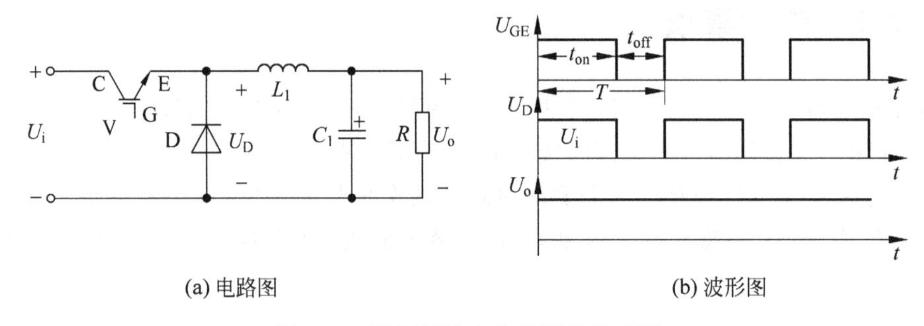

(a) 电路图　　(b) 波形图

图 4-88　降压斩波电路的原理及波形

2）升压斩波电路

升压斩波电路(Boost Chopper)的原理图及工作波形如图 4-89 所示。电路也使用一个全控型器件 V。由图 4-89(b)中 V 的栅极电压波形 U_{GE}可知，当 V 处于通态时，电源 U_i 向电感 L_1充电，充电电流基本恒定为 I_1，同时电容 C_1上的电压向负载供电，因 C_1值很大，基本保持输出电压 U_o 为恒值。设 V 处于通态的时间为 t_{on}，此阶段电感 L_1上积蓄的能量为 $U_iI_1t_{on}$。当 V 处于断态时，U_i 和 L_1共同向电容 C_1充电，并向负载提供能量。设 V 处于断态的时间为 t_{off}，则在此期间电感 L_1 释放的能量为$(U_o-U_i)I_1t_{on}$。当电路工作于稳态时，一个周期 T 内电感 L_1积蓄的能量与释放的能量相等，即

$$U_iI_1t_{on}=(U_o-U_i)I_1t_{off}$$

$$U_o=\frac{t_{on}+t_{off}}{t_{off}}U_i=\frac{T}{t_{off}}U_i$$

式中 $T/t_{off}\geqslant 1$，输出电压高于电源电压，故称该电路为升压斩波电路。

3）升/降压斩波电路

升/降压斩波电路(Boost-Buck Chopper)的原理图及工作波形如图 4-90 所示。电路的基本工作原理是：当可控开关 V 处于通态时，电源 U_i 经 V 向电感 L_1 供电使其储存能量，同时 C_1 维持输出电压 U_o 基本恒定并向负载供电。此后，V 关断，电感 L_1 中储存的

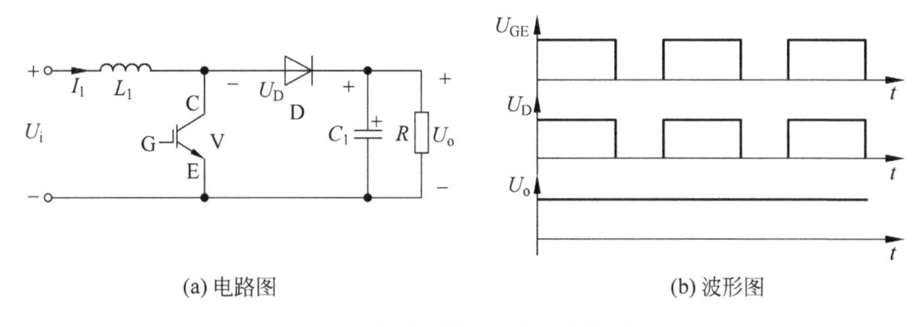

(a) 电路图　　(b) 波形图

图 4-89　升压斩波电路的原理及波形

能量向负载释放。可见,负载电压为上负下正,与电源电压极性相反。输出电压为

$$U_o = \frac{t_{on}}{t_{off}} U_i = \frac{t_{on}}{T - t_{on}} U_i = \frac{\alpha}{1-\alpha} U_i$$

若改变导通比 α,则输出电压可以比电源电压高,也可以比电源电压低。当 $0<\alpha<1/2$ 时为降压,当 $1/2<\alpha<1$ 时为升压。

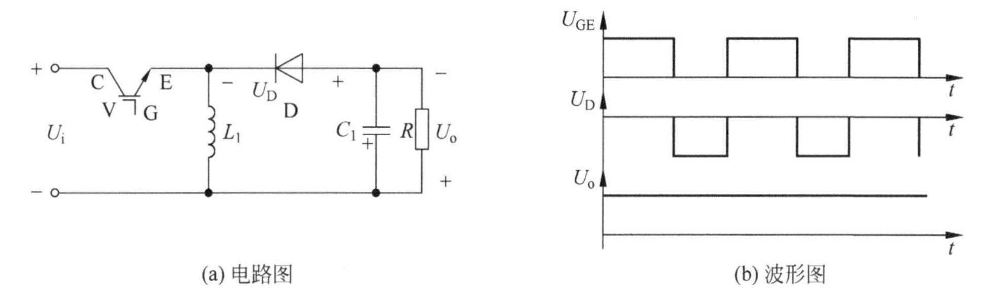

(a) 电路图　　(b) 波形图

图 4-90　升/降压斩波电路的原理及波形

4.8.2　直流斩波电路 MATLAB/Simulink 仿真实验设计与实现

1. 实验目的

(1) 加深理解直流斩波电路的工作原理。
(2) 掌握直流斩波电路 MATLAB/Simulink 的仿真建模方法,会设置各模块的参数。

2. 实验内容

(1) 降压式(buck)斩波器仿真。
(2) 升压式(boost)斩波器仿真。
(3) 升/降压斩波器仿真。

3. 实验器材

(1) PC。

(2) MATLAB 6.5.1 仿真软件。

4. 实验仿真

1) 降压式斩波器仿真

降压式斩波器仿真模型如图 4-91 所示。

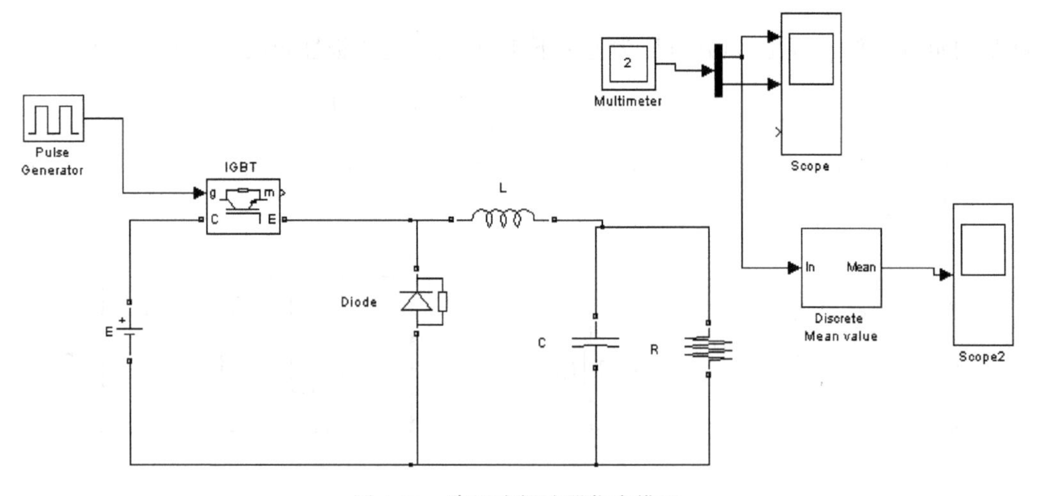

图 4-91 降压式斩波器仿真模型

仿真步骤如下：

(1) 主电路建模和参数设置。

主电路主要由直流电源、一个 IGBT 管、二极管、滤波电容和滤波电感以及负载组成，直流电源参数设置为 100V。负载为纯电阻 10Ω，滤波电容参数为 1e-6，滤波电感的参数为 0.001，二极管和 IGBT 管参数为默认值。

(2) 控制电路的仿真模型。

控制电路的仿真模型主要有一个脉冲触发器通向 IGBT，参数设置：峰值为 1，周期为 0.02s，注意这脉冲宽度的不同，输出的电压平均值也不同，相位延迟时间为 0。

(3) 测量模块的选择。

从仿真模型可以看出，本次仿真主要测量负载电压平均值以及负载两端电压和负载电流。仿真算法采用 ode23tb，仿真时间为 1s。脉冲宽度分别为 50、20、80 时的仿真结果如图 4-92 所示。

从仿真结果可以看出，在 t_{on}期间内，斩波开关导通，负载与电源接通，负载两端电压

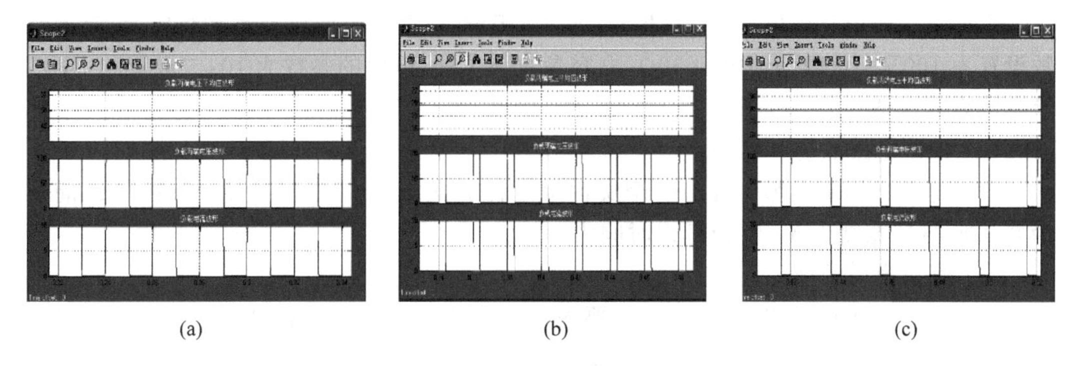
(a)　(b)　(c)

图 4-92　降压式斩波器仿真结果

为电源电压 100V；在 t_{off}期间内，斩波开关关断，负载电流 i_o续流，二极管 VD 流通，负载端被短接，负载两端电压为 0，负载平均电压为 50V。

从仿真结果还可以看出，当 ρ 为 0.5 时，负载平均电压为 50V。当 ρ 为 0.2 时，负载平均电压为 20V。当 ρ 为 0.8 时，负载平均电压为 80V。

2）升压式斩波器仿真

升压式斩波器的仿真模型如图 4-93 所示。

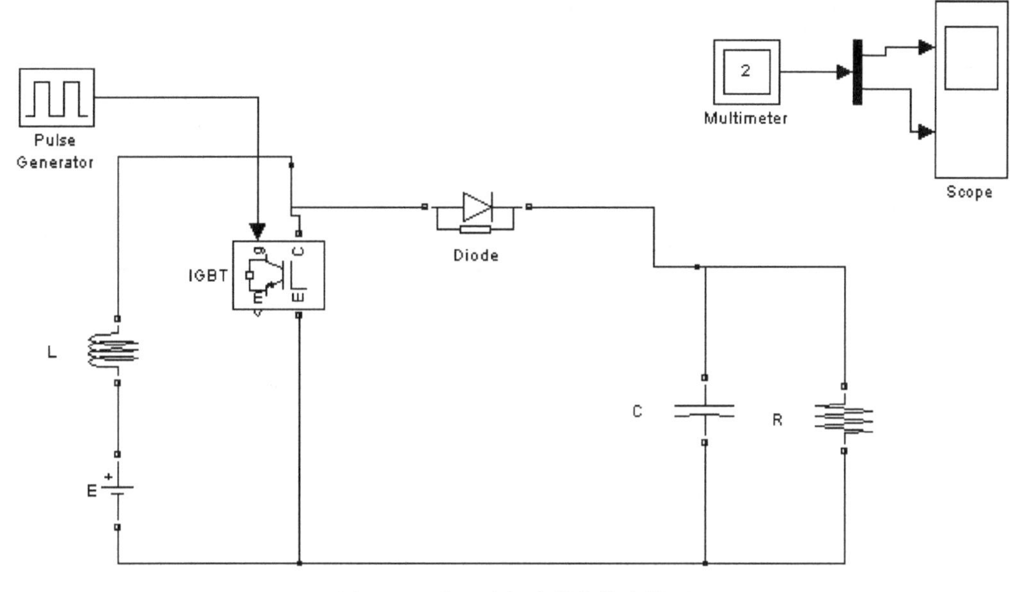

图 4-93　升压式斩波器的仿真模型

仿真步骤如下：

（1）主电路建模和参数设置。

主电路主要由直流电源、一个 IGBT 管、二极管、电容和电感以及负载组成，直流电参数设置为 100V。负载为纯电阻 10Ω，电容参数为 1e-6，电感的参数为 10，二极管和 IGBT 管参数为默认值。

(2) 控制电路的仿真模型。

控制电路的仿真模型主要有一个脉冲触发器通向 IGBT，参数设置：峰值为 1，周期为 0.02s，脉冲宽度为 50，相位延迟时间为 0。

(3) 测量模块的选择。

从仿真模型可以看出，本次仿真主要测量负载两端电压和负载电流。仿真算法采用 ode23tb，仿真时间为 10s。仿真结果如图 4-94 所示。

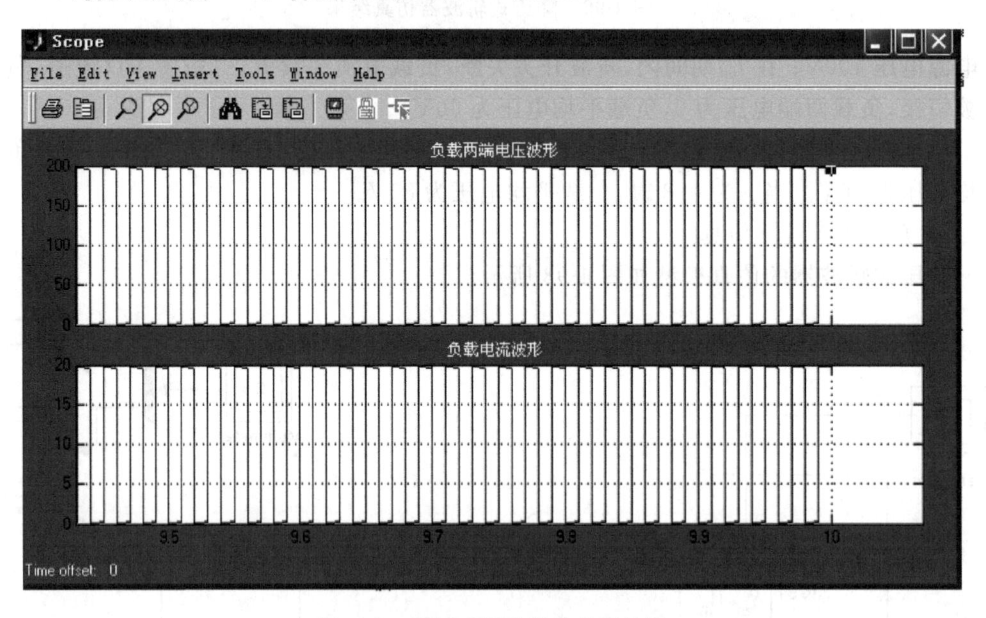

图 4-94 升压式斩波器的仿真结果

从仿真结果可以看出，稳态后，负载两端电压接近 200V，而电源电压为 100V，负载两端电压升高。

3) 升/降压斩波器仿真

升/降压斩波器仿真模型如图 4-95 所示。

仿真步骤如下：

(1) 主电路建模和参数设置。

主电路主要由直流电源、一个 IGBT 管、二极管、电容和电感以及负载组成，直流电参数设置为 100V。负载为纯电阻 10Ω，电容参数为 1e-5，电感的参数为 10，二极管和 IGBT 管参数为默认值。

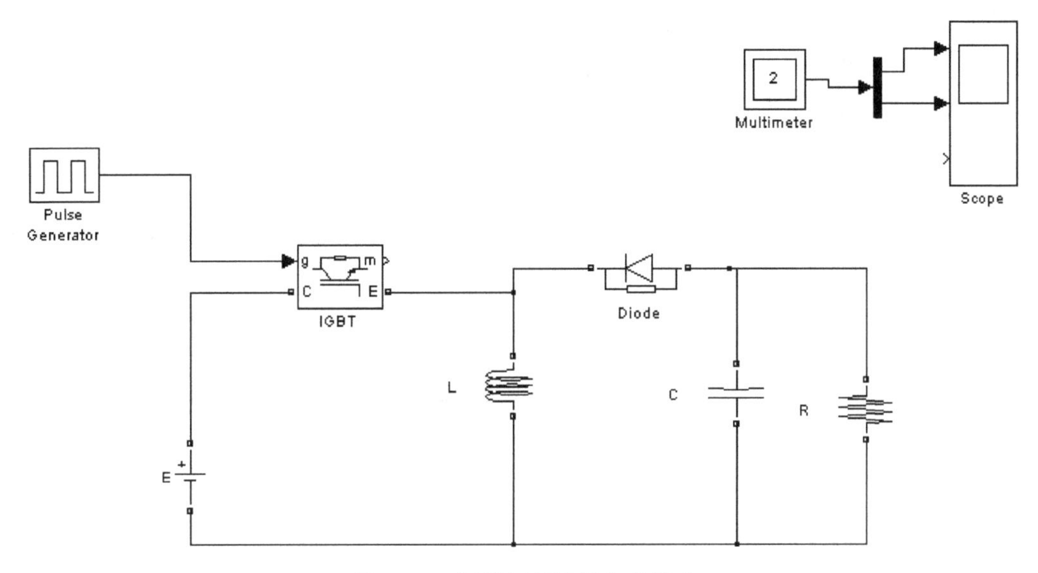

图 4-95　升/降压斩波器仿真模型

(2) 控制电路的仿真模型。

控制电路的仿真模型主要有一个脉冲触发器通向 IGBT,参数设置：峰值为 1,周期为 0.02s,相位延迟时间为 0。

(3) 测量模块的选择。

从仿真模型可以看出,本次仿真主要测量负载两端电压和负载电流。仿真算法采用 ode23tb,仿真时间为 10s。脉冲宽度为 20、50、60 时的仿真结果如图 4-96(a)、(b)、(c)所示。

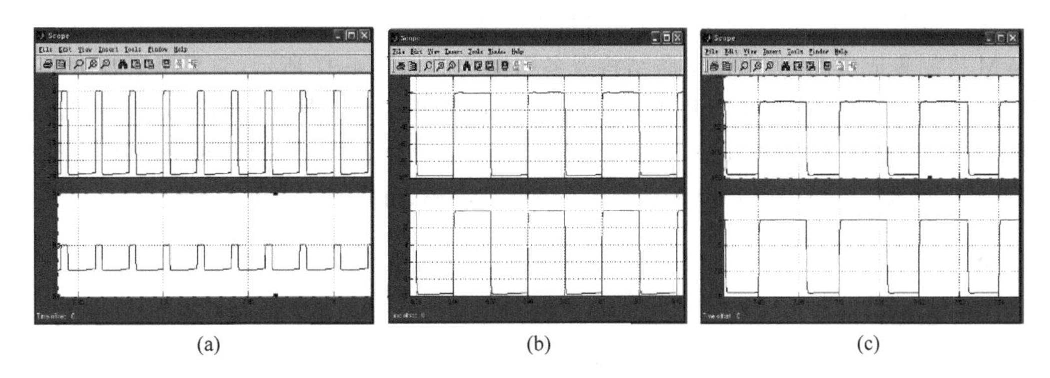

(a)　(b)　(c)

图 4-96　升/降压斩波器仿真结果

从仿真结果可以看出(示波器上面窗口是负载电压波形,下面窗口是负载电流波形),当斩波开关导通时,电能储存于电感 L 中,二极管 VD 截止,负载由滤波电容 C 供电；当斩波开关 S 阻断时，电感产生感应电势，维持原电流方向流通，迫使 VD 导通，电感电流向负载供电，同时也向电容 C 充电，输出电压 U_d。

理想条件下，电感电流连续时，可以推得

$$U_d = -\frac{\rho}{1-\rho}E$$

这里 ρ 就是仿真中的脉冲宽度，由式可以得到：当 $\rho=0.2$ 时，$U_d=25\text{V}$；当 $\rho=0.5$ 时，$U_d=100\text{V}$；当 $\rho=0.6$ 时，$U_d=150\text{V}$，与仿真结果一致。可以看出，改变占空比 ρ 就能改变负载两端电压幅值。

4.8.3 直流斩波电路 DJDK-1 型电力电子技术及电机控制实验台实验

1. 实验目的

（1）熟悉直流斩波电路的工作原理。

（2）熟悉各种直流斩波电路的组成及其工作特点。

（3）了解 PWM 控制与驱动电路的原理及其常用的集成芯片。

2. 实验原理

（1）主电路

主电路工作原理见 4.8.1。

（2）控制与驱动电路

控制电路以 SG3525 为核心构成，SG3525 为美国 Silicon General 公司生产的专用 PWM 控制集成电路，其内部电路结构及各引脚功能如图 4-97 所示，它采用恒频脉宽调制控制方案，内部包含有精密基准源、锯齿波振荡器、误差放大器、比较器、分频器和保护电路等。调节 U_r 的大小，在 A、B 两端可输出两个幅度相等、频率相等、相位相差、占空比可调的矩形波(即 PWM 信号)。它适用于各开关电源、斩波器的控制。

3. 实验设备

（1）电源控制屏(DJK01)。

（2）单相调压与可调负载(DJK09)。

（3）直流斩波电路(DJK20)。

（4）三相可调电阻(D42)。

（5）双踪示波器。

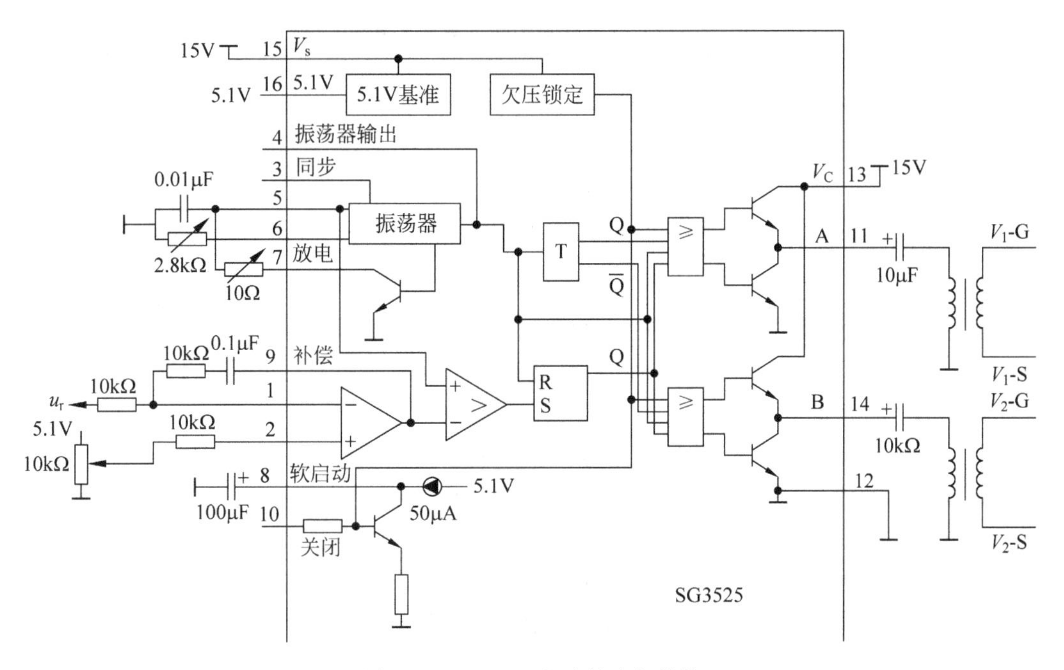

图 4-97 SG3525 芯片的内部结构

(6) 万用表。

4. 实验内容与步骤

(1) 控制与驱动电路的测试。

① 启动实验装置电源，开启 DJK20 控制电路电源开关。

② 调节 PWM 脉宽调节电位器改变 U_r，用双踪示波器分别观测 SG3525 的第 11 脚与第 14 脚的波形，观测输出 PWM 信号的变化情况，并填入表 4-14 中。

表 4-14 占空比测试数据记录表

U_r/V 数据	1.6	1.8	2.0	2.2	2.4	2.5
11 脚(A)占空比/%						
14 脚(B)占空比/%						
PWM 占空比/%						

③ 用示波器分别观测 A、B 和 PWM 信号的波形，记录其波形、频率和幅值，并填入表 4-15。

表 4-15　PWM 波形测试数据记录表

观测点 数据	A(11 脚)	B(14 脚)	PWM
波形类型			
幅值 A/V			
频率 f/kHz			

④ 用双踪示波器的两个探头同时观测 11 脚和 14 脚的输出波形，调节 PWM 脉宽调节电位器，观测两路输出的 PWM 信号，测出两路信号的相位差，并测出两路 PWM 信号之间最小的“死区”时间为________。

(2) 直流斩波器的测试(使用一个探头观测波形)。

斩波电路的输入直流电压 U_i 由三相调压器输出的单相交流电经 DJK20 挂箱上的单相桥式整流及电容滤波后得到。接通交流电源，观测 U_i 波形，记录其平均值(注：本装置限定直流输出最大值为 50V，输入交流电压的大小由调压器调节输出)。

按下列实验步骤依次对 3 种典型的直流斩波电路进行测试，测试数据记录表 4-16～表 4-18 中。

表 4-16　降压斩波电路数据记录表

U_r/V 数据	1.4	1.6	1.8	2.0	2.2	2.4	2.5
占空比 α/%							
U_i/V							
U_o/V							
U_i/U_o							

表 4-17　升压斩波电路数据记录表

U_r/V 数据	1.4	1.6	1.8	2.0	2.2	2.4	2.5
占空比 α/%							
U_i/V							
U_o/V							
U_i/U_o							

表 4-18　升/降压斩波电路数据记录表

数据 \ U_r/V	1.4	1.6	1.8	2.0	2.2	2.4	2.5
占空比 α/%							
U_i/V							
U_o/V							
U_i/U_o							

① 切断电源，根据 DJK20 上的主电路图，利用面板上的元器件连接好相应的斩波实验线路，并接上电阻负载，负载电流最大值限制在 200mA 以内。将控制与驱动电路的输出 V-G、V-E 分别接至 V 的 G 和 E 端。

② 检查接线正确，尤其是电解电容的极性是否接反后，接通主电路和控制电路的电源。

③ 用示波器观测 PWM 信号的波形、U_{GE}的电压波形、U_{CE}的电压波形及输出电压 U_o和二极管两端电压 U_D的波形，注意各波形间的相位关系。

④ 调节 PWM 脉宽调节电位器改变 U_r，观测在不同占空比(α)时，记录 U_i、U_o和 α 的数值于表中，从而画出 $U_o=f(\alpha)$的关系曲线。

4.8.4　实验报告

(1) 分析图 4-97 中产生 PWM 信号的工作原理。

(2) 整理各组实验数据绘制各直流斩波电路的 U_i/U_o-α 曲线，并作比较与分析。

(3) 讨论、分析实验中出现的各种现象。

4.8.5　注意事项

(1) 在主电路通电后，不能用示波器的两个探头同时观测主电路元器件之间的波形，否则会造成短路。

(2) 用示波器两探头同时观测两处波形时，要注意共地问题，否则会造成短路，在观测高压时应衰减 10 倍，在做直流斩波器测试实验时，最好使用一个探头。

4.8.6　思考题

(1) 直流斩波电路的工作原理是什么？有哪些结构形式和主要元器件？

(2) 为什么在主电路工作时不能用示波器的双踪探头同时对两处波形进行观测？

第5章

直流调速系统实验

5.1 单闭环不可逆直流调速系统

5.1.1 系统组成与工作原理

转速负反馈单闭环有静差直流调速系统原理框图如图 5-1 所示。在电动机轴上装上一台测速发电机 TG,引出与转速成正比的反馈电压 U_n,与给定电压 U_n^* 比较后,得偏差电压 ΔU,经放大器 A 产生触发装置所需要的控制电压 U_c,用以控制电动机的转速。

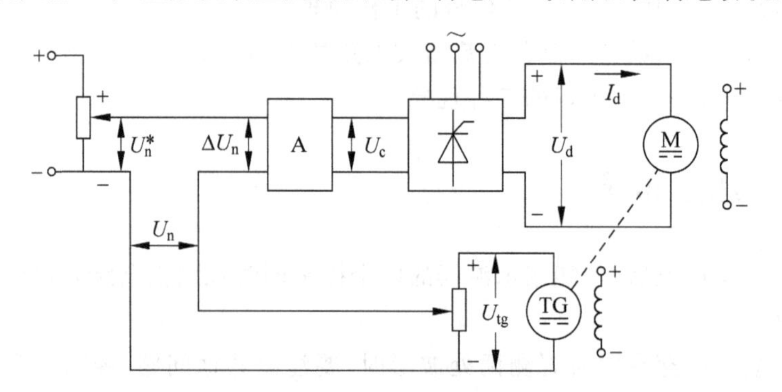

图 5-1　转速负反馈单闭环有静差直流调速系统原理

系统调(节)速(度)过程如下:U_n^* 值改变→U_c 值改变→α(移相控制角)大小改变→U_d 值改变→转速 n 改变。

闭环系统稳定转速过程即抗干扰调节过程如下:设负载发生变化,比如 $I_d\uparrow\rightarrow n\downarrow\rightarrow U_n\downarrow\rightarrow\Delta U_n\uparrow\rightarrow U_c\uparrow\rightarrow\alpha\downarrow\rightarrow U_d\uparrow\rightarrow n\uparrow$,经过如此反复自动调节,首先抑制转速的急剧下降,然后转速逐步回升,直到转速基本上回升到给定转速时调节过程才停止,系统又进

入稳定运行状态。

5.1.2 单闭环不可逆直流调速系统 MATLAB/SimPowerSystem 仿真实验设计与实现

1. 实验目的

(1) 加深对单闭环不可逆直流调速系统工作原理的理解。

(2) 掌握单闭环不可逆直流调速系统 MATLAB/SimPowerSystem 的仿真建模方法,会设置各模块的参数。

2. 实验内容

(1) 开环直流调速系统 MATLAB/SimPowerSystem 的仿真。

(2) 单闭环不可逆直流调速系统 MATLAB/SimPowerSystem 的仿真。

3. 实验器材

(1) PC。

(2) MATLAB 6.5.1 仿真软件。

4. 实验仿真

1) 开环直流调速系统的仿真

开环调速系统的仿真模型如图 5-2 所示。

仿真步骤如下:

(1) 主电路的建模和参数设置。

在开环直流调速中,主电路由三相对称交流电压源、晶闸管整流桥、平波电抗器、直流电动机等组成。

① 三相对称电压源建模和参数设置。提取交流电压源模块 AC Voltage Source(路径为 SimPowerSystems/Electrical Sources/AC Voltage Source),再用复制的方法得到三相电源的另两个电压源模块,并把模块标签分别改为 A、B、C,从路径 SimPowerSystems/Elements/Ground 取接地元件 Ground,按图 5-2 主电路图进行连接。

② 三相对称电压源参数设置。A 相交流电压源参数设置:峰值电压为 220V,初相位为 0°,频率为 50Hz,其他默认值。B 相与 C 相交流电压源设置参数方法:参数设置除了相位相差120°外,其他参数与 A 相相同,注意 B 相初始相位为240°,C 相初始相位为120°,由此可得到三相对称交流电源。

③ 晶闸管整流桥的建模和主要参数设置。取晶闸管整流桥 Universal Bridge 的路径

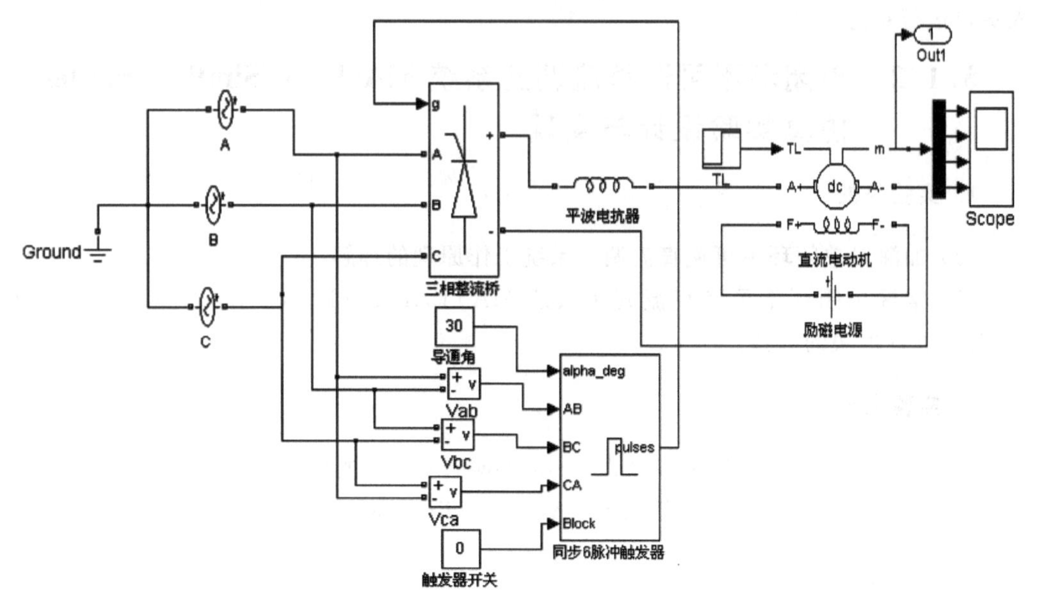

图 5-2 开环直流调速系统的仿真模型

为 SimPowerSystems/Power Electronics/Universal Bridge。当采用三相整流桥时,桥臂数取 3,电力电子元件选择晶闸管。

④ 平波电抗器的建模和参数设置。提取电抗器元件 RLC Branch,路径为 SimPowerSystems/Elements/RLC Branch,由于无单个电感元件,通过参数设置成为纯电感元件,其电抗为 16-3,即电抗值为 0.001H。

⑤ 直流电动机的建模与参数设置。提取直流电动机模块 DC Machine 的路径为 SimPowerSystems/Machines/DC Machine。直流电动机励磁绕组接直流电源 DC Voltage Source,其路径为 SimPowerSystems/Electrical Sources/DC Voltage Source,电压参数设置为 220V。电枢绕组经平波电抗器同三相整流桥连接。电动机 TL 端口接负载转矩。为了说明开环调速系统的性质,把负载转矩改为变量 Step,其提取路径为 Simulink/Sources/Step,参数设置开始负载转矩为 50,在 2s 后负载转矩变为 100。直流电动机输出 m 口有 4 个合成信号,用模块 Demux(路径为 Simulink/Signal Routing/Demux)把这 4 个信号分开。双击此模块,把参数设置为 4,表明有 4 个输出,从上到下依次是电机的角速度 ω、电枢电流 I_d、励磁电流 I_f 和电磁转矩 T_e 数值。仿真结果可以通过示波器显示,也可以通过 OUT 端口显示。

电动机参数设置:双击电动机图标,打开电动机参数设置对话框,如图 5-3 所示,其参数设置原则与晶闸管整流桥相同。

⑥ 同步脉冲触发器的建模和参数设置。同步 6 脉冲 Synchronized 6-Pluse Generator 提

取路径为 SimPowerSystems/Extra Library/Control Blocks/Synchronized 6-Pluse Generator，标签改为“同步 6 脉冲触发器”。其有 5 个端口，与 alpha-deg 连接的端口为导通角，与 Block 连接的端口是触发器开关信号，当开关信号为 0 时，开放触发器；当开关信号为 1 时，封锁触发器，故取模块 Constant(提取路径为 Simulink/Sources/Constant)与 Block 端口连接，把参数改为 0，开放触发器，同步 6 脉冲触发器参数设置如图 5-4 所示，把同步频率改为 50Hz。由于同步 6 脉冲触发器需要三相线电压，故取电压测量模块 Voltage Measurement(提取路径为 SimPowerSystems/Measurements/Voltage Measurement，标签分别改为 Vab、Vbc、Vca)进行如图 5-2 的连接即可。

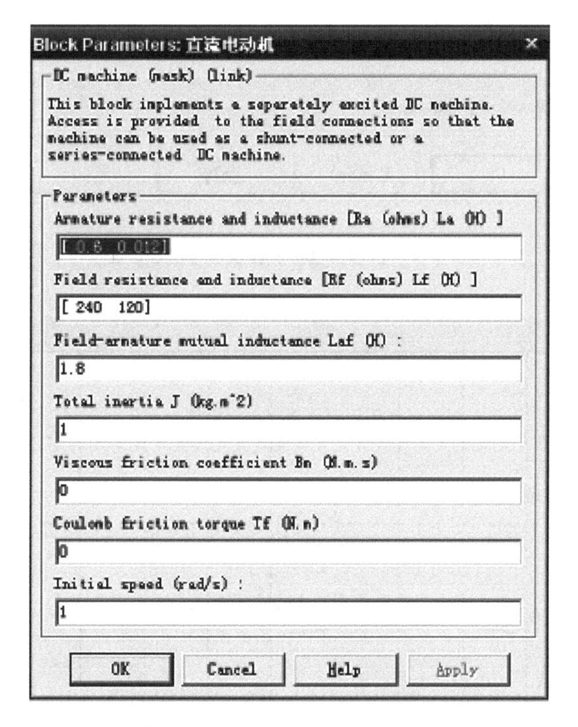

图 5-3　直流电动机参数设置

(2) 控制电路的建模与仿真。

开环调速系统控制电路只有一个环节，取模块 Constant。双击此模块图标，打开参数设置对话框，将参数设置为某个值，此处设置为 30，即导通角为30°。

(3) 系统仿真参数设置。

本次仿真 Start 为 0，Stop 为 5s。仿真算法选 ode23tb。

(4) 系统的仿真、仿真结果分析。

开环直流调速系统的仿真结果如图 5-5 所示。

Block Parameters: 同步6脉冲触发器

Synchronized 6-pulse generator (mask) (link)

Use this block to fire the 6 thyristors of a 6-pulse converter. The output is a vector of 6 pulses (0-1) individually synchronized on the 6 commutation voltages. Pulses are generated alpha degrees after the increasing zero-crossings of the commutation voltages.

Parameters

Frequency of synchronisation voltages (Hz) :

50

Pulse width (degrees) :

10

☐ Double pulsing

OK　Cancel　Help　Apply

图 5-4　同步 6 脉冲触发器参数设置

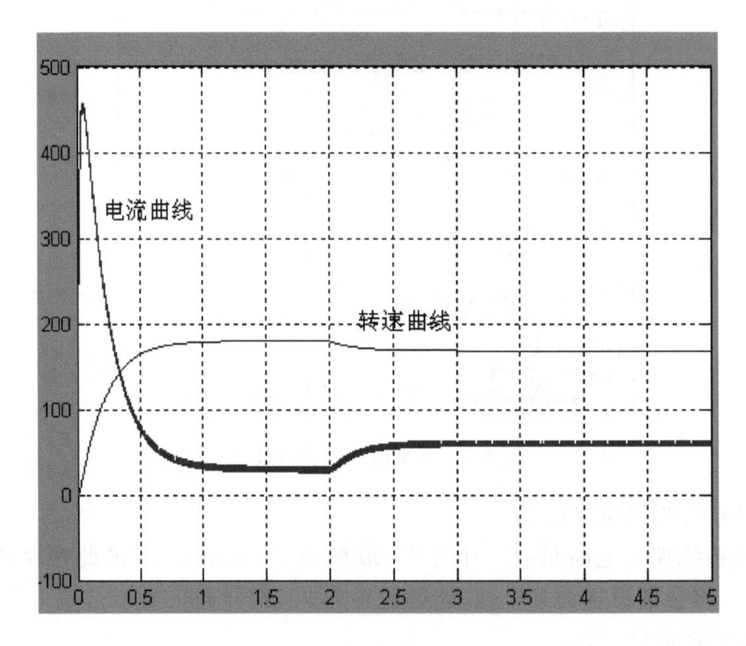

图 5-5　开环直流调速系统的仿真结果

从仿真结果看，转速很快上升，当在 2s 负载由 50 变为 100 时，由于开环无法起调节作用，转速下降。

2）单闭环不可逆直流调速系统的仿真

电动机的额定数据为 10kW、220V、55A、1000r/min，电枢电阻 $R_a=0.5\Omega$，晶闸管触发整流装置为三相桥式可控整流电路，整流变压器连接成星形Y，二次线电压 $U_{21}=230V$，电压放大系数 $K_s=44$，系统总回路电阻为 $R=1\Omega$，测速发电机是永磁式，额定数据为 23.1W、110V、0.21A、1900r/min，直流稳压电源为 $-12V$，系统运动部分的飞轮惯量为 $GD^2=10N\cdot m^2$，稳态性能指标 $D=10$，$s\leqslant5\%$，试对根据伯德图方法所设计的 PI 调节器参数进行单闭环直流调速系统进行仿真。

(1) 系统参数计算与模型建立。

单闭环转速负反馈直流调速系统仿真模型如图 5-6 所示。

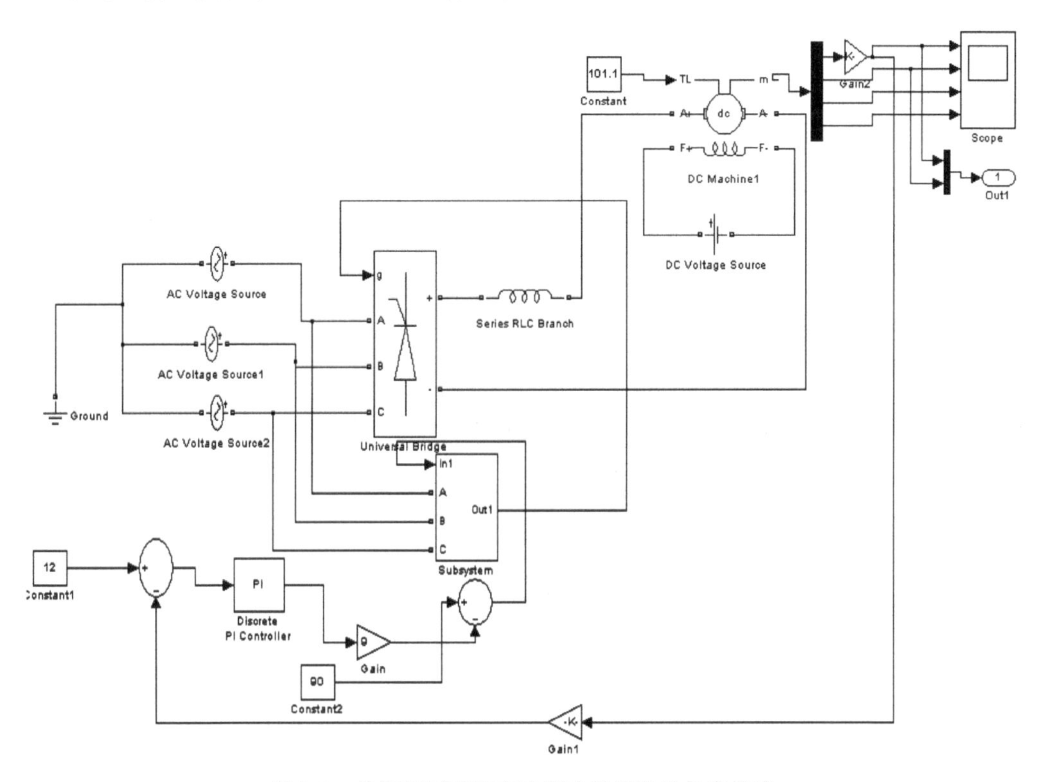

图 5-6 单闭环不可逆直流调速系统定量仿真模型

根据伯德图的方法设计的 PI 调节器参数为 $K_p=0.559$，$K_i=\dfrac{1}{\tau}=11.364$，上下限幅值取[10 −10]。整流桥的导通电阻 $R_{on}=R-R_a=0.5\Omega$，电机额定负载为 101.1，平波电抗器参数为 0.017H(回路总电感)。由于电动机输出信号是角速度 ω，故需将其转化成转速($n=60\omega/2\pi$)，因此在电机角速度输出端接 Gain 模块，参数设置为 30/3.14。

电动机本体模块参数中互感数值的设置是正确仿真的关键因素。实际电动机互感的参数与直流电动机的类型有关，也与励磁绕组和电枢绕组的绕组数有关，从 MATLAB 中的直流电动机模块可以看出其类型为他励直流电动机，为了使各种类型的直流电机都能够归结于 MATLAB 中直流电动机模块，其互感参数公式应为

$$L_{af} = \frac{30}{\pi}\frac{C_e}{I_f} \tag{5-1}$$

又

$$C_e = \frac{U_N - I_N R_a}{n_N} \tag{5-2}$$

$$I_f = \frac{U_f}{R_f} \tag{5-3}$$

其中，C_e 为电动机常数，U_f、R_f 分别为励磁电压和励磁电阻。U_N、R_a、I_N、n_N、I_f 分别为电动机的额定电压、电枢电阻、额定电流、额定转速和励磁电流。

在具体仿真时，首先根据电动机的基本数据，写入电动机本体模块中对应参数：$R_a = 0.5\Omega$，$L_a = 0\text{H}$，$R_f = 240\Omega$，$L_f = 120\text{H}$。至于电动机本体模块的互感参数，则由电动机常数和励磁电流由式(5-2)得到。

由于

$$C_e = \frac{U_N - I_N R_a}{n_N} = \frac{220 - 55 \times 0.5}{1000} = 0.1925$$

电动机本体模块参数中飞轮惯量单位是 J，可将 GD^2 转换为 J，两者之间关系为

$$J = \frac{GD^2}{4g} = \frac{10}{4 \times 9.8} = 0.255$$

互感数值的确定如下。

励磁电压为 220V，励磁电阻取 240Ω，则

$$I_f = \frac{220}{240} = 0.91667(\text{A})$$

由式(5-3)得

$$L_{af} = \frac{30}{\pi}\frac{C_e}{I_f} = \frac{30}{\pi}\frac{0.1925}{0.91667} = 2.007(\text{H})$$

(2) 系统仿真参数设置。

仿真中所选择的算法为 ode23tb，Start 设为 0，Stop 设为 5s。

(3) 仿真结果分析。

仿真结果如图 5-7 所示。

从仿真结果可以看出，当给定电压为 12V 时，电机工作在额定转速 1000r/min，电枢电流接近 55A，从而说明仿真模型及参数设置的正确性。

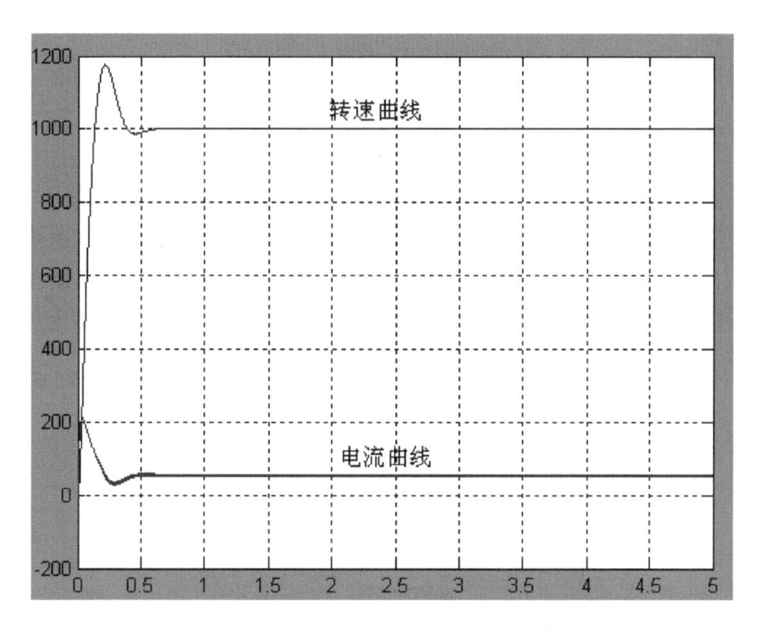

图 5-7　单闭环不可逆直流调速系统定量仿真结果

5.1.3　单闭环不可逆直流调速系统 DJDK-1 型电力电子技术及电机控制实验台实验

1. 实验目的

(1) 熟悉单闭环不可逆直流调速系统的原理、组成及各主要单元部件的原理。

(2) 掌握晶闸管直流调速系统的一般调试过程。

(3) 认识闭环反馈控制系统的基本特性。

2. 实验设备

(1) 电源控制屏(DJK01)。

(2) 晶闸管主电路(DJK02)。

(4) 三相晶闸管触发电路(DJK02-1)。

(4) 电机调速控制实验(DJK04)。

(5) 可调电阻、电容箱(DJK08)。

(6) 电机导轨、测速发电机及转速表(DD03-2)。

(7) 直流发电机 DJ13-1。

(8) 直流并励电动机 DJ15。

(9) 三相可调电阻(D42)。

(10) 示波器。

(11) 万用表。

3. 实验原理

为了提高直流调速系统的动静态性能指标，通常采用闭环调速系统。转速单闭环实验是将反映转速变化的电压信号作为反馈信号，经“速度变换”后接到“速度调节器”的输入端，与“给定”的电压相比较经放大后，得到移相控制电压 U_{ct}，用作控制整流桥的“触发电路”，触发脉冲经功放后加到晶闸管的门极和阴极之间，以改变“三相全控整流”的输出电压，这就构成了速度负反馈闭环系统。实验原理如图 5-8 所示。

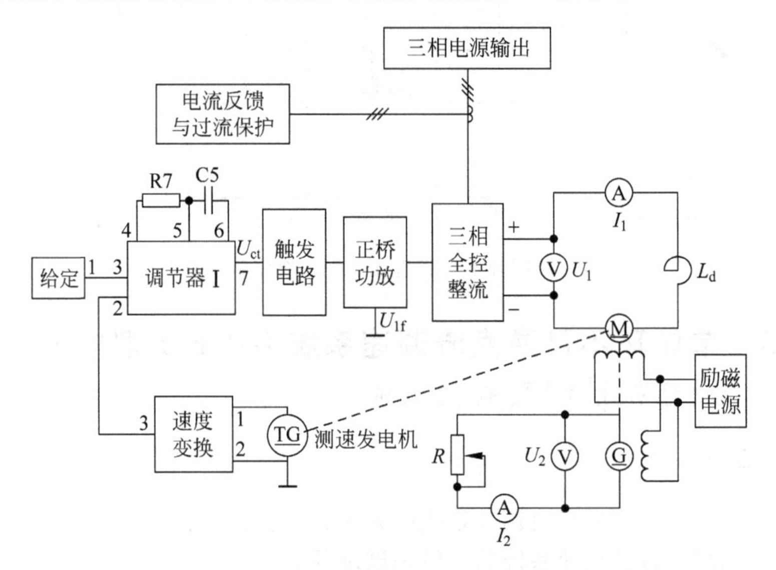

图 5-8 单闭环不可逆直流调速系统实验原理图

4. 实验内容

(1) DJK04 上的基本单元的调试。

(2) 测定 U_{ct}不变开环直流调速系统机械特性。

(3) 测定 U_d 不变开环直流调速系统机械特性。

(4) 测定转速单闭环直流调速系统静特性。

5. 实验方法

1) DJK02 和 DJK02-1 上的“触发电路”调试

(1) 打开 DJK01 总电源开关，操作“电源控制屏”上的“三相电网电压指示”开关，观察输入的三相电网电压是否平衡。

(2) 将 DJK01“电源控制屏”上“调速电源选择开关”拨至“直流调速”侧。

(3) 用 10 芯的扁平电缆，将 DJK02 的“三相同步信号输出”端和 DJK02-1“三相同步信号输入”端相连，打开 DJK02-1 电源开关，拨动“触发脉冲指示”钮子开关，使“窄”的发光管亮。

(4) 观察 A、B、C 三相的锯齿波，并调节 A、B、C 三相锯齿波斜率调节电位器(在各观测孔左侧)，使三相锯齿波斜率尽可能一致。

(5) 将 DJK04 上的“给定”输出 U_g 直接与 DJK02-1 上的移相控制电压 U_{ct} 相接，将给定开关 S2 拨到接地位置(即 $U_{ct}=0$)，调节 DJK02-1 上的偏移电压电位器，用双踪示波器观察 A 相同步电压信号和“双脉冲观察孔” VT1 的输出波形，使 $\alpha=120°$。

(6) 适当增加给定 U_g 的正电压输出，观测 DJK02-1 上“脉冲观察孔”的波形，此时应观测到单窄脉冲和双窄脉冲。

(7) 将 DJK02-1 面板上的 U_{lf} 端接地，用 20 芯的扁平电缆将 DJK02-1 的“正桥触发脉冲输出”端和 DJK02“正桥触发脉冲输入”端相连，并将 DJK02“正桥触发脉冲”的六个开关拨至“通”侧，观察正桥 VT1～VT6 晶闸管门极和阴极之间的触发脉冲是否正常。

2) 控制单元调试

(1) 移相控制电压 U_{ct} 调节范围的确定。

按图 5-9 和图 5-10 接线。直接将 DJK04“给定”电压 U_g 接入 DJK02-1 移相控制电压 U_{ct} 的输入端，“三相全控整流”输出接电阻负载 R，用示波器观察 U_d 的波形。当给定电压 U_g 由零调大时，U_d 将随给定电压的增大而增大；当 U_g 超过某一数值 U_g' 时，U_d 的波形

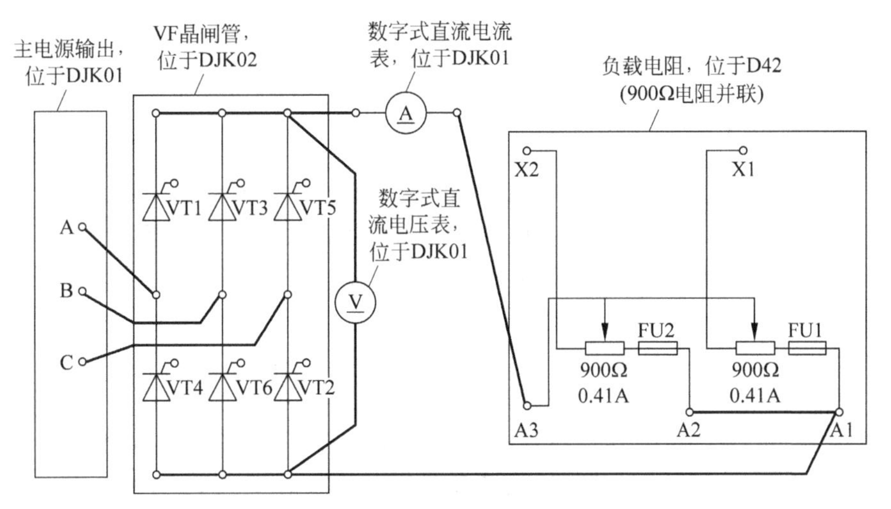

图 5-9　三相全控桥整流主回路

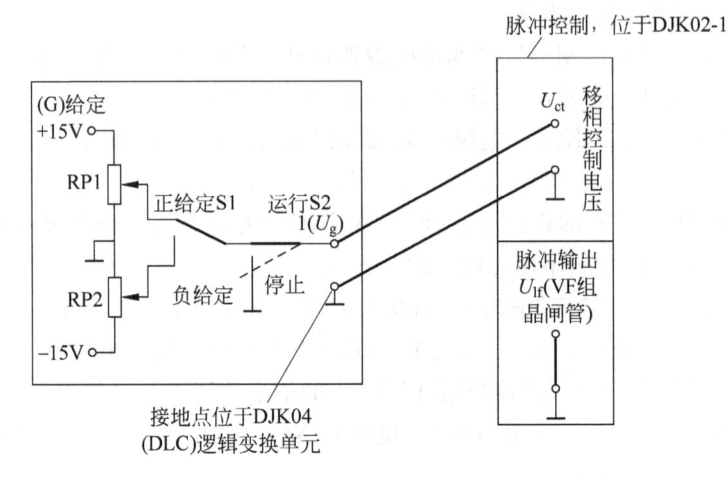

图 5-10 三相全控桥整流控制回路

会出现缺相现象，这时 U_d 反而随 U_g 的增大而减少。一般可确定移相控制电压最大允许值为 $U_{ctmax}=0.9U_g'$，即 U_g 的允许调节范围为 0～U_{ctmax}。如果把输出限幅定为 U_{ctmax}，则“三相全控整流”输出范围就被限定，不会工作到极限值状态，保证六个晶闸管可靠工作。测量数据记录在表 5-1 中。

表 5-1 移相控制电压 U_{ct} 调节范围数据记录表

U_g'	
$U_{ctmax}=0.9U_g'$	

将给定退到零，再按“停止”按钮，结束步骤。

(2) ASR 的调整。

① ASR 的调零。

将 DJK04 中“速度调节器”所有输入端接地，再将 DJK08 中的 40kΩ 可调电阻接到“速度调节器”的“4”“5”两端，用导线将“5”“6”端短接，使“速度调节器”成为 P（比例）调节器。调节面板上的调零电位器 RP3，用万用表的毫伏挡测量速度调节器“7”端的输出，使调节器的输出电压尽可能接近于零。

② ASR 正负限幅值的调整。

把“速度调节器”的“5”“6”端短接线去掉，将 DJK08 中的 0.47μF 可调电容接入“5”“6”两端，使调节器成为 PI（比例积分）调节器，然后将 DJK04 的给定输出端接到转速调节器的“3”端，当加一定的正给定时，调整负限幅电位器 RP2，使之输出电压为最小值即可，当调节器输入端加负给定时，调整正限幅电位器 RP1，使速度调节器的输出正限幅为 U_{ctmax}。

③ 转速反馈系数的整定。

直接将“给定”电压 U_g 接 DJK02-1 上的移相控制电压 U_{ct} 的输入端，“三相全控整流”电路接直流电动机负载，L_d 用 DJK02 上的 200mH 挡，输出给定调到零。

按下“启动”按钮，接通励磁电源，从零逐渐增加给定，使电机提速到 $n=1500$rpm 时，调节“速度变换”上转速反馈电位器 RP1，使得该转速时反馈电压 $U_{fn}=-6$V，这时的转速反馈系数 $\alpha=U_{fn}/n=0.004$V/rpm。

3) U_{ct} 不变开环直流调速系统机械特性的测定

(1) 按接线图 5-11 和图 5-12 分别将主回路和控制回路接好线。DJK02-1 上的移相控制电压 U_{ct} 由 DJK04 上的“给定”输出 U_g 直接接入，直流发电机接负载电阻 R，L_d 用 DJK02 上的 200mH 挡，将给定的输出调到零。

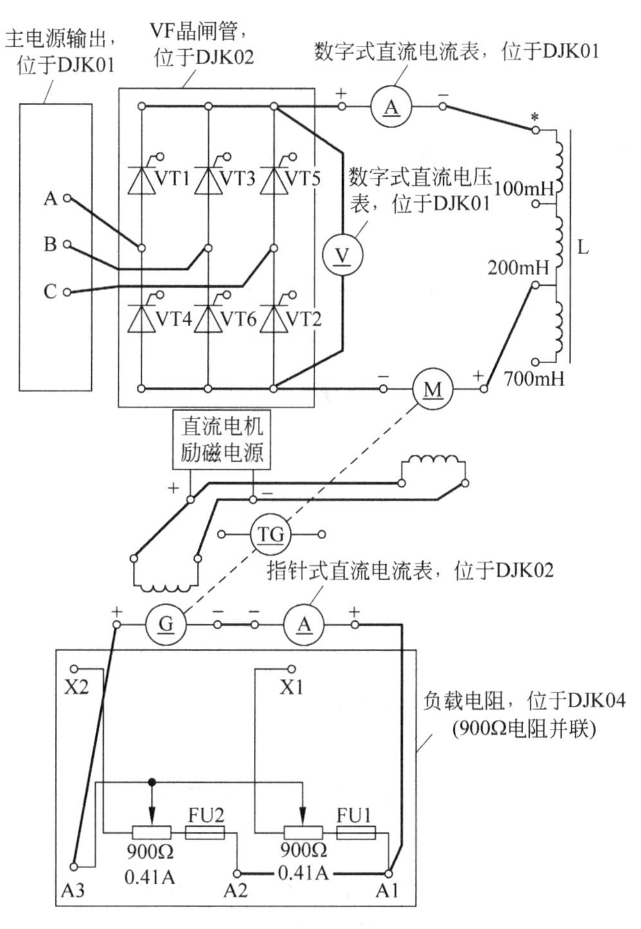

图 5-11　开环直流调速系统主回路

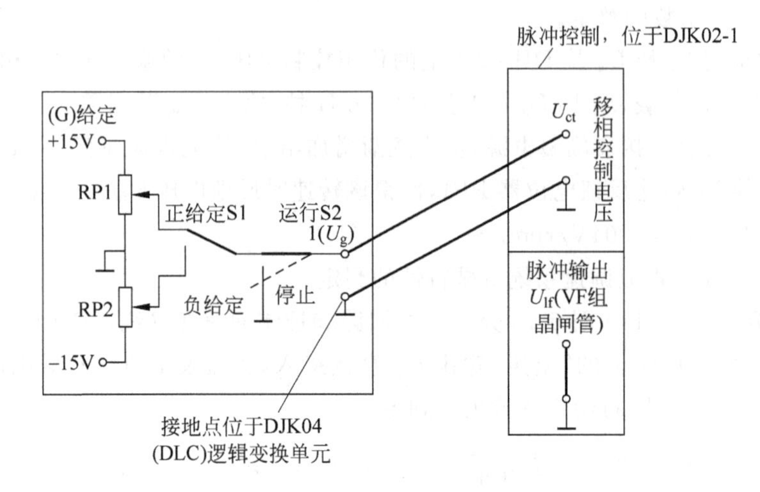

图 5-12　开环直流调速系统控制回路

(2) 先闭合励磁电源开关，按下 DJK01“电源控制屏”启动按钮，使主电路输出三相交流电源，然后从零开始逐渐增加“给定”电压 U_g，使电动机慢慢启动并使转速 n 达到 1200rpm。

(3) 改变负载电阻 R 的阻值，使电机的电枢电流从 I_{ed} 直至空载。即可测出在 U_{ct} 不变时的直流电动机开环外特性 $n=f(I_d)$，测量数据记录于表 5-2 中。

表 5-2　U_{ct} 不变开环直流调速系统机械特性测试数据记录表

n/rpm							
I_d/A							
U_d/V							

4) U_d 不变开环直流调速系统机械特性的测定

(1) 按图 5-11 和图 5-12 分别将主回路和控制回路接好线。控制电压 U_{ct} 由 DJK04 的“给定”U_g 直接接入，直流发电机接负载电阻 R，L_d 用 DJK02 上的 200mH 挡，将给定的输出调到零。

(2) 按下 DJK01“电源控制屏”启动按钮，然后从零开始逐渐增加给定电压 U_g，使电动机启动并达到 1200rpm。

(3) 改变负载电阻 R，使电机的电枢电流从 I_{ed} 直至空载。用电压表监视三相全控整流输出的直流电压 U_d，保持 U_d 不变(通过不断地调节 DJK04 上“给定”电压 U_g 来实现)，测出在 U_d 不变时直流电动机的开环外特性 $n=f(I_d)$，测量数据记录于表 5-3 中。

表 5-3　U_d 不变开环直流调速系统机械特性测试数据记录表

n/rpm							
I_d/A							
U_d/V							

5）转速单闭环直流调速系统静特性的测定

(1) 主回路按图 5-11 接线，控制回路按图 5-13 接线。在本实验中，DJK04 的“给定”电压 U_g 为负给定，转速反馈为正电压，将“速度调节器”接成 P(比例)调节器或 PI(比例积分)调节器。直流发电机接负载电阻 R，L_d 用 DJK02 上的 200mH 挡，给定输出调到零。

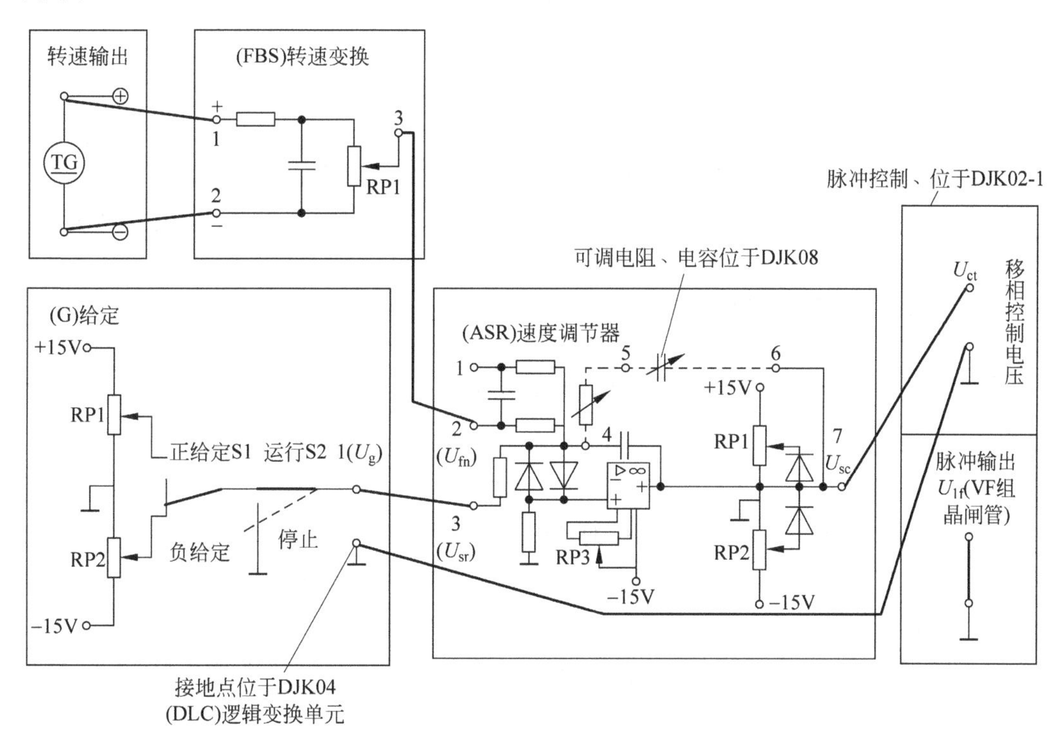

图 5-13　单闭环不可逆直流调速系统控制回路

(2) 直流发电机先轻载，从零开始逐渐调大“给定”电压 U_g，使电动机的转速接近 n=1200rpm。

(3) 由小到大调节直流发电机负载 R，测出电动机的电枢电流 I_d，和电机的转速 n，直至 $I_d=I_{ed}$，即可测出系统静态特性曲线 $n=f(I_d)$，测量数据记录于表 5-4 中。

表 5-4　转速单闭环直流调速系统静特性测试数据记录表

n/rpm							
I_d/A							
U_d/V							

5.1.4　预习报告

(1) 调节器在 P 工作和 PI 工作时的输入-输出特性。

(2) 单闭环不可逆直流调速系统的系统组成和工作原理。

5.1.5　实验报告

(1) 绘制并分析 U_{ct}、U_d 不变时开环直流调速系统机械特性。

(2) 绘制转速单闭环直流调速系统的静特性曲线，并与开环机械特性进行对比分析。

5.1.6　注意事项

(1) 双踪示波器有两个探头，可同时观测两路信号，但这两探头的地线都与示波器的外壳相连，所以两个探头的地线不能同时接在同一电路的不同电位的两个点上，否则这两点会通过示波器外壳发生电气短路。

(2) 电机启动前，应先加上电动机的励磁，才能使电机启动。在启动前必须将移相控制电压调到零，使整流输出电压为零，这时才可以逐渐加大给定电压，不能在开环或速度闭环时突加给定。

(3) 在连接反馈信号时，给定信号的极性必须与反馈信号的极性相反，确保为负反馈。

(4) DJK04 与 DJK02-1 不共地，所以实验时须短接 DJK04 与 DJK02-1 的地。

5.1.7　思考题

(1) P 调节器和 PI 调节器在直流调速系统中的作用有什么不同？

(2) 实验中，如何确定转速反馈的极性并把转速反馈正确地接入系统中？调节什么元件能改变转速反馈的强度？

5.2 双闭环不可逆直流调速系统

5.2.1 系统组成与工作原理

转速、电流双闭环直流调速系统如图 5-14 所示，在系统中设置转速调节器 ASR 和电流调节器 ACR 分别对转速和电流进行调节，二者之间实行嵌套(或称串级)连接，即把转速调节器的输出作为电流调节器的输入，再用电流调节器的输出去控制晶闸管整流器的触发装置，这样便组成了转速、电流双闭环直流调速系统。

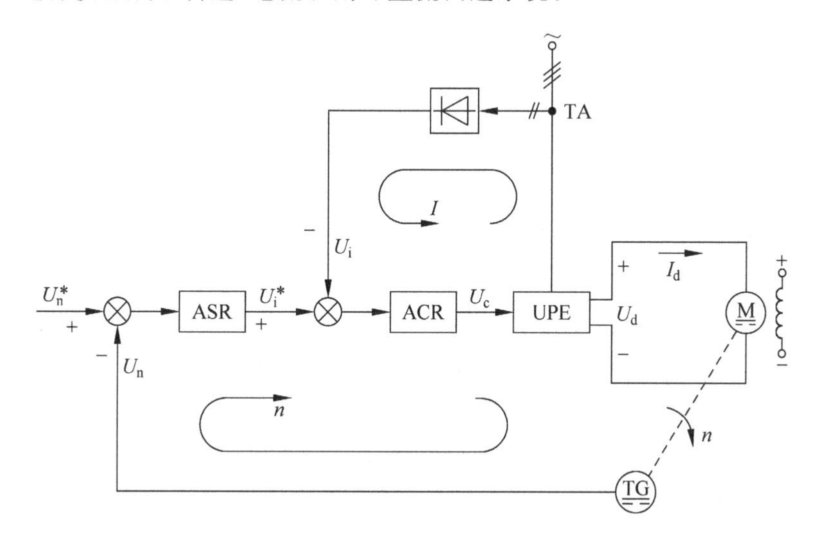

图 5-14　转速、电流双闭环直流调速系统

转速、电流双闭环直流调速系统主电路采用三相桥式全控整流电路。控制电路采用典型的转速、电流双闭环系统，转速调节器 ASR 设置输出限幅，以限制最大起动电流 I_{dm}，电流调节器 ACR 设置输出限幅，以限制了晶闸管整流器的最大输出电压 U_{dm}。根据系统运行的需要，当给定电压 U_n^* 后，ASR 输出饱和，电机以最大允许的电流起动，使得电机转速很快上升，达到给定的速度后转速超调，ASR 退饱和，电枢电流下降，经过两个调节器的综合调节作用，使系统很快达到稳态。

5.2.2 双闭环不可逆直流调速系统 MATLAB/SimPowerSystem 仿真实验设计与实现

1. 实验目的

(1) 加深对双闭环不可逆直流调速系统工作原理的理解。

(2) 掌握双闭环不可逆直流调速系统 MATLAB/SimPowerSystem 的仿真建模方法,会设置各模块的参数。

2. 实验内容

(1) 控制单元模块的建模与仿真。

(2) 双闭环不可逆直流调速系统 MATLAB/SimPowerSystem 的仿真。

3. 实验器材

(1) PC。

(2) MATLAB 6.5.1 仿真软件。

4. 实验仿真

某晶闸管供电的双闭环直流调速系统,整流装置采用三相桥式电路。基本数据如下:直流电动机为 220V、136A、1460r/min、$C_e=0.132$,允许过载倍数 $\lambda=1.5$,晶闸管装置放大系数为 $K_s=40$,电枢回路总电阻 $R=0.5\Omega$,时间常数 $T_l=0.03\text{s}$,$T_m=0.18\text{s}$,电流反馈系数 $\beta=0.05\text{V/A}(\approx 10\text{V}/1.5I_N)$,转速反馈系数 $\alpha=0.007\text{V}\cdot\text{min/r}(\approx 10\text{V}/n_N)$,电流滤波时间常数 $T_{oi}=0.002\text{s}$,转速滤波时间常数 $T_{on}=0.01\text{s}$。按照工程设计方法设计电流调节器 ACR、ASR,要求电流超调量 $\sigma_i\leqslant 5\%$、转速无静差,转速超调量 $\sigma_n\leqslant 10\%$。

双闭环直流调速系统仿真模型如图 5-15 所示。

仿真步骤如下:

1) 主电路模型的建立与参数设置

主电路由直流电动机本体模块、三相对称电源、同步 6 脉冲触发器、负载等模块组成。同步 6 脉冲触发器的仿真模型同单闭环直流调速系统相同。

电源 A、B、C 设置峰值电压为 220V,频率为 50Hz,相位分别为 0°、240°和120°。整流桥的内阻 $R_{on}=R-R_a=0.3\Omega$。电动机负载取 130。励磁电源为 220V。由于电动机输出信号是角速度 ω,将其转化成转速 n,单位为 r/min,在电动机角速度输出端接 Gain 模块,参数设置为 30/3.14。

根据公式 $C_e=\dfrac{U_N-I_NR_a}{n_N}$ 可以得到 $R_a=0.2\Omega$。

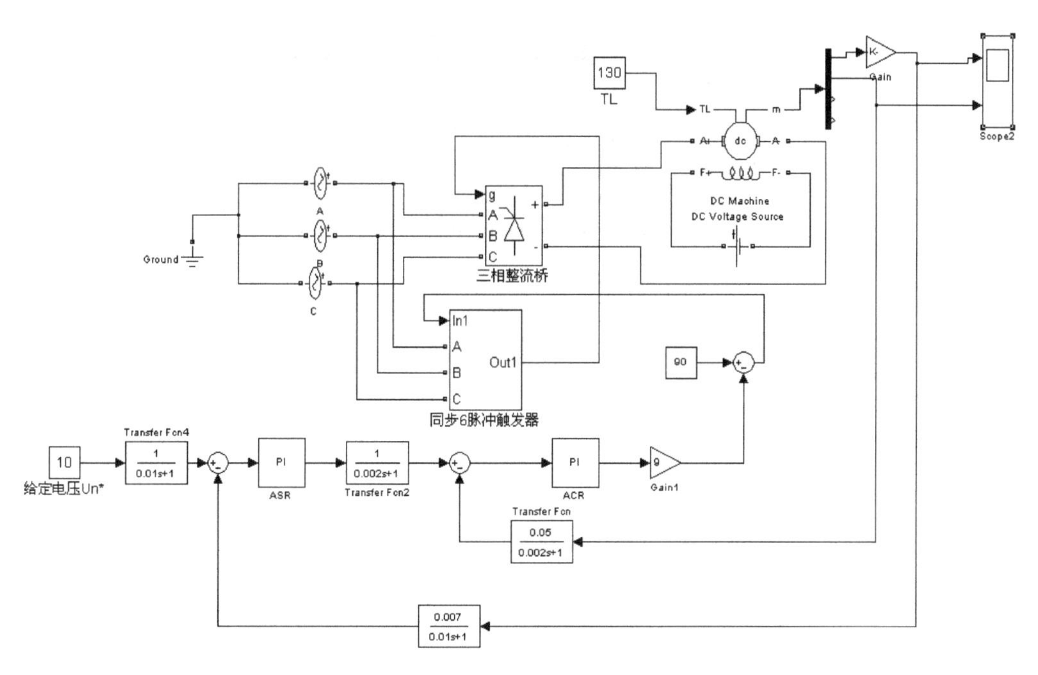

图 5-15　双闭环不可逆直流调速系统仿真模型

根据公式 $T_m=\dfrac{GD^2R}{375C_eC_m}=\dfrac{GD^2R}{375C_e\dfrac{30}{\pi}C_e}$可以得到 $GD^2=22.47\mathrm{N}\cdot\mathrm{m}^2$。

根据公式 $T_l=\dfrac{l}{R}$可以得到回路总电感 $l=0.015\mathrm{H}$。

电动机本体模块参数中飞轮惯量单位是J，将 GD^2 转换为J，两者之间关系为

$$\mathrm{J}=\frac{GD^2}{4g}=\frac{22.47}{4\times 9.8}=0.573$$

互感数值的确定如下。

励磁电压为220V，励磁电阻取240Ω，则

$$I_f=\frac{220}{240}=0.91667(\mathrm{A})$$

$$L_{af}=\frac{30}{\pi}\frac{C_e}{I_f}=\frac{30}{\pi}\frac{0.132}{0.91667}=1.376(\mathrm{H})$$

电动机参数设置如图5-16所示。

2）控制电路模型的建立与参数设置

控制电路由PI调节器、滤波模块、转速反馈和电流反馈等环节组成。转速调节器ASR和电流调节器ACR的参数就是根据工程设计方法算得的参数，在这里需要着重说

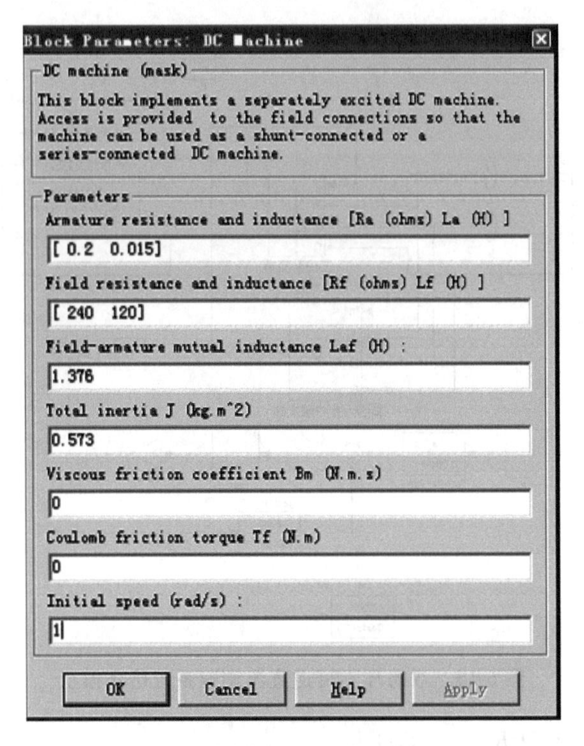

图 5-16 定量仿真的电动机参数设置

明的是，用工程设计方法得到的调节器参数是 $K_p\dfrac{\tau s+1}{\tau s}$ 的形式，而在仿真的调节器 Discrete PI controller 模型中，比例系数是 K_p，积分系数是 K_i，所以要把 $K_p\dfrac{\tau s+1}{\tau s}$ 写成 $K_p+\dfrac{K_p}{\tau}$ 的形式，即 ASR 调节器的 $K_p=11.7$、$K_i=\dfrac{K_p}{\tau_n}=\dfrac{11.7}{0.087}=134$，同样的 ACR 的 $K_p=1.013$、$K_i=\dfrac{K_p}{\tau_i}=\dfrac{1.013}{0.03}=33.77$，两个调节器上下限幅值均取[10 0]。带滤波环节的转速反馈系数模块路径为 Simulink/Continuous/Transfer Fcn，参数设置：Numerator 为[0.007]，Denominator 为[0.01 1]。带滤波环节的电流反馈系数参数设置：Numerator 为[0.05]，Denominator 为[0.002 1]。转速延迟模块的参数设置：Numerator 为[1]，Denominator 为[0.01 1]。电流延迟模块参数设置：Numerator 为[1]，Denominator 为[0.002 1]。信号转换环节的模型也是由 Constant、Gain、Sum 等模块组成的，原理和参数已在单闭环调速系统中说明。

同时为了观察启动过程转速调节器和电流调节器的输出情况，在转速调节器和电流调节器输出端接示波器。

仿真算法采用 ode23tb,开始时间为 0,结束时间为 2s。

3) 仿真结果分析

双闭环不可逆直流调速系统仿真结果如图 5-17 所示。

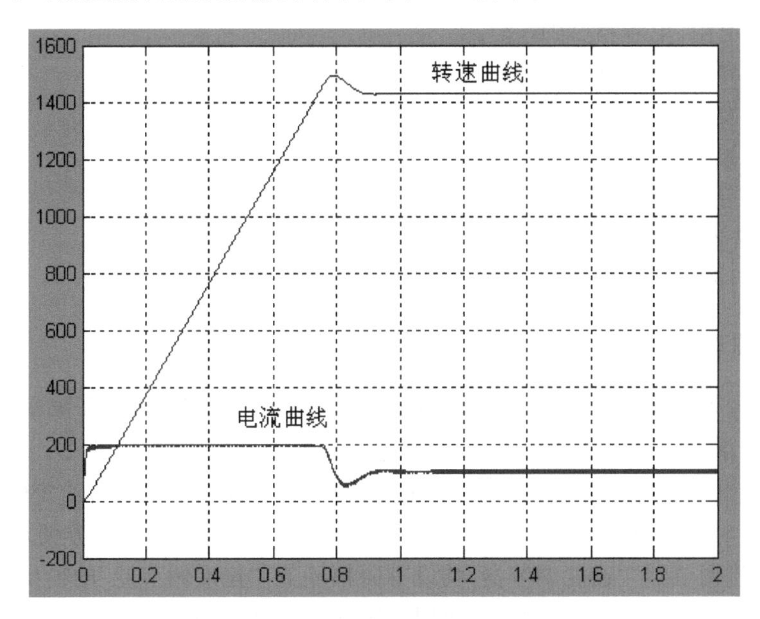

图 5-17　双闭环不可逆直流调速系统仿真结果

从仿真结果可以看出,当给定信号为 10V 时,在电机启动过程中,电流调节器作用下的电动机电枢电流接近最大值,使得电动机以最优时间准则开始上升,在约 0.7s 时转速超调,电流很快下降,在 0.85s 时达到稳态,在稳态时转速为 1460r/min,整个变化曲线与实际情况非常类似。

5.2.3　双闭环不可逆直流调速系统 DJDK-1 型电力电子技术及电机控制实验台实验

1. 实验目的

(1) 掌握闭环不可逆直流调速系统的原理、组成及各主要单元部件的原理。

(2) 掌握双闭环不可逆直流调速系统的调试步骤、方法及参数的整定。

(3) 研究调节器参数对系统动态性能的影响。

2. 实验设备

(1) 电源控制屏(DJK01)。

(2) 晶闸管主电路(DJK02)。

(3) 三相晶闸管触发电路(DJK02-1)。

(4) 电机调速控制实验(DJK04)。

(5) 可调电阻、电容箱(DJK08)。

(6) 电机导轨、测速发电机及转速表(DD03-2)。

(7) 直流发电机 DJ13-1。

(8) 直流并励电动机 DJ15。

(9) 三相可调电阻(D42)。

(10) 示波器。

(11) 万用表。

3. 实验原理

启动时,加入给定电压 U_g,“速度调节器”和“电流调节器”即以饱和限幅值输出,使电动机以限定的最大启动电流加速启动,直到电机转速达到给定转速(即 $U_g=U_{fn}$),并在出现超调后,“速度调节器”和“电流调节器”退出饱和,最后稳定在略低于给定转速值运行。

系统工作时,要先给电动机加励磁,改变给定电压 U_g 的大小即可方便地改变电动机的转速。“电流调节器”“速度调节器”均设有限幅环节,“速度调节器”的输出作为“电流调节器”的给定,利用“速度调节器”的输出限幅可达到限制启动电流的目的。“电流调节器”的输出作为“触发电路”的控制电压 U_{ct},利用“电流调节器”的输出限幅可达到限制 α_{max} 的目的。实验原理如图 5-18 所示。

4. 实验内容

(1) 各控制单元的调试。

(2) 测定开环机械特性及系统闭环静特性。

(3) 测定系统闭环控制特性。

(4) 测试并记录系统动态波形。

5. 实验方法

(1) 双闭环调速系统调试原则:

① 先单元、后系统,即先将单元的参数调好,然后才能组成系统。

② 先开环、后闭环,即先使系统运行在开环状态,然后在确定电流和转速均为负反馈后,才可组成闭环系统。

③ 先内环,后外环,即先调试电流内环,然后调试转速外环。

④ 先调整稳态精度,后调整动态指标。

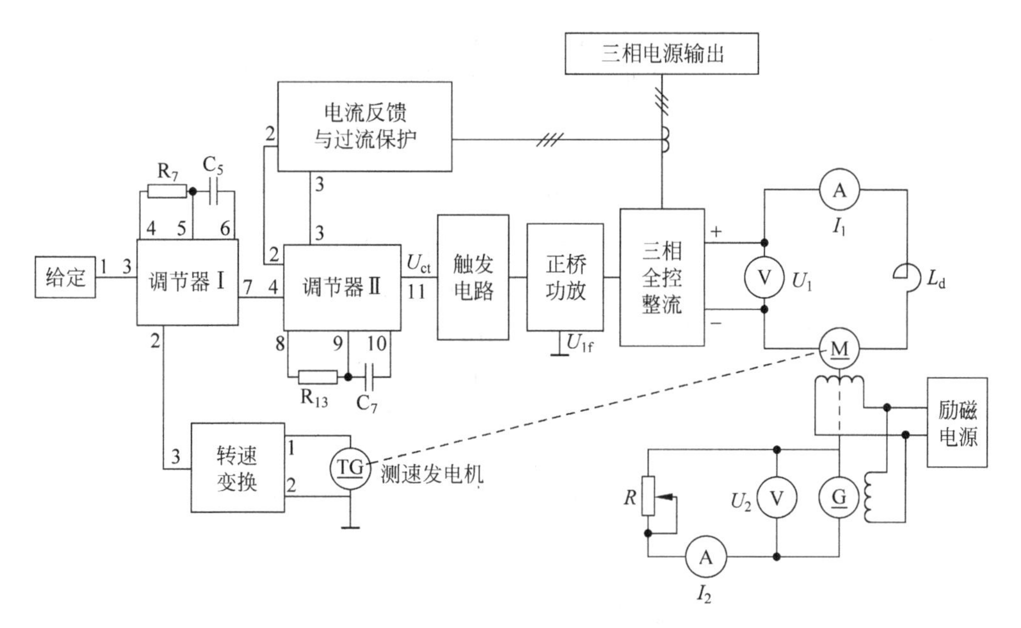

图 5-18　双闭环不可逆直流调速系统实验原理框图

(2) DJK02 和 DJK02-1 上的“触发电路”调试。

① 打开 DJK01 总电源开关，操作“电源控制屏”上的“三相电网电压指示”开关，观察输入的三相电网电压是否平衡。

② 将 DJK01“电源控制屏”上“调速电源选择开关”拨至“直流调速”侧。

③ 用 10 芯的扁平电缆，将 DJK02 的“三相同步信号输出”端和 DJK02-1“三相同步信号输入”端相连，打开 DJK02-1 电源开关，拨动“触发脉冲指示”钮子开关，使“窄”的发光管亮。

④ 观察 A、B、C 三相的锯齿波，并调节 A、B、C 三相锯齿波斜率调节电位器(在各观测孔左侧)，使三相锯齿波斜率尽可能一致。

⑤ 将 DJK04 上的“给定”输出 U_g 直接与 DJK02-1 上的移相控制电压 U_{ct} 相接，将给定开关 S2 拨到接地位置(即 $U_{ct}=0$)，调节 DJK02-1 上的偏移电压电位器，用双踪示波器观察 A 相同步电压信号和“双脉冲观察孔” VT1 的输出波形，使 $\alpha=150°$(注意此处的 α 表示三相晶闸管电路中的移相角，它的 0°是从自然换流点开始计算，而单相晶闸管电路的 0°移相角表示从同步信号过零点开始计算，两者存在相位差，前者比后者滞后 30°)。

⑥ 适当增加给定 U_g 的正电压输出，观测 DJK02-1 上“脉冲观察孔”的波形，此时应观测到单窄脉冲和双窄脉冲。

⑦ 用 8 芯的扁平电缆，将 DJK02-1 面板上“触发脉冲输出”和“触发脉冲输入”相连，使得触发脉冲加到正反桥功放的输入端。

⑧ 将 DJK02-1 面板上的 U_{lf}端接地，用 20 芯的扁平电缆将 DJK02-1 的“正桥触发脉冲输出”端和 DJK02“正桥触发脉冲输入”端相连，并将 DJK02“正桥触发脉冲”的六个开关拨至“通”侧，观察正桥 VT1～VT6 晶闸管门极和阴极之间的触发脉冲是否正常。

(3) 控制单元调试。

① 移相控制电压 U_{ct}调节范围的确定。

实验接线见图 5-9 和图 5-10。直接将 DJK04“给定”电压 U_g接入 DJK02-1 移相控制电压 U_{ct}的输入端，“三相全控整流”输出接电阻负载 R，用示波器观察 U_d的波形。当给定电压 U_g由零调大时，U_d将随给定电压的增大而增大，当 U_g超某一数值时，此时 U_d接近输出最高电压值 U'_d，一般可确定“三相全控整流”输出允许范围的最大值为 $U_{dmax}=0.9U'_d$，调节 U_g使得“三相全控整流”输出等于 U_{dmax}，此时将对应的 U'_g的电压值记录下来，$U_{ctmax}=U'_g$，即 U_g的允许调节范围为 0～U_{ctmax}。如果把输出限幅定为 U_{ctmax}，则“三相全控整流”输出范围就被限定，不会工作到极限值状态，保证六个晶闸管可靠工作。记录 U'_g于表 5-5 中。

表 5-5　移相控制电压 U_{ct}调节范围数据记录表

U'_d					
$U_{dmax}=0.9U'_d$					
$U_{ctmax}=U'_g$					

将给定退到零，再按“停止”按钮，结束步骤。

② 调节器的调零。

将 DJK04 中“调节器Ⅰ”所有输入端接地，再将 DJK08 中的 120kΩ 可调电阻接到“调节器Ⅰ”的“4”“5”两端，用导线将“5”“6”两端短接，使“调节器Ⅰ”成为 P（比例）调节器。用万用表的毫伏挡测量调节器Ⅰ的“7”端的输出，调节面板上的调零电位器 RP3，使之电压尽可能接近于零。

将 DJK04 中“调节器Ⅱ”所有输入端接地，再将 DJK08 中的 13kΩ 可调电阻接到“调节器Ⅱ”的“8”“9”两端，用导线将“9”“10”两端短接，使“调节器Ⅱ”成为 P(比例)调节器。用万用表的毫伏挡测量调节器Ⅱ的“11”端，调节面板上的调零电位器 RP3，使之输出电压尽可能接近于零。

③ 调节器正、负限幅值的调整。

把“调节器Ⅰ”的“5”“6”两端短接线去掉，将 DJK08 中的 0.47μF 可调电容接入“5”“6”两端，使调节器成为 PI（比例积分）调节器，将“调节器Ⅰ”所有输入端的接地线去掉，将 DJK04 的给定输出端接到调节器Ⅰ的“3”端。当加＋5V 的正给定电压时，调整负限幅电位器 RP2，使之输出电压为－6V；当调节器输入端加－5V 的负给定电压时，调整正限幅电位器 RP1，使之输出电压尽可能接近于零。

把“调节器Ⅱ”的“9”“10”两端短接线去掉，将 DJK08 中的 0.47μF 可调电容接入“9”“10”两端，使调节器成为 PI(比例积分)调节器，将“调节器Ⅱ”的所有输入端的接地线去掉，将 DJK04 的给定输出端接到调节器Ⅱ的“4”端。当加 +5V 的正给定电压时，调整负限幅电位器 RP2，使之输出电压尽可能接近于零；当调节器输入端加 −5V 的负给定电压时，调整正限幅电位器 RP1，使调节器Ⅱ的输出正限幅为 U_{ctmax}。

④ 电流反馈系数的整定。

直接将“给定”电压 U_g 接入 DJK02-1 移相控制电压 U_{ct} 的输入端，整流桥输出接电阻负载 R，负载电阻调到最大值，输出给定调到零。

按下“启动”按钮，从零增加给定，使输出电压升高，当 $U_d=220V$ 时，减小负载的阻值，调节“电流反馈与过流保护”上的电流反馈电位器 RP1，使得负载电流 $I_d=1.3A$ 时，“2”端 I_f 的电流反馈电压 $U_{fi}=6V$，这时的电流反馈系数 $\beta=U_{fi}/I_d=4.615V/A$。

⑤ 转速反馈系数的整定。

直接将“给定”电压 U_g 接 DJK02-1 上的移相控制电压 U_{ct} 的输入端，“三相全控整流”电路接直流电动机负载，L_d 用 DJK02 上的 200mH 挡，输出给定调到零。

按下“启动”按钮，接通励磁电源，从零逐渐增加给定，使电机提速到 $n=1500rpm$ 时，调节“转速变换”上转速反馈电位器 RP1，使得该转速时反馈电压 $U_{fn}=-6V$，这时的转速反馈系数 $\alpha=U_{fn}/n=0.004V/rpm$。

(4) 开环外特性的测定。

① 主回路和控制回路按图 5-19 接线，DJK02-1 控制电压 U_{ct} 由 DJK04 上的给定输出 U_g 直接接入，“三相全控整流”电路接电动机，L_d 用 DJK02 上的 200mH 挡，直流发电机接负载电阻 R，负载电阻调到最大值，输出给定调到零。

② 按下“启动”按钮，先接通励磁电源，然后从零开始逐渐增加“给定”电压 U_g，使电机启动升速，调节 U_g 和 R 使电动机电流 $I_d=I_{ed}$，转速达到 1200rpm。

③ 增大负载电阻 R 的阻值(即减小负载)，可测出该系统的开环外特性 $n=f(I_d)$，测量数据记录于表 5-6 中。

表 5-6　开环外特性测试数据记录表

n/rpm							
I_d/A							

将给定退到零，断开励磁电源，按下“停止”按钮，结束实验。

(5) 系统静特性测试。

① 主回路按图 5-19(a)、控制回路按图 5-20 接线，DJK04 的给定电压 U_g 输出为正给定，转速反馈电压为负电压，直流发电机接负载电阻 R，L_d 用 DJK02 上的 200mH 挡，负

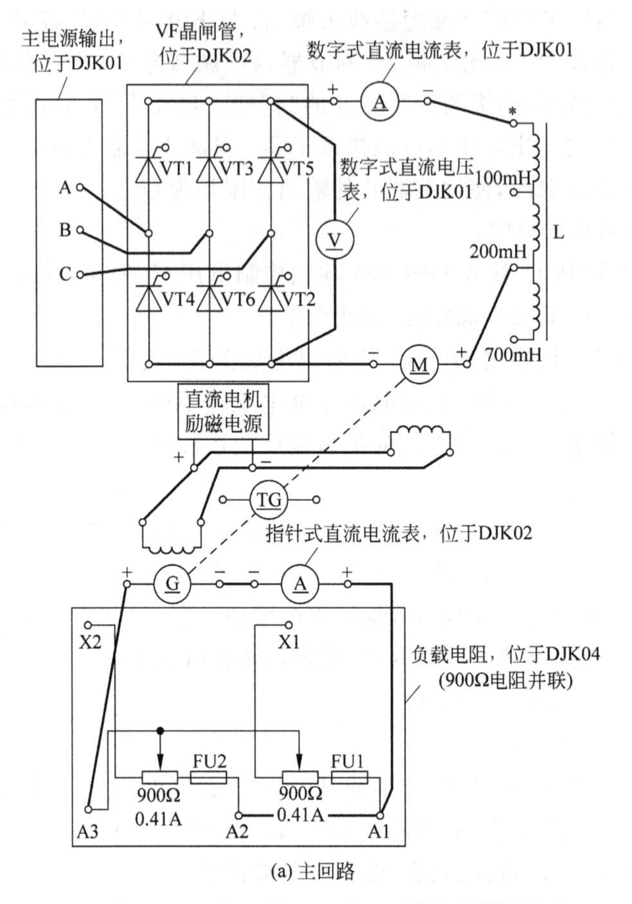

(a) 主回路

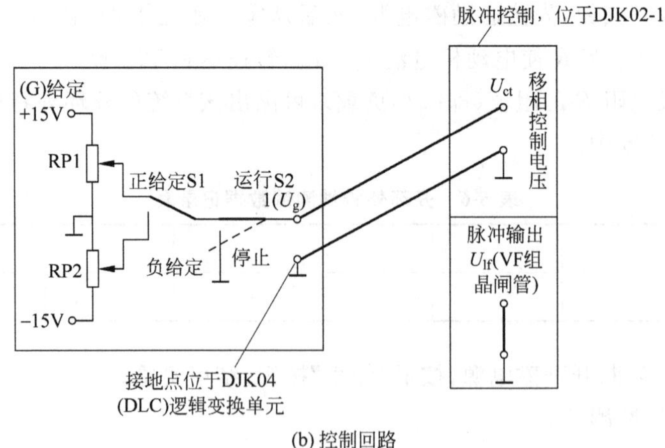

(b) 控制回路

图 5-19 双闭环不可逆直流调速系统开环特性测试

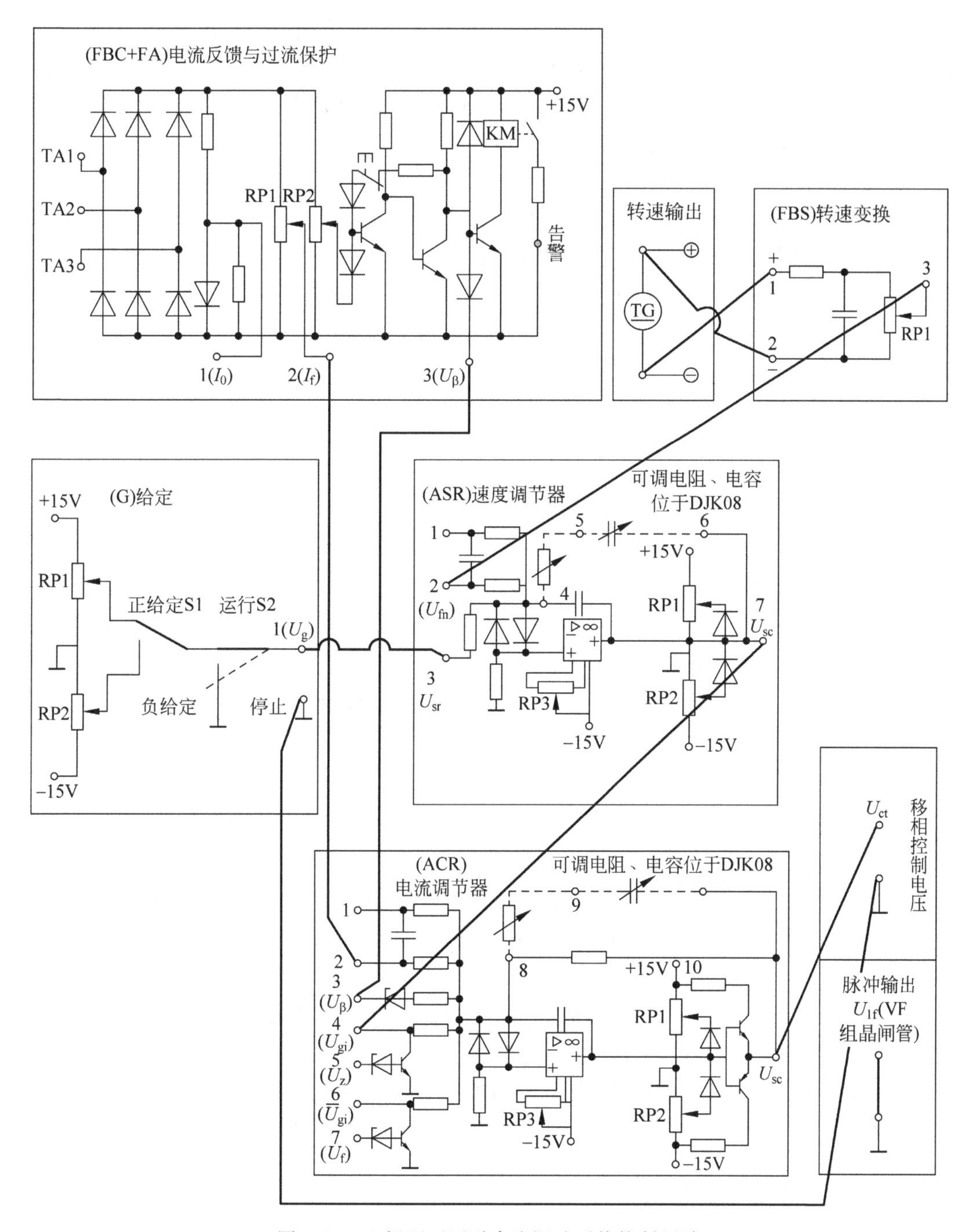

图 5-20　双闭环不可逆直流调速系统控制回路

载电阻调到最大值，给定的输出调到零。将速度调节器，电流调节器都接成P(比例)调节器后，接入系统，形成双闭环不可逆系统，按下"启动"按钮，接通励磁电源，增加给定，观察系统能否正常运行，确认整个系统的接线正确无误后，将"速度调节器""电流调节器"均恢复成PI(比例积分)调节器，构成实验系统。

② 机械特性 $n=f(I_d)$的测定。

发电机先空载，从零开始逐渐调大给定电压U_g，使电动机转速接近1200rpm，然后接入发电机负载电阻R，逐渐改变负载电阻，直至$I_d=I_{ed}$，即可测出系统静态特性曲线$n=f(I_d)$。降低U_g，再测试$n=800$rpm时的静态特性曲线。测量数据记录于表5-7中。

表5-7　闭环静特性测试数据记录表

正转	$n=1200$rpm	n/rpm						
		I_d/A						
	$n=800$rpm	n/rpm						
		I_d/A						

③ 闭环控制系统 $n=f(U_g)$的测定。

调节U_g及R，使$I_d=I_{ed}$、$n=1200$rpm，逐渐降低U_g，记录U_g和n，即可测出闭环控制特性$n=f(U_g)$，测量数据记录于表5-8中。

表5-8　闭环控制特性测试数据记录表

n/rpm							
U_g/V							

(6) 系统动态特性的观察。

用慢扫描示波器观察动态波形。在不同的系统参数下("速度调节器"的增益和积分电容、"电流调节器"的增益和积分电容、"速度变换"的滤波电容)，用示波器观察、记录下列动态波形。

① 突加给定U_g，电动机启动时的电枢电流I_d("电流反馈与过流保护"的"2"端)波形和转速n("速度变换"的"4"端)波形。

② 突加额定负载($20\%I_{ed}\sim100\%I_{ed}$)时的电动机电枢电流波形和转速波形。

③ 突降负载($100\%I_{ed}\sim20\%I_{ed}$)时电动机的电枢电流波形和转速波形。

5.2.4 预习报告

(1) 双闭环不可逆直流调速系统的组成和工作原理。

(2) PI 调节器在双闭环直流调速系统中的作用。

(3) 调节器参数、反馈系数、滤波环节参数的变化对系统动、静态特性的影响。

5.2.5 实验报告

(1) 根据实验数据，画出闭环控制特性曲线 $n=f(U_g)$。

(2) 根据实验数据，画出两种转速时的闭环机械特性 $n=f(I_d)$。

(3) 根据实验数据，画出系统开环机械特性 $n=f(I_d)$，计算静差率，并与闭环机械特性进行比较。

(4) 分析系统数字示波器记录的动态波形。

5.2.6 注意事项

(1) 参见 5.1.6 节。

(2) 系统开环实验时，不允许突加给定电压 U_g 启动电机。

(3) 改变实验线路接线时，必须先按下电源控制屏主电源开关的“停止”红色按钮，同时系统给定电压 U_g 置零。

(4) 系统闭环实验时，注意转速反馈极性不要接反。

5.2.7 思考题

(1) 为什么双闭环直流调速系统中使用的调节器均为 PI 调节器?

(2) 转速负反馈的极性如果接反会产生什么现象?

(3) 双闭环直流调速系统中哪些参数的变化会引起电动机转速的改变? 哪些参数的变化会引起电动机最大电流的变化?

5.3 逻辑无环流可逆直流调速系统

5.3.1 系统组成与工作原理

逻辑控制的无环流可逆调速系统的组成如图 5-21 所示，主电路采用两组晶闸管装置反并联线路，控制系统采用典型的转速、电流双闭环系统。图中 ACR1 用来控制正组触发装置，ACR2 控制反组触发装置，ACR1 的给定信号 U_i^* 经反号器 AR 后作为 ACR2 的给定信号，为了保证不出现环流，设置了无环流逻辑控制环节 DLC，这是系统中的关键环节，它按照系统的工作状态指挥正、反组的自动切换，其输出信号 U_{blf}、U_{blr} 用来控制正组或反组触发脉冲的封锁或开放，在任何情况下，两个信号必须是相反的，绝不允许两组晶闸管同时开放脉冲，以确保主电路没有出现环流的可能。

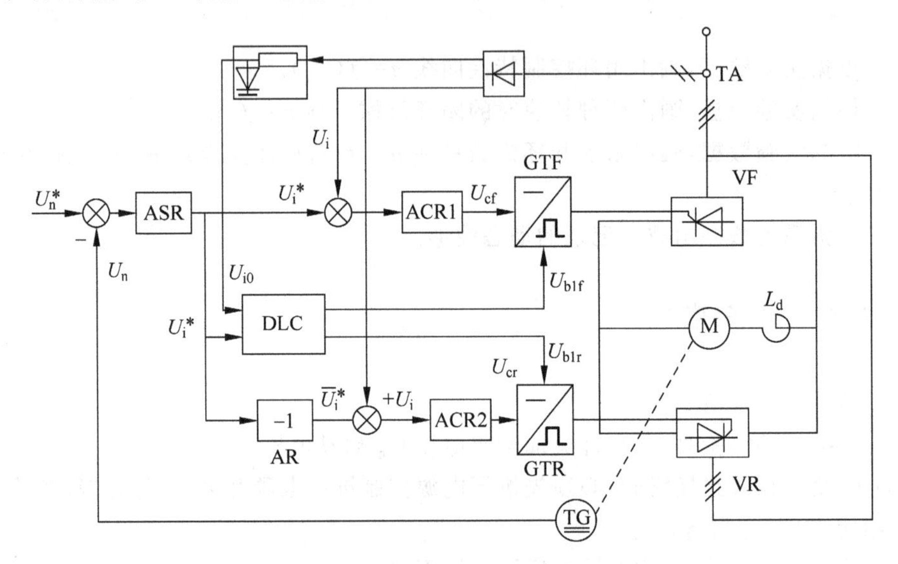

图 5-21　逻辑控制无环流可逆调速系统原理框图

5.3.2　逻辑无环流可逆直流调速系统 MATLAB/SimPowerSystem 仿真实验设计与实现

1. 实验目的

(1) 加深对逻辑无环流可逆直流调速系统工作原理的理解。

(2) 掌握逻辑无环流可逆直流调速系统 MATLAB/SimPowerSystem 的仿真建模方法，会设置各模块的参数。

2. 实验内容

(1) 控制单元模块的建模与仿真。

(2) 逻辑无环流可逆直流调速系统 MATLAB/SimPowerSystem 的仿真。

3. 实验器材

(1) PC。

(2) MATLAB 6.5.1 仿真软件。

4. 实验仿真

直流电动机：220V，55A，1000r/min，$C_e=0.1925$V·min/r，允许过载倍数$\lambda=1.5$；晶闸管装置放大系数$K_s=44$；电枢回路总电阻$R=1.0\Omega$；时间常数$T_l=0.017$s，$T_m=0.075$s；电流反馈系数$\beta=0.121$V/A（≈10V/$1.5I_N$）。转速反馈系数$\alpha=0.01$V·min/r（≈10V/n_N），按工程设计方法设计电流调节器和转速调器。要求电流超调量$\sigma_i\leqslant5\%$。转速无静差，空载启动到额定转速时的转速超调量$\sigma_n\leqslant20\%$。

逻辑无环流可逆直流调速系统的仿真模型如图5-22所示。

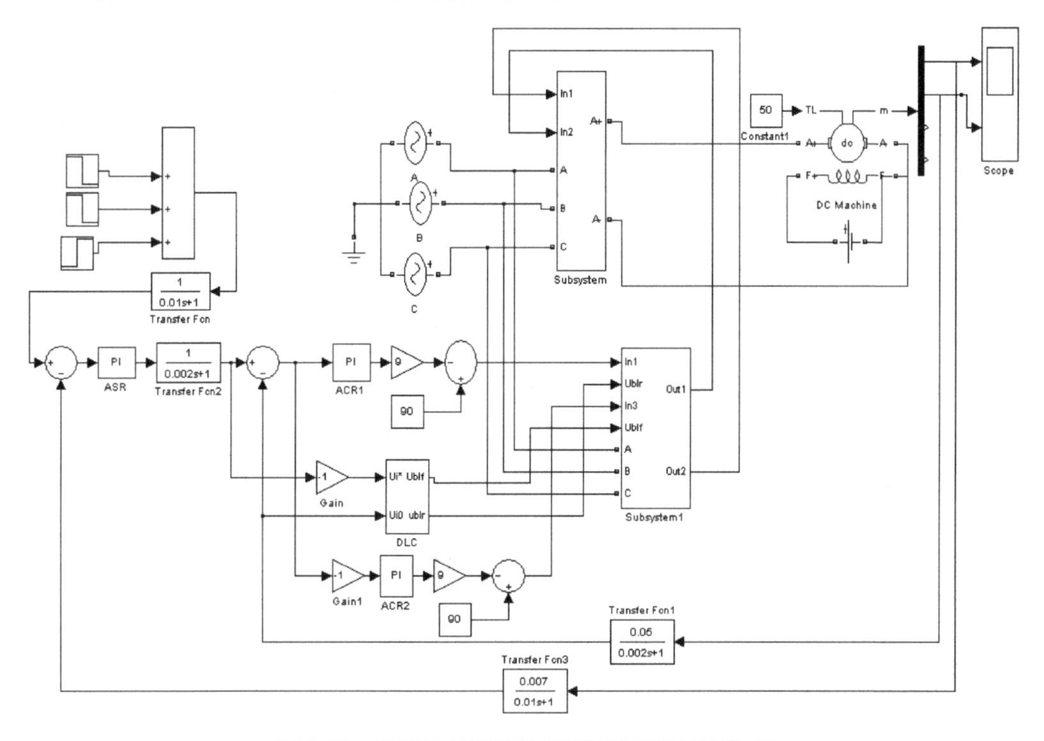

图5-22 逻辑无环流可逆直流调速系统仿真模型

仿真步骤如下：

1）主电路的建模和参数设置

在逻辑无环流可逆直流调速系统中，主电路是由三相对称交流电压源、两组反并联晶闸管整流桥、同步触发器、直流电动机等组成。反并联晶闸管整流桥可以从电力电子模块组中选取Universal Bridge模块。两组反并联晶闸管整流桥模型及封装后的子系统如图5-23所示。参数设置与双闭环直流调速系统方法也相同。

三相对称交流电源可从电源组模块中选取，参数设置：幅值为220V，频率改为

50Hz,相位差互为120°。

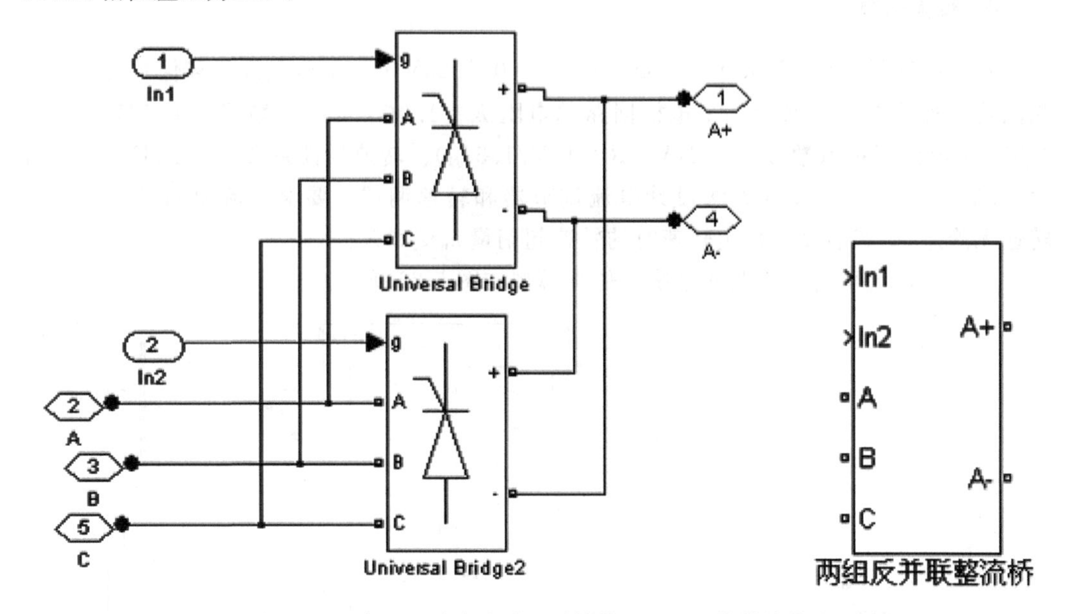

图 5-23　逻辑无环流主电路子系统模型及子系统模块符号

2）两组同步触发器的建模

两个同步触发器可以采用电力电子模块组中附加控制(Extras Control Block)子模块中的 6 脉冲同步触发器,由于 6 脉冲触发器需要三相线电压同步,所以同步电源的任务是将三相交流电源的相电压转换成线电压,可以采用测量模块组中的电压测量模块(Voltage Measurement)来完成。同时为了使两组整流桥能够正常工作,在脉冲触发器的 Block 端口接入数值。同步脉冲触发器的电源同步频率也改为 50Hz,同步触发器及封装后的子系统模型及符号如图 5-24 所示。

3）控制电路建模和参数设置

(1) 逻辑切换装置 DLC 建模。

逻辑无环流可逆直流电动机调速系统中,逻辑切换装置 DLC 是一个核心装置,其任务是在正组晶闸管桥工作时开放正组脉冲,封锁反组脉冲；在反组晶闸管桥工作时开放反组脉冲,封锁正组脉冲。根据其要求,DLC 应由电平检测、逻辑判断、延时电路和连锁保护 4 部分组成。

① 电平检测器的建模。电平检测的功能是将模拟量换成数字量供后续电路使用,它包含电流极性鉴别器和零电流鉴别器,在用 MATLAB 建模时,可用 Simulink 的非线性模块组中的继电器模块 Relay(路径为 Simulink/Discontinuities/Relay)来实现。此模块参数设置：Switch on point 为 eps (eps),Switch off point 为 eps (eps),Output when on

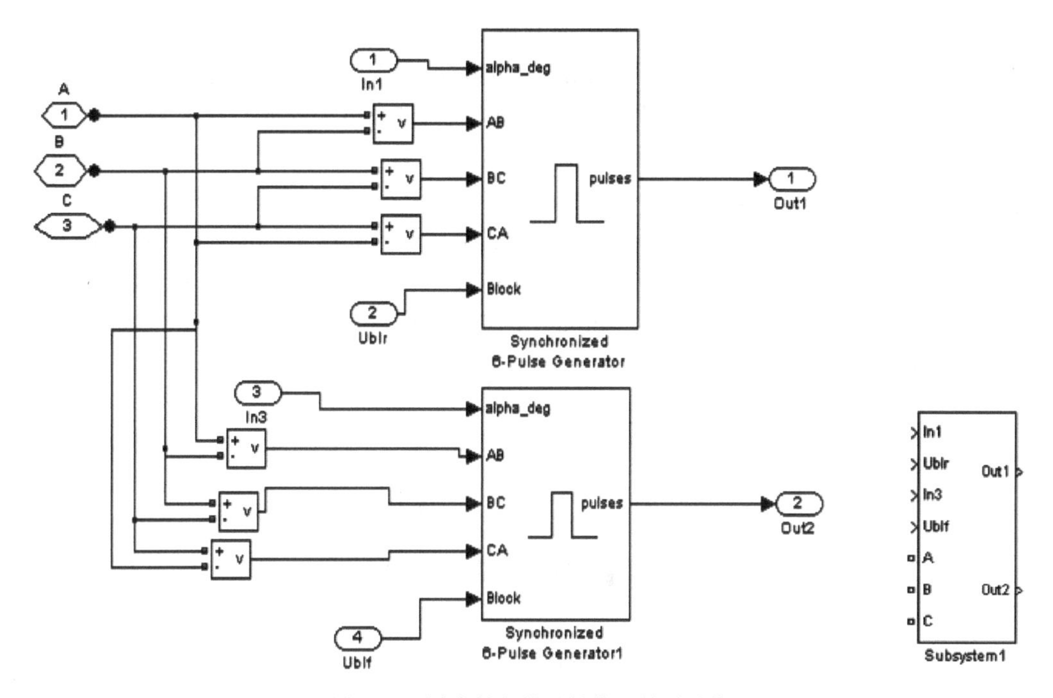

图 5-24 同步触发器及封装后的子系统

为 1 (0),Output when off 为 0 (1)。

② 逻辑判断电路的建模。逻辑判断电路的功能是根据转矩极性鉴别器和零电流检测器输出信号 U_T 和 U_Z 的状态,正确地发出切换信号 U_F 和 U_R 来决定两组晶闸管的工作状态。

由于 MATLAB 中与非门的模块输出与输入有关,且仿真只是数值计算,对于 MATLAB 中的逻辑模块如 Logical Operator 需要两个输入量,若直接把与非门的输出接到输入,仿真不能进行。本实验采用 Combinatorial Logic 逻辑模块(路径为 Simulink/Math Operations/Combinatorial Logic),将参数菜单上的真值表改为[1 1; 1 1; 1 1; 0 0],表现出与非门性质,与 Demux 模块和 Mux 模块进行连接和封装,封装后再加一个记忆模块 Memory(路径为 Simulink/Discrete/Memory,参数设置 Initial condition 为 1)就能满足判断电路的要求。采用 Combinatorial Logic 模块搭建的与非门,封装后如图 5-25 所示。

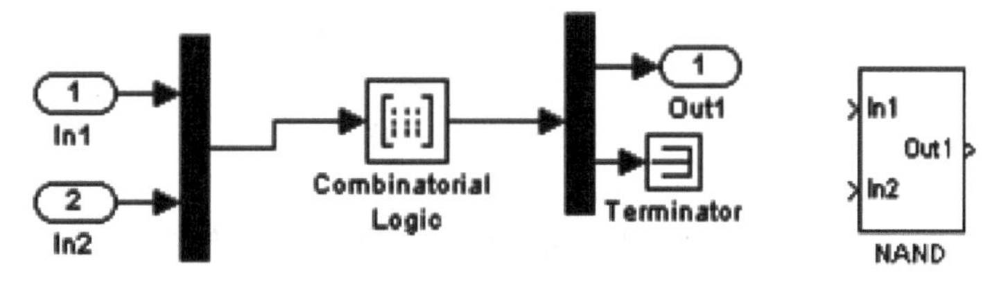

图 5-25 NAND 模型的建立

③ 延时电路的建模。在逻辑判断电路发出切换指令后，必须经过封锁延时和开放延时才能封锁原导通组脉冲和开放另一组脉冲，由数字逻辑电路的 DLC 装置能够发现，当逻辑电路的输出由 0 变为 1 时，延时电路产生延时，当输出由 1 变成 0 或状态不变时不产生延时。根据这一特点，利用 Simulink 工具箱中数学模块组中的传递延时模块 Transport Delay(路径为 Simulink/Continuous/Transport Delay，参数设置 Time delay 为 0.004，Initial input 为 0，Initial buffer size 为 1024)、逻辑模块 Logical Operator(路径为 Simulink/Math Operations/Logical Operator，参数设置 Operator 为 OR)及数据转换模块 Data Type Conversion(路径为 Simulink/Signal Attributes/Data Type Conversion，参数设置 Data Type 为 double)实现此功能，连接及封装后如图 5-26 所示。

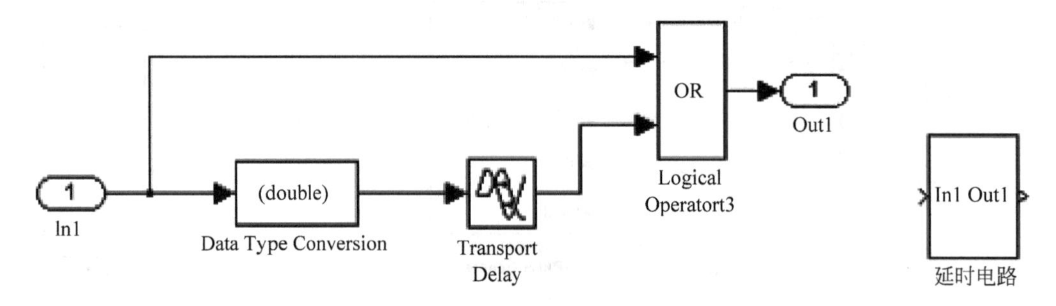

图 5-26　延时电路的建模

④ 连锁保护电路建模。逻辑电路的两个输出总是一个为 1 态，另一个为 0 态，但是一旦电路发生故障，两个输出同时为 1 态，将造成两组晶闸管同时开放而导致电源短路，为了避免这种事故，在无环流逻辑控制器的最后部分设置了多 1 连锁保护电路，可利用 Simulink 工具箱的逻辑运算模块 Logical Operator(参数设置 Operator 为 NAND)实现连锁保护功能。

DLC 仿真模型及封装后 DLC 模块符号如图 5-27 所示。

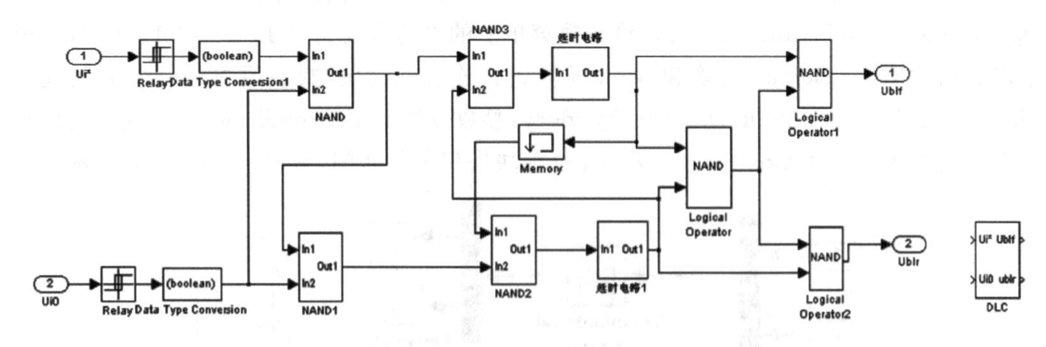

图 5-27　DLC 的仿真模型及其封装后 DLC 模块

(2) 其他控制电路的建模和参数的设置。

逻辑无环流直流可逆调速系统的控制电路包括给定环节、一个速度调节器(ASR)、两个电流调节器(ACR1、ACR2)、反向器、电流反馈环节、速度反馈环节等。

根据工程设计方法设计调节器方法得：ASR：$K_p=6.02$；$\tau_n=0.087s$；ACR：$K_i=0.43$；$\tau_i=0.017s$；

仿真模型的ASR的参数：$K_p=6.02$；$K_i=69.2$；上下限幅值为[10，−10]。ACR的参数：$K_p=0.43$；$K_i=25.3$；上下限幅值为[10，−10]。

电机本体模块参数设置方法参考双闭环直流调速系统方法。

为了检验仿真效果，给定信号采用叠加信号，使给定信号由10到−10再到10转换。

系统仿真参数设置：仿真中所选择的算法为ode23tb，Start设为0，Stop设为12s。

4) 仿真结果分析

逻辑无环流可逆直流调速系统的仿真结果如图5-28所示。

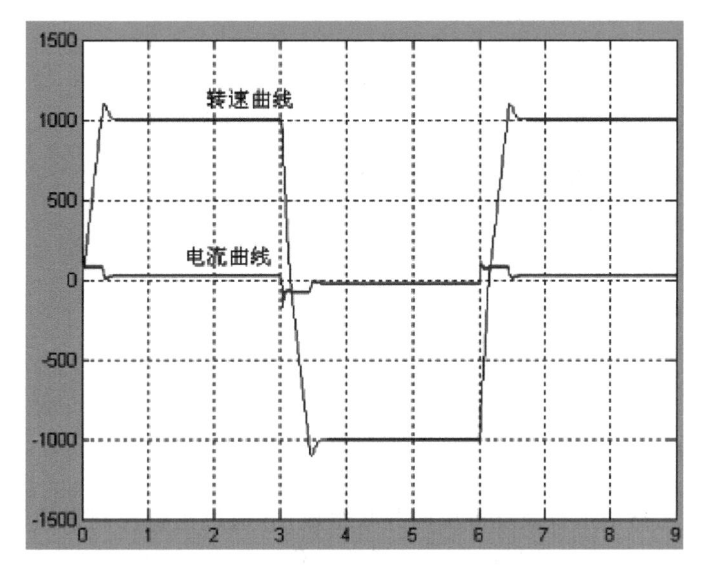

图5-28　逻辑无环流可逆直流调速系统仿真结果

从仿真结果可以看出，当给定正向信号时，在电流调节器作用下电机电枢电流接近最大值，使得电机以最优时间准则开始上升，在约0.3s时转速超调，电流很快下降，在0.6s时达到稳态，在3s时给定反向信号，电流和转速都下降，在电流下降到零以后，电机处于制动状态，转速快速下降，当转速为零后，电机处于反向电动状态，整个变化曲线与实际情况非常类似。

5.3.3 逻辑无环流可逆直流调速系统 DJDK-1 型电力电子技术及电机控制实验台实验

1. 实验目的

(1) 熟悉逻辑无环流可逆直流调速系统的组成和工作原理。
(2) 掌握各控制单元的原理、作用及调试方法。
(3) 掌握逻辑无环流可逆直流调速系统的调试步骤和方法。
(4) 掌握逻辑无环流可逆直流调速系统的静态特性和动态特性。

2. 实验设备

(1) 电源控制屏(DJK01)。
(2) 晶闸管主电路(DJK02)。
(3) 三相晶闸管触发电路(DJK02-1)。
(4) 电机调速控制实验(DJK04)。
(5) 可调电阻、电容箱(DJK08)。
(6) 电机导轨、测速发电机及转速表(DD03-2)。
(7) 直流发电机 DJ13-1。
(8) 直流并励电动机 DJ15。
(9) 三相可调电阻(D42)。
(10) 示波器。
(11) 万用表。

3. 实验原理

本实验的主回路由正桥及反桥反向并联组成,并通过逻辑控制来控制正桥和反桥的工作与关闭,并保证在同一时刻只有一组桥路工作,另一组桥路不工作,这样就没有环流产生。由于没有环流,主回路不需要再设置环流电抗器,但为了限制整流电压幅值的脉动并尽量使整流电流连续,仍然保留了平波电抗器。

该控制系统主要由“速度调节器”“电流调节器”“反号器”“转矩极性鉴别”“零电平检测”“逻辑控制”“速度变换”等环节组成,其系统原理框图如图 5-29 所示。

正向启动时,给定电压 U_g 为正电压,“逻辑控制”的输出端 U_{lf} 为 0 态,U_{lr} 为 1 态,即正桥触发脉冲开通,反桥触发脉冲封锁,主回路“正桥三相全控整流”工作,电机正向运转。

当 U_g 反向,整流装置进入本桥逆变状态,而 U_{lf}、U_{lr} 不变,当主回路电流减小并过零后，U_{lf}、U_{lr}输出状态转换，U_{lf}为1态，U_{lr}为0态，即进入它桥制动状态，使电机降速至设定的转速后再切换成反向电动运行；当$U_g=0$时，则电机停转。

反向运行时，U_{lf}为1态，U_{lr}为0态，主电路“反桥三相全控整流”工作。

“逻辑控制”的输出取决于电机的运行状态，正向运转，正转制动本桥逆变及反转制动它桥逆变状态，U_{lf}为0态，U_{lr}为1态，保证了正桥工作，反桥封锁；反向运转，反转制动本桥逆变，正转制动它桥逆变阶段，则U_{lf}为1态，U_{lr}为0态，正桥被封锁，反桥触发工作。由于“逻辑控制”的作用，在逻辑无环流可逆系统中保证了任何情况下两整流桥不会同时触发，一组触发工作时，另一组被封锁，因此系统工作过程中既无直流环流也无脉动环流。

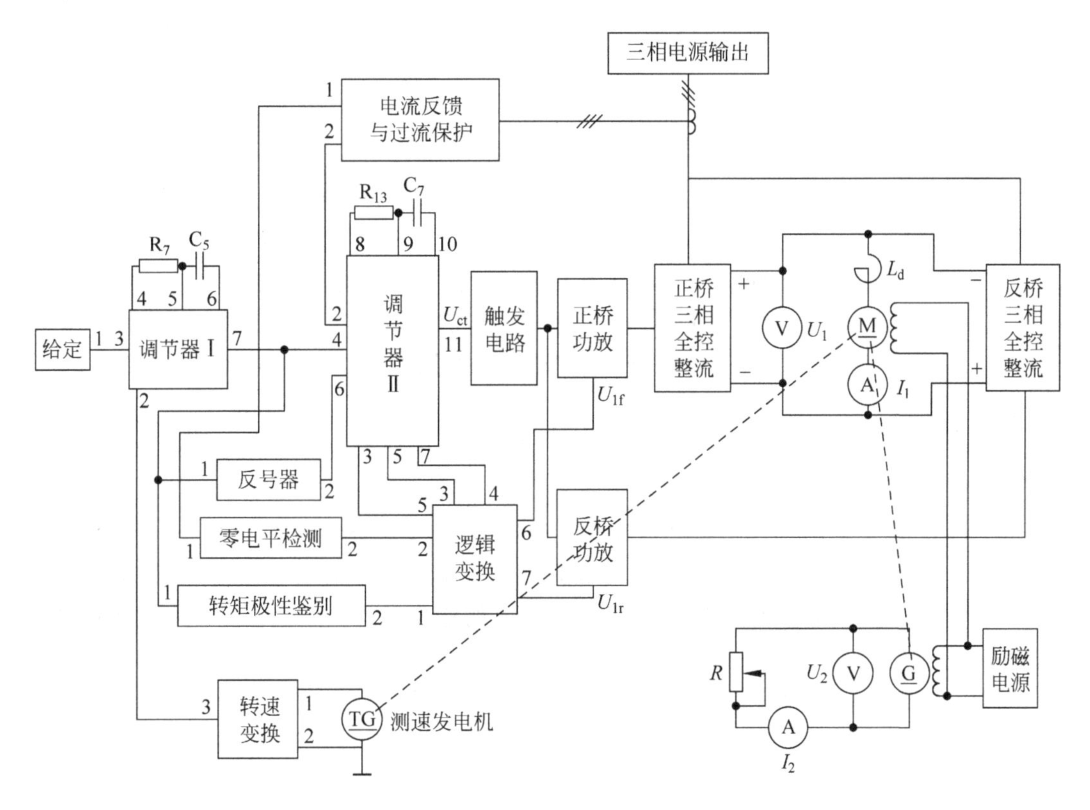

图5-29　逻辑无环流可逆直流调速系统实验原理图

4. 实验内容

(1) 控制单元调试。

(2) 系统调试。

(3) 测定正反转开环机械特性。

(4) 测定正反转闭环控制特性。

(5) 系统动态波形的观察。

5. 实验方法

(1) 逻辑无环流调速系统调试原则:

① 先单元、后系统,即先将单元的参数调好,然后才能组成系统。

② 先开环、后闭环,即先使系统运行在开环状态,然后在确定电流和转速均为负反馈后才可组成闭环系统。

③ 先双闭环、后逻辑无环流,即先使正反桥的双闭环正常工作,然后再组成逻辑无环流。

④ 先调整稳态精度,后调动态指标。

(2) DJK02 和 DJK02-1 上的"触发电路"调试。

① 打开 DJK01 总电源开关,操作"电源控制屏"上的"三相电网电压指示"开关,观察输入的三相电网电压是否平衡。

② 将 DJK01"电源控制屏"上"调速电源选择开关"拨至"直流调速"侧。

③ 用 10 芯的扁平电缆,将 DJK02 的"三相同步信号输出"端和 DJK02-1"三相同步信号输入"端相连,打开 DJK02-1 电源开关,拨动"触发脉冲指示"钮子开关,使"窄"的发光管亮。

④ 观察 A、B、C 三相的锯齿波,并调节 A、B、C 三相锯齿波斜率调节电位器(在各观测孔左侧),使三相锯齿波斜率尽可能一致。

⑤ 将 DJK04 上的"给定"输出 U_g 直接与 DJK02-1 上的移相控制电压 U_{ct} 相接,将给定开关 S2 拨到接地位置(即 $U_{ct}=0$),调节 DJK02-1 上的偏移电压电位器,用双踪示波器观察 A 相同步电压信号和"双脉冲观察孔" VT1 的输出波形,使 $\alpha=150°$(注意此处的 α 表示三相晶闸管电路中的移相角,它的 0°是从自然换流点开始计算,而单相晶闸管电路的 0°移相角表示从同步信号过零点开始计算,两者存在相位差,前者比后者滞后 30°)。

⑥ 适当增加给定 U_g 的正电压输出,观测 DJK02-1 上"脉冲观察孔"的波形,此时应观测到单窄脉冲和双窄脉冲。

⑦ 用 8 芯的扁平电缆,将 DJK02-1 面板上"触发脉冲输出"和"触发脉冲输入"相连,使得触发脉冲加到正反桥功放的输入端。

⑧ 将 DJK02-1 面板上的 U_{lf} 端接地,用 20 芯的扁平电缆,将 DJK02-1 的"正、反桥触发脉冲输出"端和 DJK02"正、反桥触发脉冲输入"端相连,分别将 DJK02 正桥和反桥触发脉冲的六个开关拨至"通"侧,观察正桥 VT1~VT6 和反桥 VT1′~VT6′的晶闸管的门极和阴极之间的触发脉冲是否正常。

(3) 控制单元调试。

① 移相控制电压 U_{ct} 调节范围的确定。

直接将 DJK04“给定”电压 U_g 接入 DJK02-1 移相控制电压 U_{ct} 的输入端，“三相全控整流”输出接电阻负载 R，用示波器观察 U_d 的波形。当给定电压 U_g 由零调大时，U_d 将随给定电压的增大而增大，当 U_g 超过某一数值时，此时 U_d 接近输出最高电压值 U'_d，一般可确定“三相全控整流”输出允许范围的最大值为 $U_{dmax}=0.9U'_d$，调节 U_g 使得“三相全控整流”输出等于 U_{dmax}，此时将对应的 U'_g 的电压值记录下来，$U_{ctmax}=U'_g$，即 U_g 的允许调节范围为 0～U_{ctmax}。如果把输出限幅定为 U_{ctmax}，则“三相全控整流”输出范围就被限定，不会工作到极限值状态，保证 6 个晶闸管可靠工作。记录 U'_g 于表 5-9 中。

表 5-9　移相控制电压 U_{ct} 调节范围数据记录表

U'_d	
$U_{dmax}=0.9\,U'_d$	
$U_{ctmax}=U'_g$	

将给定退到零，再按“停止”按钮，结束步骤。

② 调节器的调零。

将 DJK04 中“调节器Ⅰ”所有输入端接地，再将 DJK08 中的 120kΩ 可调电阻接到“调节器Ⅰ”的“4”“5”两端，用导线将“5”“6”两端短接，使“调节器Ⅰ”成为 P（比例）调节器。用万用表的毫伏挡测量调节器Ⅰ“7”端的输出，调节面板上的调零电位器 RP3，使之输出电压尽可能接近于零。

将 DJK04 中“调节器Ⅱ”所有输入端接地，再将 DJK08 中的 13kΩ 可调电阻接到“调节器Ⅱ”的“8”“9”两端，用导线将“9”“10”两端短接，使“调节器Ⅱ”成为 P(比例)调节器。用万用表的毫伏档测量调节器Ⅱ的“11”端，调节面板上的调零电位器 RP3，使之输出电压尽可能接近于零。

③ 调节器正、负限幅值的调整。

把“调节器Ⅰ”的“5”“6”两端短接线去掉，将 DJK08 中的 0.47μF 可调电容接入“5”“6”两端，使调节器成为 PI（比例积分）调节器，将“调节器Ⅰ”的所有输入端的接地线去掉，将 DJK04 的给定输出端接到调节器Ⅰ的“3”端。当加＋5V 的正给定电压时，调整负限幅电位器 RP2，使之输出电压为－6V；当调节器输入端加－5V 的负给定电压时，调整正限幅电位器 RP1，使之输出电压为＋6V。

把“调节器Ⅱ”的“9”“10”两端短接线去掉，将 DJK08 中的 0.47μF 可调电容接入“9”“10”两端，使调节器成为 PI(比例积分)调节器，将“调节器Ⅱ”的所有输入端的接地线去掉，将 DJK04 的给定输出端接到调节器Ⅱ的“4”端。当加＋5V 的正给定电压时，调整负限幅电位器 RP2,使之输出电压尽可能接近于零；当调节器输入端加−5V 的负给定电压时,调整正限幅电位器 RP1,使调节器的输出正限幅为 U_{ctmax}。

④ “转矩极性鉴别”的调试。

“转矩极性鉴别”的输出有下列要求：

电机正转,输出 U_M 为 1 态。

电机反转,输出 U_M 为 0 态。

将给定输出端接至“转矩极性鉴别”的输入端,同时在输入端接上万用表以监视输入电压的大小,示波器探头接至“转矩极性鉴别”的输出端,观察其输出高、低电平的变化。“转矩极性鉴别”的输入输出特性应满足图 5-30(a)所示要求,其中 $U_{sr1}=-0.25V$,$U_{sr2}=+0.25V$。

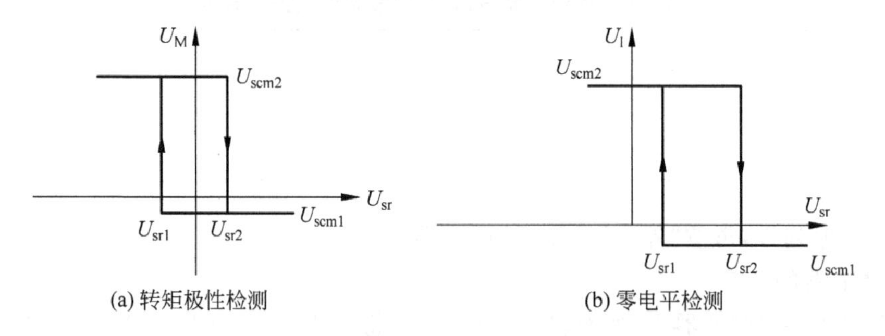

图 5-30 转矩极性鉴别及零电平检测输入输出特性

⑤ “零电平检测”的调试。

其输出应有下列要求：

主回路电流接近零,输出 U_I 为 1 态。

主回路有电流,输出 U_I 为 0 态。

其调整方法与“转矩极性鉴别”的调整方法相同,输入输出特性应满足图 5-30(b)所示要求,其中 $U_{sr1}=0.2V$,$U_{sr2}=0.6V$。

⑥ “反号器”的调试。

A. 调零(在出厂前反号器已调零,如果零漂比较大,用户可自行将挂件打开调零),将反号器输入端“1”接地,用万用表的毫伏挡测量“2”端,观察输出是否为零,如果不为零,则调节线路板上的电位器使之为最小值。

B. 测定输入输出的比例,将反号器输入端“1”接“给定”,调节“给定”输出为 5V 电压,用万用表测量“2”端,输出是否等于−5V 电压,如果两者不等,则通过调节 RP1 使输出等于负的输入。再调节“给定”电压使输出为−5V 电压,观测反号器输出是否为 5V。

⑦ “逻辑控制”的调试。

测试逻辑功能,列出真值表,真值表应符合表 5-10。

表 5-10　系统逻辑功能测试真值表

输入	U_M	1	1	0	0	0	1
	U_I	1	0	0	1	0	0
输出	$U_Z(U_{1f})$	0	0	0	1	1	1
	$U_F(U_{1r})$	1	1	1	0	0	0

调试方法：

A. 首先将“零电平检测”“转矩极性鉴别”调节到位，符合其特性曲线。给定接“转矩极性鉴别”的输入端，输出端接“逻辑控制”的 U_M。“零电平检测”的输出端接“逻辑控制”的 U_I，输入端接地。

B. 将给定的 RP1、RP2 电位器顺时针转到底，将 S2 打到运行侧。

C. 将 S1 打到正给定侧，用万用表测量“逻辑控制”的“3”“6”和“4”“7”端，“3”“6”端输出应为高电平，“4”“7”端输出应为低电平，此时将 DJK04 中给定部分 S1 开关从正给定打到负给定侧，则“3”“6”端输出从高电平跳变为低电平，“4”“7”端输出也从低电平跳变为高电平。在跳变的过程中的“5”，此时用示波器观测应出现脉冲信号。

D. 将“零电平检测”的输入端接高电平，此时将 DJK04 中给定部分 S1 开关来回扳动，“逻辑控制”的输出应无变化。

⑧ 转速反馈系数 α 和电流反馈系数 β 的整定

直接将给定电压 U_g 接入 DJK02-1 上的移相控制电压 U_{ct} 的输入端，整流桥接电阻负载，测量负载电流和电流反馈电压，调节“电流反馈与过流保护”上的电流反馈电位器 RP1，使得负载电流 $I_d=1.3\text{A}$ 时，“电流反馈与过流保护”的“2”端电流反馈电压 $U_{fi}=6\text{V}$，这时的电流反馈系数 $\beta=U_{fi}/I_d=4.615\text{V/A}$。

直接将“给定”电压 U_g 接入 DJK02-1 移相控制电压 U_{ct} 的输入端，“三相全控整流”电路接直流电动机作负载，测量直流电动机的转速和转速反馈电压值，调节“转速变换”上的转速反馈电位器 RP1，使得 $n=1500\text{rpm}$ 时，转速反馈电压 $U_{fn}=-6\text{V}$，这时的转速反馈系数 $\alpha=U_{fn}/n=0.004\text{V/rpm}$。

（4）系统调试

根据图 5-31 和图 5-32 接线，组成逻辑无环流可逆直流调速实验系统，首先将控制电路接成开环（即 DJK02-1 的移相控制电压 U_{ct} 由 DJK04 的“给定”直接提供），要注意的是 U_{lf}、U_{lr} 不可同时接地，由于正桥和反桥是首尾相连，加上给定电压会使正桥和反桥的整流电路同时开始工作，后果是两个整流电路直接发生短路，电流迅速增大，要么 DJK04 上的过流保护报警跳闸，要么烧毁保护晶闸管的保险丝，甚至还有可能烧坏晶闸管。所以较好的方法是正桥和反桥分别进行测试。先将 DJK02-1 的 U_{lf} 接地，U_{lr} 悬空，慢慢增加 DJK04 的“给定”值，使电机开始提速，观测“三相全控整流”的输出电压是否能达到 250V 左右（这段时间一定要短，以防止电机转速过高）。然后 DJK02-1 的 U_{lr} 接地，U_{lf} 悬空，同样慢慢增加

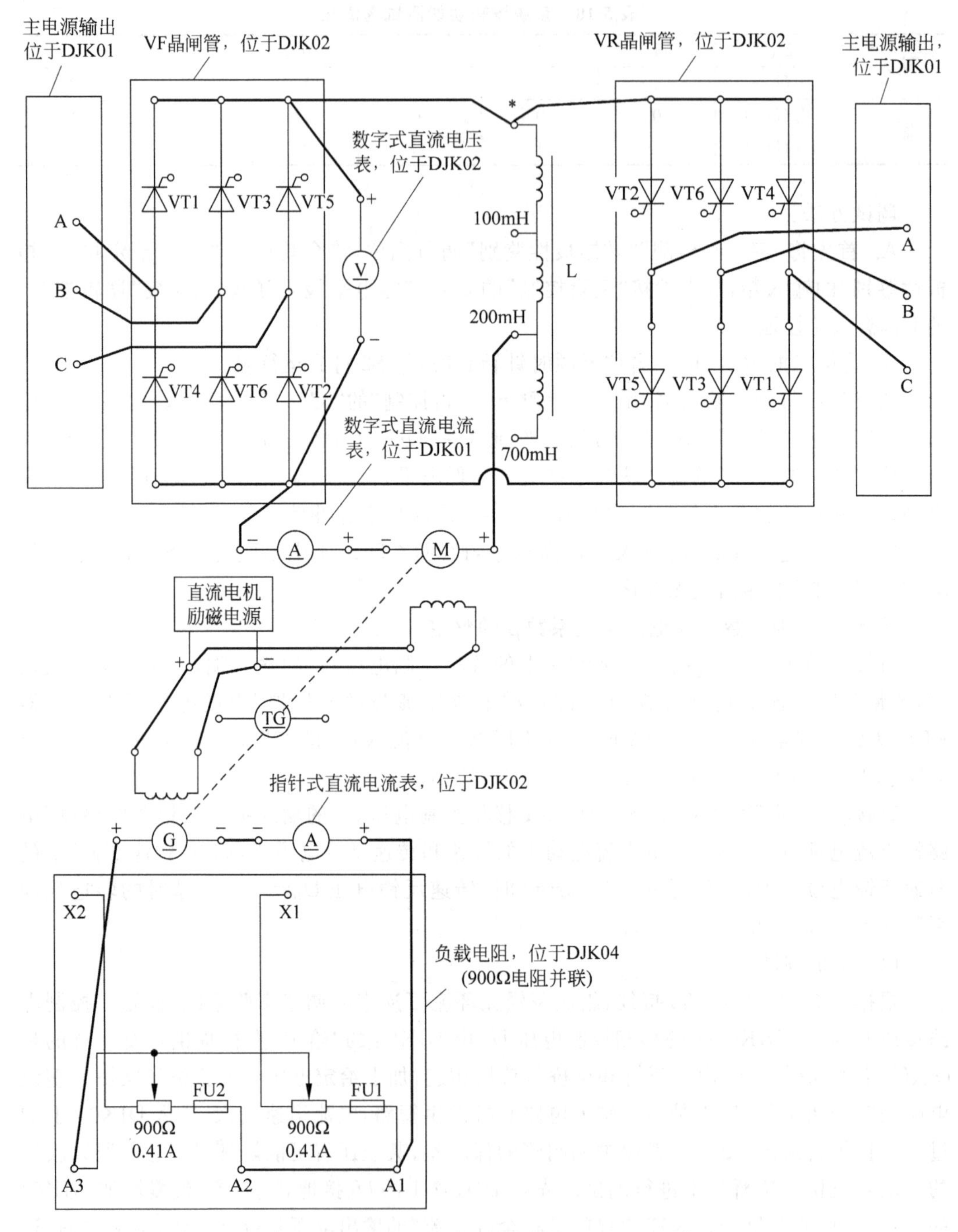

图 5-31 逻辑无环流可逆直流调速系统主回路

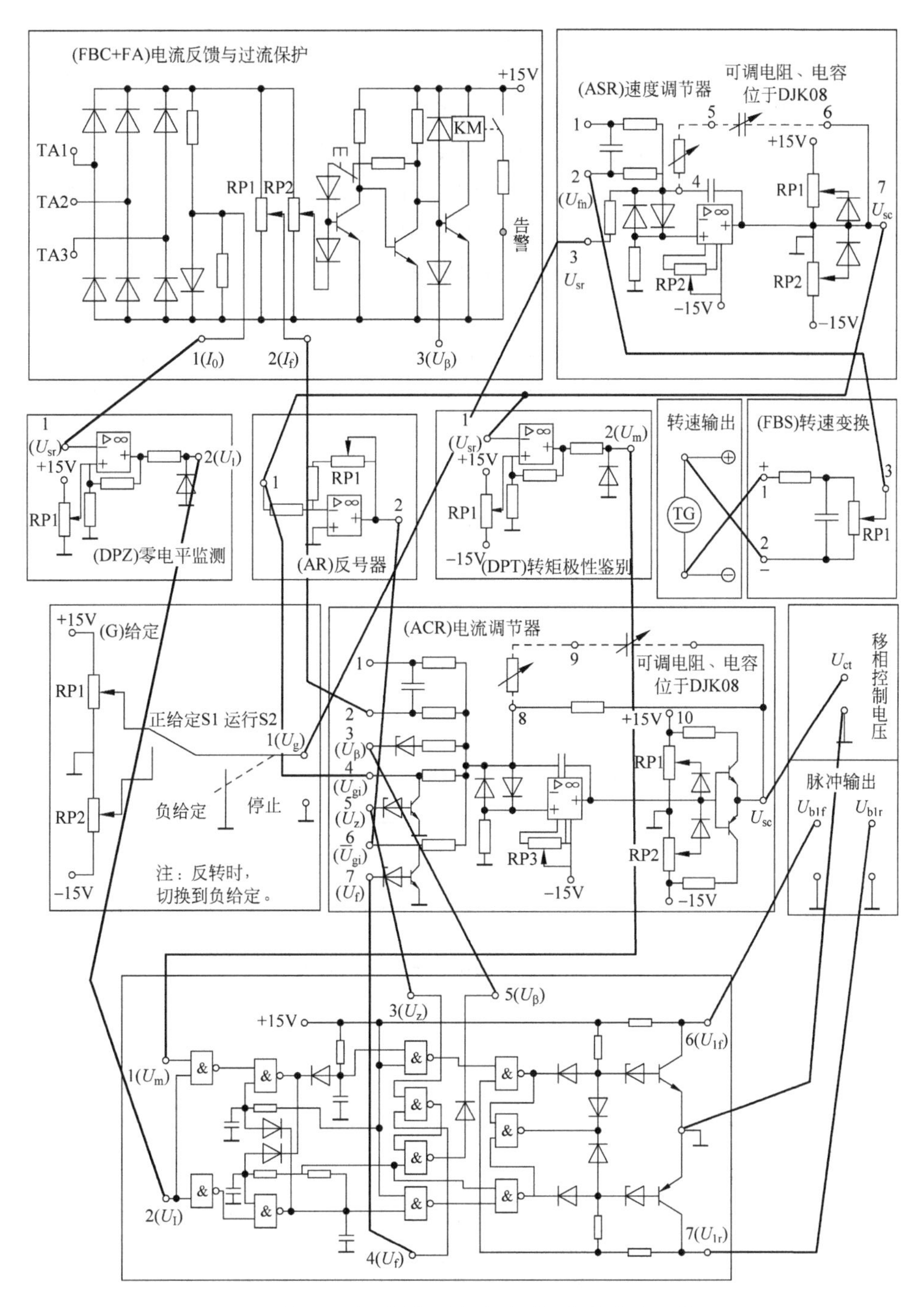

图 5-32 逻辑无环流可逆直流调速系统控制回路

DJK04 的给定电压值，使电机开始提速，观测整流桥的输出电压是否能达到 250V 左右。

开环测试好后，开始测试双闭环（与前面的原因一样，U_{lf}、U_{lr} 不可同时接地）。DJK02-1 的移相控制电压 U_{ct} 由 DJK04“电流调节器”的“10”端提供，先将 DJK02-1 的 U_{lf} 接地，U_{lr} 悬空，慢慢增加 DJK04 的给定电压值，观测电机是否受控制（速度随给定的电压变化而变化）。正桥测试好，再测试反桥，DJK02-1 的 U_{lr} 接地，U_{lf} 悬空，同样观测电机是否受控制（要注意的是转速反馈的极性必须反过来，否则电机会失控）。如果开环和闭环中正反两桥都没有问题，就可以开始逻辑无环流的实验。

(5) 机械特性 $n=f(I_d)$ 的测定。

当系统正常运行后，改变给定电压，测出并记录当 n 分别为 1200rpm、800rpm 时的正、反转机械特性 $n=f(I_d)$，方法与双闭环实验相同。实验时，将发电机的负载 R 逐渐增加（减小电阻 R 的阻值），使电动机负载从轻载增加到直流并励电动机的额定负载 $I_d=1.1$A。测量数据记录于表 5-11 中。

表 5-11 系统闭环机械特性测定数据记录表

正转	n=1200rpm	n/rpm							
		I_d/A							
	n=800rpm	n/rpm							
		I_d/A							
反转	n=1200rpm	n/rpm							
		I_d/A							
	n=800rpm	n/rpm							
		I_d/A							

(6) 闭环控制特性 $n=f(U_g)$ 的测定。

分别从正、反转开始逐步增加正、负给定电压，测量数据记录于表 5-12 中。

表 5-12 系统闭环控制特性测定数据记录表

正转	n/rpm								
	U_g/V								
反转	n/rpm								
	U_g/V								

(7) 系统动态波形的观察。

用双踪慢扫描示波器观察电动机电枢电流 I_d 和转速 n 的动态波形，两个探头分别接至“电流反馈与过流保护”的“2”端和“速度变换”的“4”端。

① 给定值阶跃变化（正向启动→正向停车→反向启动→反向切换到正向→正向切换到反向→反向停车）时的 I_d、n 的动态波形。

② 改变电流调节器和速度调节器的参数，观察动态波形的变化。

5.3.4　预习报告

(1) 逻辑无环流可逆直流调速系统的组成和工作原理。

(2) 逻辑无环流可逆直流调速系统正反转切换过程中，转速与电枢电流的动态曲线。

5.3.5　实验报告

(1) 根据实验结果，画出正、反转闭环控制特性曲线 $n=f(U_g)$。

(2) 根据实验结果，画出两种转速时的正、反转闭环机械特性 $n=f(I_d)$，并计算静差率。

(3) 分析速度调节器、电流调节器参数变化对系统动态过程的影响。

(4) 分析电机从正转切换到反转过程中，电机经历的工作状态，系统能量转换情况。

5.3.6　注意事项

实验时，应保证“逻辑控制”工作，逻辑正确后才能使系统正反向切换运行。

5.3.7　思考题

(1) 逻辑无环流可逆调速系统对逻辑控制有何要求？

(2) 思考逻辑无环流可逆调速系统中“推 β”环节的组成原理和作用如何？

5.4　双闭环控制可逆直流脉宽调速系统

5.4.1　系统组成与工作原理

中、小功率的可逆直流调速系统多采用由电力电子功率开关器件组成的桥式可逆PWM变换器，图5-33是双闭环直流可逆PWM调速系统的原理图，UR为二极管整流桥，UPEM为H桥主电路，TG为测速发电动机，TA为霍尔电流传感器，GD为驱动电路模块，内部含有光电隔离电路和开关放大电路，UPW为PWM波生成环节，其算法由软件确定，图中的给定量 n^*、I_d^* 和 n、I_d 反馈量都是数字量。

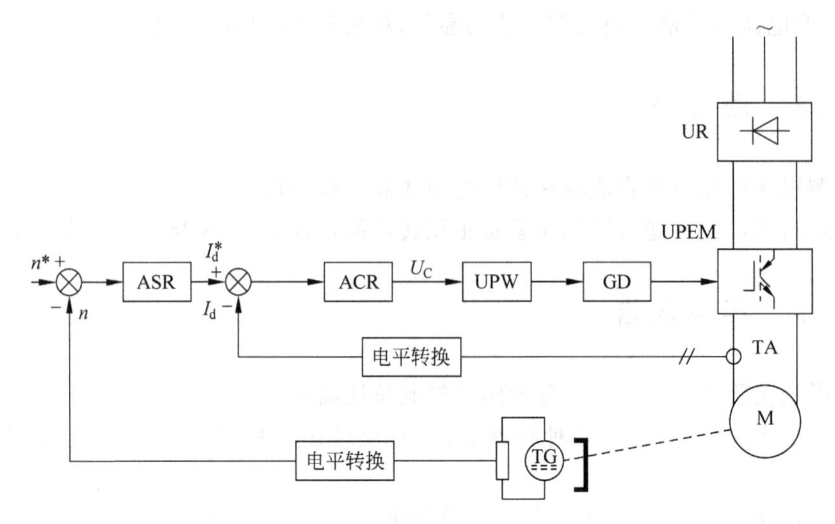

图 5-33 双闭环直流可逆 PWM 调速系统组成

5.4.2 双闭环控制可逆直流脉宽调速系统 MATLAB/SimPowerSystem 仿真实验设计与实现

1. 实验目的

(1) 加深理解双闭环控制可逆直流脉宽调速系统的工作原理。

(2) 掌握双闭环控制可逆直流脉宽调速系统 MATLAB/SimPowerSystem 的仿真建模方法,会设置各模块的参数。

2. 实验内容

(1) 控制单元模块的建模与仿真。

(2) 双闭环控制可逆直流脉宽调速系统 MATLAB/SimPowerSystem 的仿真。

3. 实验器材

(1) PC。

(2) MATLAB 6.5.1 仿真软件。

4. 实验仿真

转速、电流双闭环控制的 H 形双极式 PWM 直流可逆调速系统,已知电动机参数为 $P_N=200W$,$U_N=48V$,$I_N=3.7A$,$n_N=200r/min$,电枢电阻为 $R_a=6.5\Omega$,电枢回路总电阻为 $R=8\Omega$,允许电流过载倍数 $\lambda=2$,电磁时间常数 $T_l=0.015s$,机电时间常数 $T_m=$

0.2s,电流反馈滤波时间常数 $T_{oi}=0.001$s,转速反馈滤波时间常数 $T_{on}=0.005$s,设调节器输入输出电压 $U_{nm}^{*}=U_{im}^{*}=10$V,电力电子开关频率 $f=1$kHz,试对该系统进行动态参数设计,设计指标:稳态无静差,电流超调量 $\sigma_i\leqslant5\%$;空载启动到额定转速时的转速超调量 $\sigma_n\leqslant20\%$,过渡过程时间 $t_s\leqslant0.1$s。

双闭环直流脉宽可逆调速系统的仿真模型如图 5-34 所示。

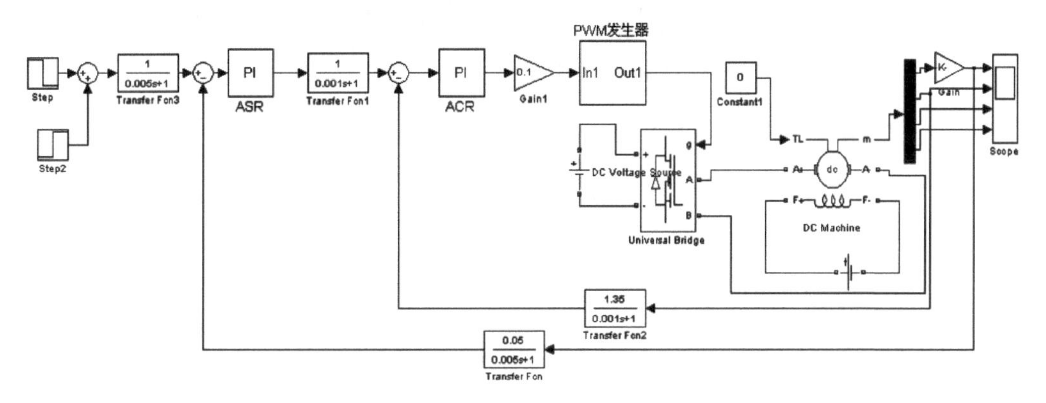

图 5-34 双闭环直流脉宽可逆调速系统定量仿真模型

仿真步骤如下:

(1) 主电路仿真模型的建立与参数设置。

双闭环 PWM 直流调速系统的主电路仿真模型与单闭环 PWM 直流调速系统的主电路相同,只是负载转矩参数设置为 0,直流电源参数设置为 48V。

(2) 控制电路仿真模型的建立与参数仿真。

控制电路由 ASR、ACR、滤波环节、延迟环节和反馈环节等组成。ASR、ACR 采用 PI 模块,并根据工程设计方法求得参数。电流调节器 ACR 的 $K_p=4.63$,$K_i=\dfrac{K_p}{\tau_i}=\dfrac{4.63}{0.015}=308.7$;转速调节器 ASR 的 $K_p=5.4$,$K_i=\dfrac{K_p}{\tau_n}=\dfrac{5.4}{0.045}=120$。输出限幅均为[-10 10]。

其他环节参数设置:H 桥电力电子的导通电阻 $R_{on}=\dfrac{R-R_a}{2}=0.75\Omega$。Discrete PWM Generator 模块载波频率为 1kHz。为了反映出此系统能够四象限运行,给定信号为 10 到 -10 再到 10,故给定信号模块采用多重信号叠加。给定信号的模型由 Constant、Sum 等模块组成,一个 Constant 参数设置:Step 为 2.5,Intial Value 为 10,Final Value 为-10;另一个 Constant 参数设置:Step 为 5,Intial Value 为 0,Final Value 为 20。Sum 参数设置:List of sgns 为"+ +"。带滤波环节的转速反馈系数模块参数设置:Numerator 为[0.05],Denominator 为[0.005 1]。带滤波环节的电流反馈系数参数设置:Numerator 为[1.45],Denominator 为[0.001 1]。转速延迟模块的参数设置:Numerator 为[1],Denominator 为[0.005 1]。电流延迟模块参数设置:Numerator 为[1],Denominator

为[0.001　1]。直流电动机参数计算方法与直流双闭环晶闸管调速系统相同。其他参数为模块本身默认值。

系统仿真参数设置：仿真中所选择的算法为 ode23tb，Start 设为 0，Stop 设为 12s。

双闭环直流脉宽可逆调速系统仿真结果如图 5-35 所示。

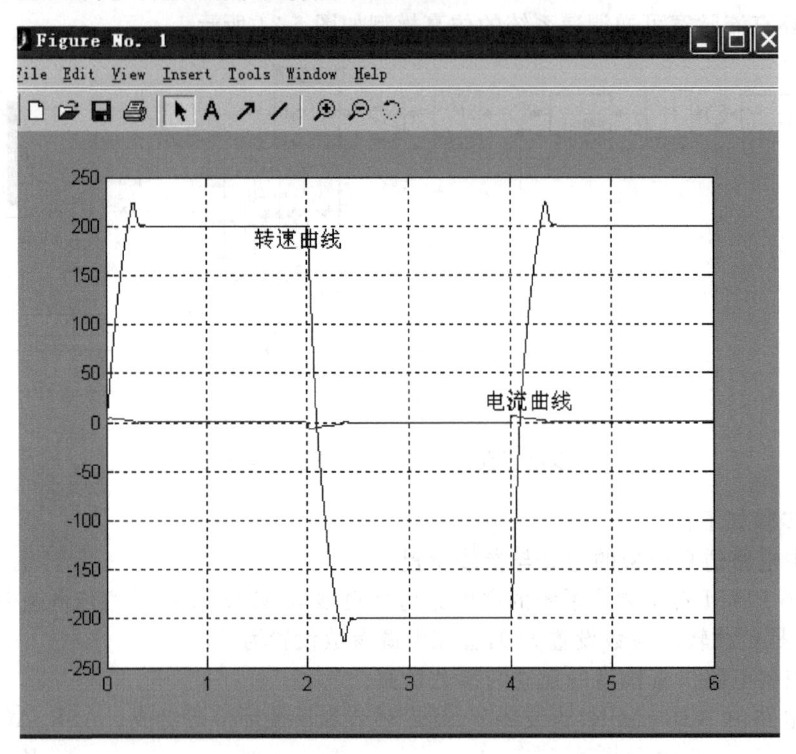

图 5-35　双闭环直流脉宽可逆调速系统定量仿真结果

从仿真结果可以看出，当给定信号为 10V 时，在电动机启动过程中，电流调节器作用下的电动机电枢电流接近最大值，使得电动机以最优时间准则开始上升，最高转速为 230r/min，超调量为 15%。稳态时转速为 200r/min；给定信号变成 −10 时，电动机从电动状态变成制动状态，当转速为零时，电动机开始反向运转。

5.4.3　双闭环控制可逆直流脉宽调速系统 DJDK-1 型电力电子技术及电机控制实验台实验

1. 实验目的

(1) 熟悉转速、电流双闭环可逆直流 PWM 调速系统的组成、工作原理及各单元的工作原理。

(2) 掌握双闭环可逆直流 PWM 调速系统的调试步骤、方法及参数的整定。

(3) 测定双闭环直流调速系统的静态和动态性能指标。

2. 实验设备

(1) 电源控制屏(DJK01)。

(2) 单相调压与可调负载(DJK09)。

(3) 双闭环 H 桥 DC/DC 变换直流调速系统(DJK17)。

(4) 可调电阻、电容箱(DJK08)。

(5) 电机导轨、测速发电机及转速表(DD03-2)。

(6) 直流发电机 DJB-1。

(7) 直流并励电动机 DJ15。

(8) 三相可调电阻(D42)。

(9) 示波器。

(10) 万用表。

3. 实验原理

双闭环 H 桥 DC/DC 变换直流调速系统实验原理框图如图 5-36 所示。速度给定信号 G、速度调节器 ASR、电流调节器 ACR、控制 PWM 信号产生装置 UPM 以及 DLD 单元把一组 PWM 波形分成两组相差 180°的 PWM 波,并产生一定的死区,用于控制两组臂;GD 的作用是形成四组隔离的 PWM 驱动脉冲;PWM 为功率放大电路,直接给电动机 M 供电;DZS 是零速封锁单元;FA 限制主电路瞬时电流,过流时封锁 DLD 单元输出;CFR 为电流反馈调节单元;SFR 为速度反馈调节。

4. 实验内容

(1) 各单元电路的调试。

(2) 测定开环机械特性。

(3) 测定闭环静特性。

5. 实验方法

(1) 系统单元调试。

① 速度调节器(ASR)和电流调节器(ACR)的调零。

把调节器的输入端"1""2""3"全部接地,"4""5"端之间接 50kΩ 电阻,调节电位器 RP3,使输出端 7 绝对值小于 1mV。

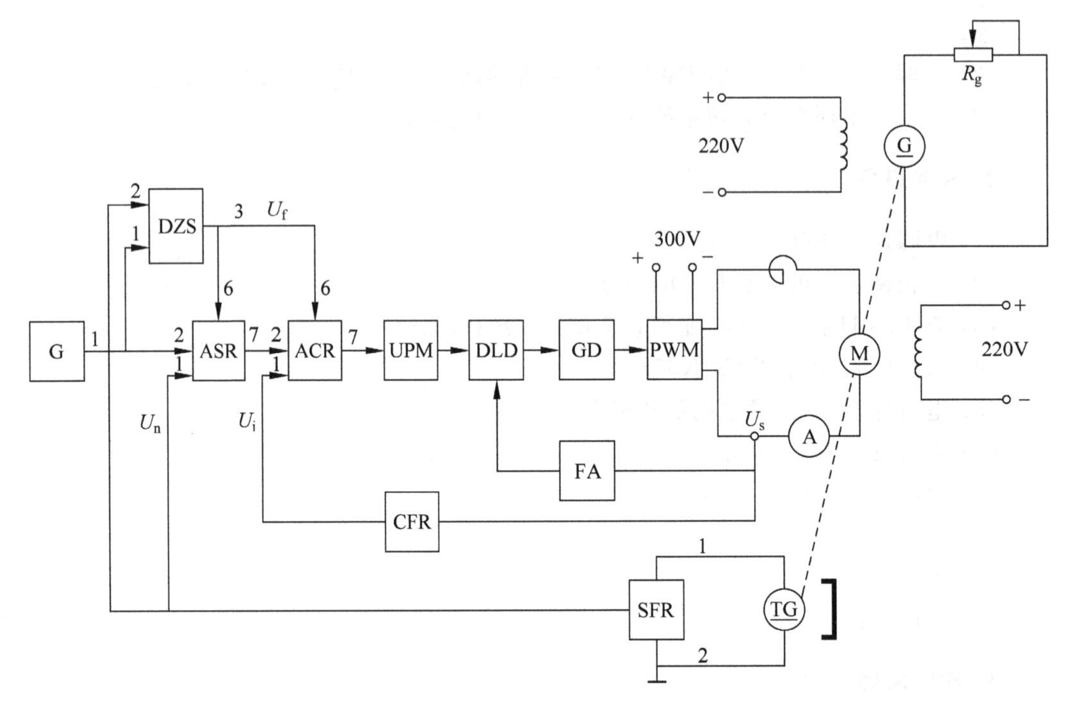

图 5-36 双闭环 H 桥 DC/DC 变换直流调速系统实验原理框图

② 速度调节器(ASR)和电流调节器(ACR)的输出限幅值的整定。

在调节器的 3 个输入中的任一个输入接给定,在"4""5"端之间接 50kΩ 电阻、1μF 电容,调节给定电位器,使调节器的输入为-1V,调节电位器 RP1,使调节器的输出端"7"为+4V(输出正限幅值);同样把给定调节为+1V,调节 RP2,把负限幅值调节为-4V。

③ 零速度封锁器(DZS)观测。

首先把零速封锁器的输入悬空,开关 S1 拨至"封锁"状态,输出接速度调节器或者电流调节器的零速封锁端"6",无论调节器的输入如何调节,输出端"7"始终为零。把面板上的给定输出接至零速封锁单元其中一路,另一路悬空,增大给定,测量零速封锁单元输出端"3"给定的绝对值大于 0.26V 左右时,封锁端"3"输出-15V;减小给定,给定的绝对值小于 0.17V 左右时,封锁端"3"输出+15V。把给定加到另一路进行同样的操作。

(2) 脉宽发生单元的整定和观测

把电机、直流电源等接入系统,系统接成开环,脉宽发生单元的输入悬空或者接地,调节偏移电压电位器,使电机处于停止状态(若要达到更好的闭环效果,调节偏移电压电位器使通过电枢的直流电流低于 0.02mA),用双踪示波器观测脉宽发生单元的测试点"1""2"和"3""4"的波形,此时的"1""2"("3""4")的占空比接近相同(占空比约为 50%)。观测同一组桥臂("1""2"或者"3""4")之间的死区。

(3) 转速反馈调节器(SFR)、电流反馈调节器(CFR)的整定。

把电机、220V直流电源接入系统,系统接成开环。把正给定接入脉宽发生单元,调节给定,使转速稳定在1600rpm,调节转速反馈调节器中的RP1,使输出"3"的电压为−4V。加大负载,使电机的电枢电流稳定在1.2A,调节电流反馈调节器,使电流反馈调节器输出"3"的电压为+4V。

(4) 开环机械特性测试。

主回路按图5-37、控制回路按图5-38接线。把电机、直流电源接入系统,电动机、发电机加额定励磁。缓慢增加给定电压U_g,使电机升速,调节给定电压U_g和负载R_g使电动机(DJ15)的电枢电流I_d=0.9A,转速达到1200rpm。

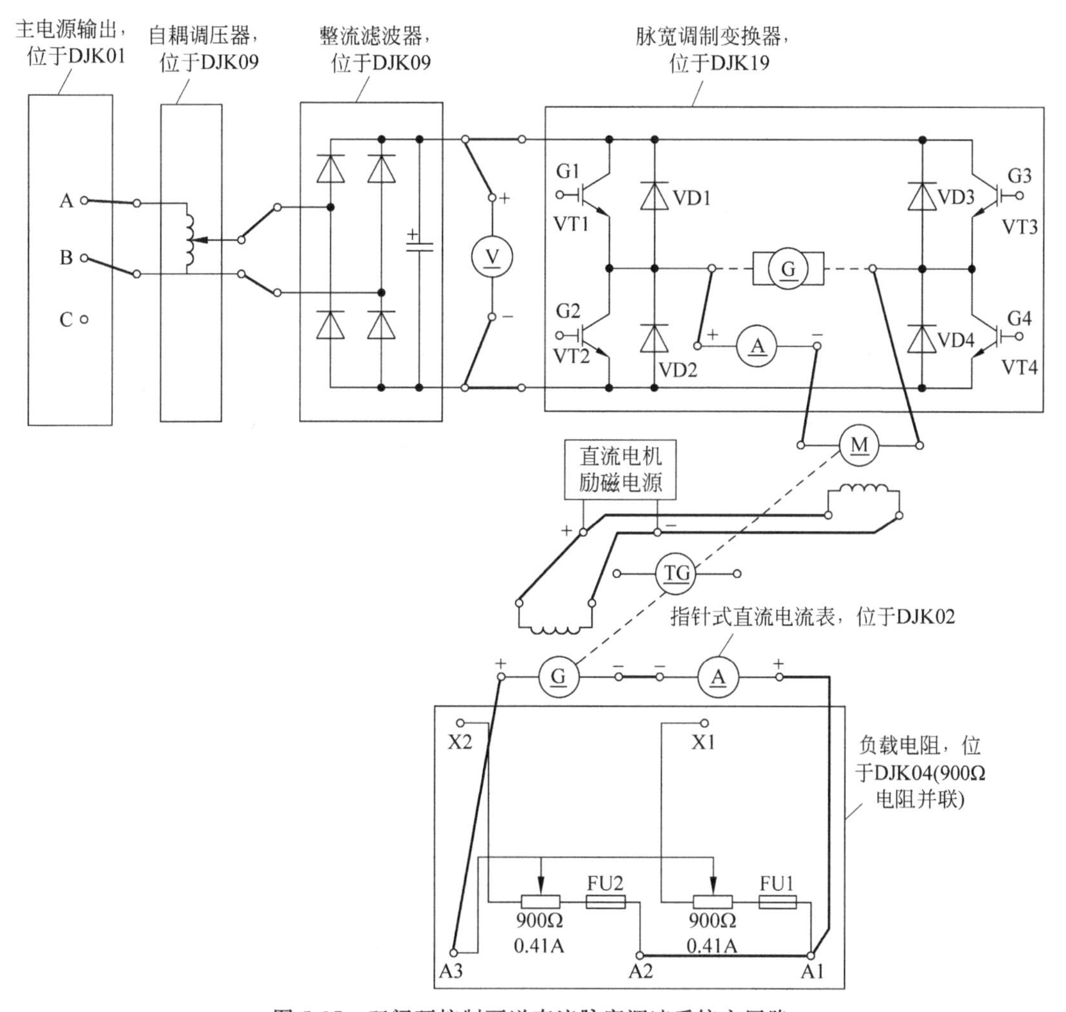

图5-37　双闭环控制可逆直流脉宽调速系统主回路

在测试过程中逐步增大负载电阻 R_g 的阻值(即减小负载)就可测出该系统的开环外特性 $n=f(I_d)$,将测量数据记录表 5-13 中。

然后将电机反转,增加给定 U_g(负给定)使电机反向升速,调节给定电压 U_g 和负载 R_g 使电动机(DJ15)的电枢电流 $I_d=0.9\text{A}$,转速分别达到 -1200rpm。

在测试过程中逐步增大负载电阻 R_g 的阻值(即减小负载)就可测出该系统的开环外特性 $n=f(I_d)$,将测量数据记录于表 5-13 中。

表 5-13 系统开环机械特性测定数据记录表

正转	$n=1200$rpm	n/rpm							
		I_d/A							
反转	$n=1200$rpm	n/rpm							
		I_d/A							

(5) 闭环系统调试及闭环静特性测定。

① 机械特性 $n=f(I_d)$的测定。

主回路按图 5-37、控制回路按图 5-39 接线。直流电压输入为 300V 的情况下,发电机输出首先空载,从零开始逐渐调大给定电压 U_g,使电动机转速接近 1200rpm,然后在发电机的电枢绕组接入负载电阻 R_g,逐渐增大电动机负载(即减小负载的电阻值),直至电动机的电枢电流 $I_d=0.9\text{A}$,即可测出系统静态特性,将测量数据记录表 5-14 中。

表 5-14 系统闭环静特性测定数据记录表

正转	$n=1200$rpm	n/rpm							
		I_d/A							
	$n=800$rpm	n/rpm							
		I_d/A							
反转	$n=1200$rpm	n/rpm							
		I_d/A							
	$n=800$rpm	n/rpm							
		I_d/A							

② 闭环控制系统 $n=f(U_g)$的测定。

调节 U_g 及 R,使 $I=I_{ed}$,$n=1200$rpm,逐渐降低 U_g,直至 $U_g=0\text{V}$,在变换的过程中记录 U_g 和 n,将测量数据记录于表 5-15 中。

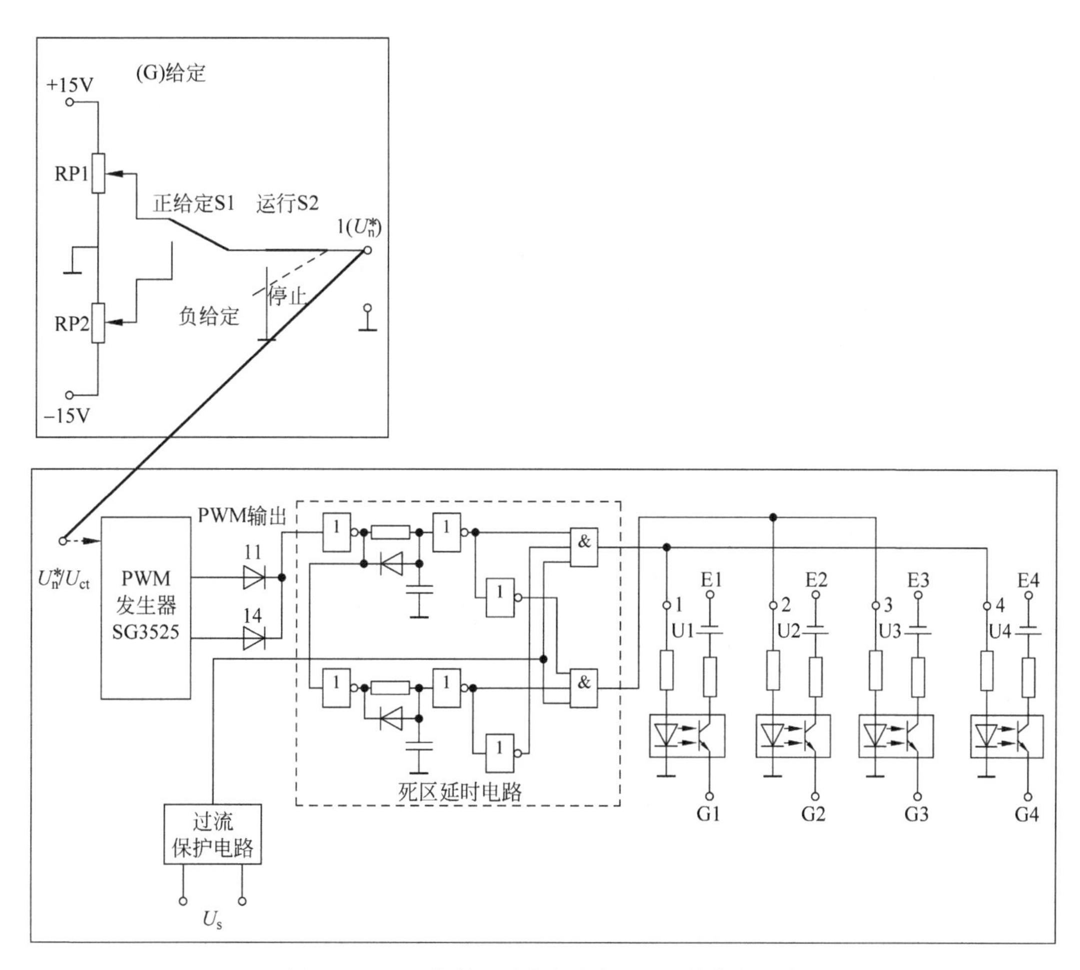

图 5-38 开环控制可逆直流脉宽调速系统控制回路

表 5-15 系统闭环控制特性测定数据记录表

正转	n/rpm								
	U_g/V								
反转	n/rpm								
	U_g/V								

③ 动态波形观察。

给定值阶跃变化：正向启动—正向停车，反向启动—反向停车，正转直接切换到反转，反转直接切换到正转。用示波器观测 $n=f(t)$，$I_d=f(t)$的波形。

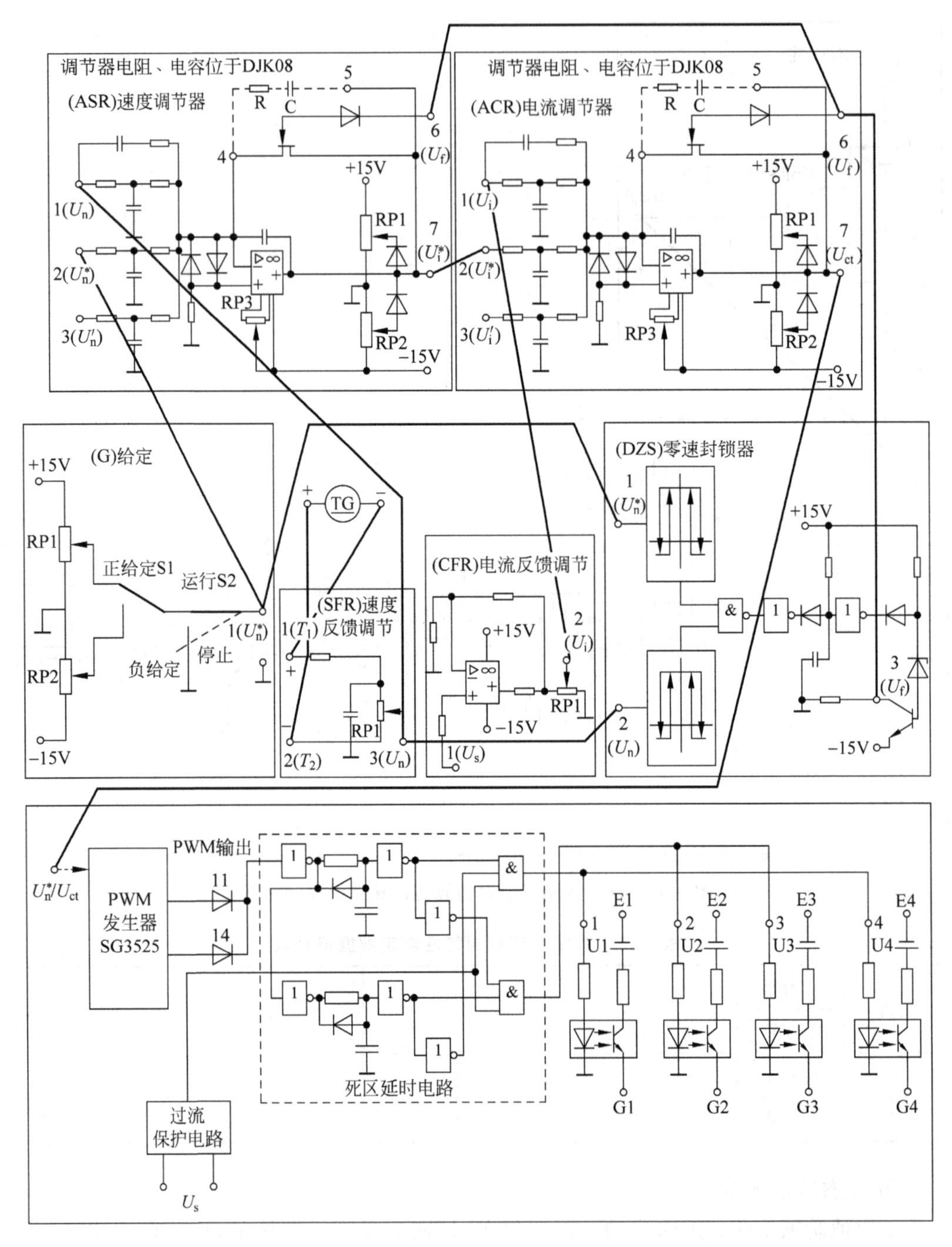

图 5-39 双闭环控制可逆直流脉宽调速系统控制回路

电动机分别稳定运行于正、负 $n=1200$rpm，突加、突减负载（20% I_N 和 100% I_N）时 $n=f(t)$，$I_d=f(t)$的波形。

5.4.4 预习报告

(1) 双闭环控制可逆直流脉宽调速系统的组成和工作原理。

(2) 双闭环控制可逆直流脉宽调速系统的动静态性能。

5.4.5 实验报告

(1) 按照实验方法记录的波形描述导通臂与关断臂切断状态时的控制逻辑原则。

(2) 画出上述实验中记录的各工作特性曲线 $n=f(I_d)$，并比较它们的静差率。

(3) 画出闭环控制特性曲线 $n=f(U_g)$。

5.4.6 注意事项

(1) 要注意先后顺序，通电时先打开实验挂件的电源，再加高压直流电源；断电时先切断高压直流电源，再关断实验挂件电源。

(2) 在送高压电源之前，先把给定调至最低。

(3) 实验时需要注意电机的额定电压、额定电流、额定转速，不能超过，以免出现电机损坏。

5.4.7 思考题

(1) 正转、反转有什么不同？

(2) 脉宽调速系统和晶闸管移相控制的调速系统相比，调试过程有什么异同？

(3) 脉宽调速系统和晶闸管移相控制的调速系统相比有什么优点？

第6章

交流调速系统实验

6.1 双闭环三相异步电机调压调速系统

6.1.1 转速负反馈闭环控制的交流调压调速系统组成与工作原理

异步电动机改变电压调速时,采用普通电动机的调速范围很窄,采用高转子电阻的力矩电动机可以增大调速范围,但机械特性太软,当负载变化时静差率很大,开环控制不能得到满意的调速性能。为扩大调速范围,提高调速精度,对于恒转矩性质的负载以及调速范围在 2∶1 以上的生产机械的调压调速系统,往往采用转速负反馈闭环控制系统,如图 6-1 所示。

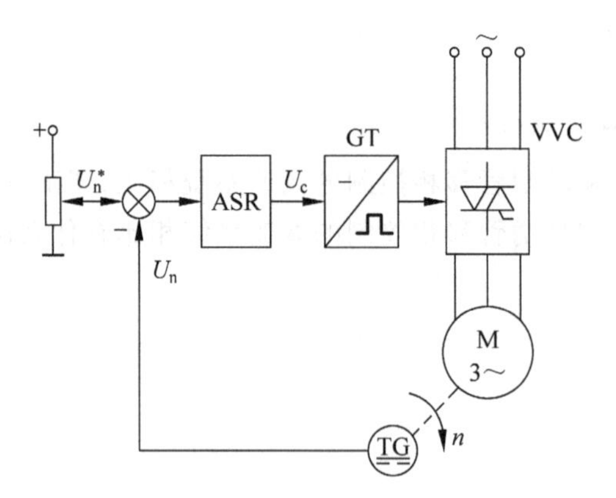

图 6-1　带转速负反馈闭环控制的交流调压调速系统

6.1.2 单闭环三相异步电机调压调速系统 MATLAB/SimPowerSystem 仿真实验设计与实现

1. 实验目的

(1) 加深理解单闭环三相异步电机调压调速系统的工作原理。

(2) 掌握单闭环三相异步电机调压调速系统 MATLAB/SimPowerSystem 的仿真建模方法,会设置各模块的参数。

2. 实验内容

(1) 交流调压器模块的建模与仿真。

(2) 单闭环三相异步电机调压调速系统 MATLAB/SimPowerSystem 的仿真。

3. 实验器材

(1) PC。

(2) MATLAB 6.5.1 仿真软件。

4. 实验仿真

单闭环交流电动机调压调速系统仿真模型如图 6-2 所示。

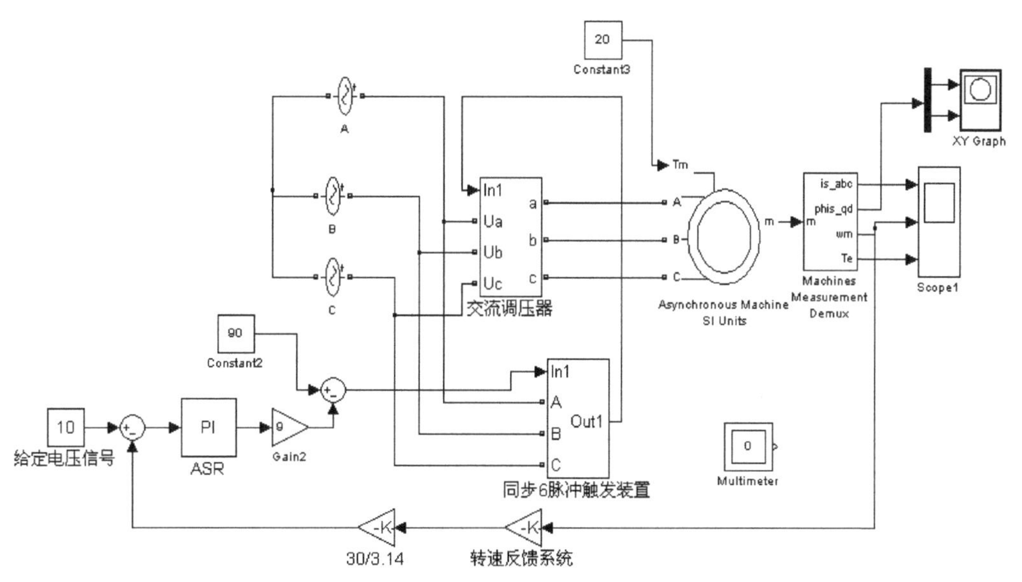

图 6-2 单闭环交流电动机调压调速系统仿真模型

仿真实验步骤如下：

1）系统的建模与模型参数设置

（1）主电路建模与参数设置。

主电路由三相对称电源、晶闸管组成的三相交流调压器、交流异步电动机、电动机测量单元、负载等部分组成。

三相电源建模与参数设置与直流调速系统相同，也即三相电源幅值均为 220V，频率均为 50Hz，A 相初始相位角为 0°，B 相初始相位角为 240°，C 相初始相位角为120°。交流电动机模块采用国际制，参数设置：绕组类型取笼型，线电压取 380V，频率取 50Hz，其他参数是电动机本体模块参数的默认值。电动机测量单元模块参数设置：电动机类型取异步电动机，选择定子电流、转子转速和电磁转矩选项，表明只观测这些物理量。电动机负载为 20。

（2）交流调压器的建模与参数设置。

取 6 个晶闸管模块（路径为 SimPowerSystems/Power Electronics/Thyristor），模块符号名称依次改写为“1”“2”…“6”，按照图 6-3(a)排列，为了避免这些模块在封装时显示出测量端口，采用 Terminator 模块（路径为 Simulink/Sinks/Terminator）封锁各晶闸管模块的“E”端（测量端），在模型的输出端口分别标上“a”“b”“c”，模型的输入端口分别标上“Ua”“Ub”“Uc”，晶闸管参数取默认值。取 Demux 模块，参数设置为“6”，表明有 6 个输出，按照图 6-3(a)连接。需要注意各晶闸管的连线和 Demux 端口对应。交流调压器仿真模型封装后子系统如图 6-3(b)所示。

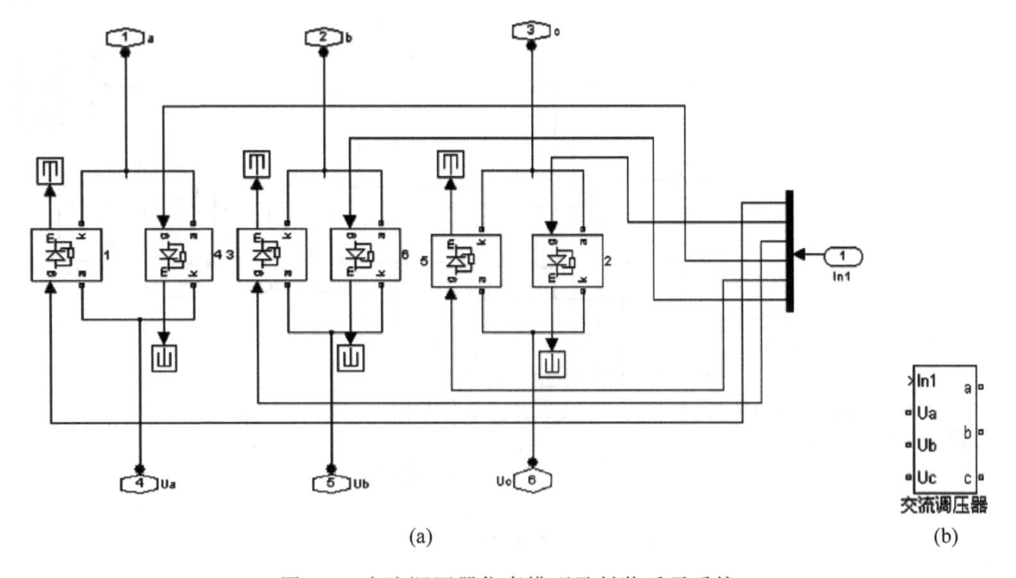

(a) (b)

图 6-3 交流调压器仿真模型及封装后子系统

（3）控制电路仿真模型的建立与参数设置。

控制电路由给定信号模块、调解器模块、信号比较环节模块、6 脉冲同步触发器装置等组成。同步 6 脉冲触发装置采用 6 脉冲触发器和 3 个电压测量模块封装而成，封装方法及参数设置与直流调速系统相同；转速调节器设置比例放大系数 K_p 为 10，积分放大系数 K_i 为 5。上下限幅为[10 －10]。

对于反馈环节，取两个 Gain 模块，一个参数设置为 30/3.14，表示把电机的角速度转化为转速；另一个参数设置为 0.01，表示系统转速反馈系数为 0.01。

2）系统仿真参数设置

仿真选择算法为 ode23tb，仿真开始时间为 0，结束时间为 5.0s。

3）仿真结果

仿真结果如图 6-4 所示，这里只选异步电动机 A 相电流，并把示波器波形局部放大。

为了完整地看出定子磁链的轨迹，XY Graph 模块参数设置中 x-min 为－0.6、x-max 为 1.2、y-min 为－1、y-max 为 1。

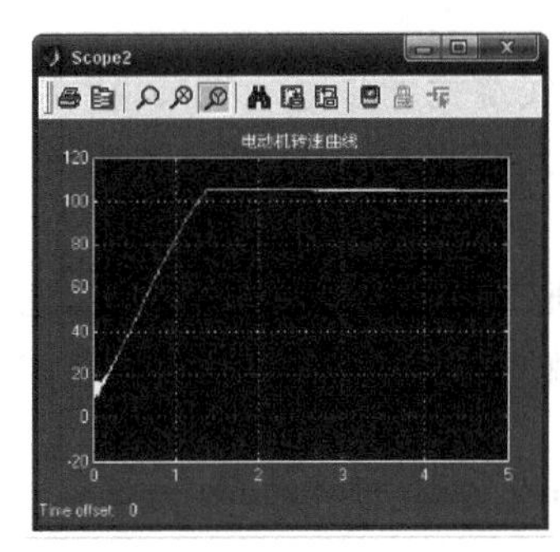

(a) 转速曲线

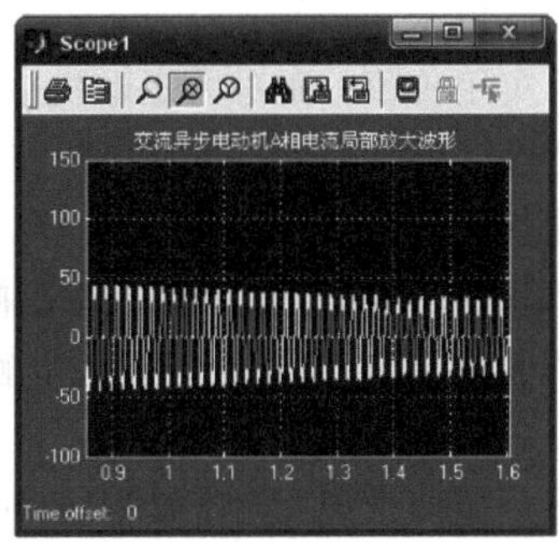

(b) A相电流局部放大曲线

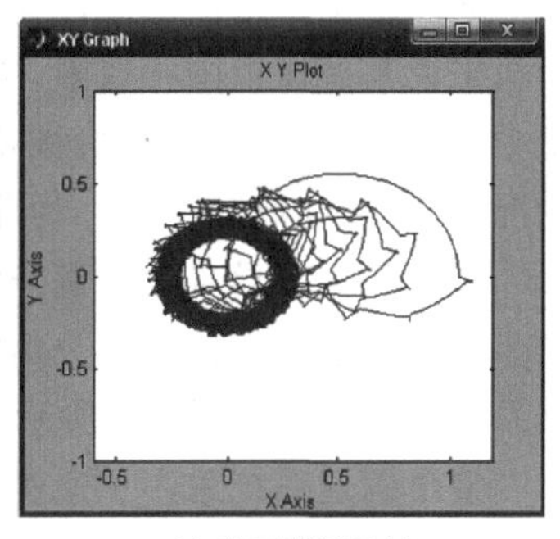

(c) 定子磁链轨迹

图 6-4　交流调压调速仿真结果

从仿真结果看，在转速从零上升的过程中，电动机电流较大，电动机转速稳定后，电动机电流也保持不变。电动机启动阶段，定子磁链波动较大，稳态后，定子磁链是个圆形。

6.1.3　双闭环三相异步电机调压调速系统 DJDK-1 型电力电子技术及电机控制实验台实验

1. 实验目的

（1）了解并熟悉双闭环三相异步电机调压调速系统的原理及组成。

（2）了解转子串电阻的绕线式异步电机在调节定子电压调速时的机械特性。

（3）通过测定系统的静态特性和动态特性，进一步理解交流调压系统中电流环和转速环的作用。

2. 实验设备

(1) 电源控制屏(DJK01)。
(2) 晶闸管主电路(DJK02)。
(3) 三相晶闸管触发电路(DJK02-1)。
(4) 电机调速控制实验(DJK04)。
(5) 可调电阻、电容箱(DJK08)。
(6) 电机导轨、测速发电机及转速表(DD03-2)。
(7) 直流发电机 DJ13-1。
(8) 三相绕线式异步电动机 DJ17。
(9) 绕线式异步电机转子专用箱(DJ17-2)。

3. 实验原理

异步电动机采用调压调速时,由于同步转速不变和机械特性较硬,因此对普通异步电动机来说其调速范围很有限,无实用价值;而对力矩电机或线绕式异步电动机来说,在转子中串联适当电阻后,其机械特性变软,其调速范围有所扩大,但在负载或电网电压波动情况下,其转速波动严重。为此常采用双闭环调速系统。

双闭环三相异步电机调压调速系统的主电路由三相晶闸管交流调压器及三相绕线式异步电动机组成。控制部分由“电流调节器”“速度变换”“触发电路”“正桥功放”等组成。其系统原理框图如图 6-5 所示。

整个调速系统采用了速度、电流两个反馈控制环。这里的速度环基本上与直流调速系统作用相同,而电流环的作用则有所不同。在稳定运行情况下,电流环对电网扰动仍有较大的抗扰作用,但在启动过程中电流环仅起限制最大电流的作用,不会出现最佳启动的恒流特性,也不可能是恒转矩启动。

异步电动机调压调速系统结构简单,采用双闭环系统时静差率较小,且比较容易实现正转、反转、反接和能耗制动。但在恒转矩负载下不能长时间低速运行,因低速运行时转差功率 $P_s = sP_M$ 全部消耗在转子电阻中,使转子过热。

4. 实验内容与步骤

(1) DJK02 和 DJK02-1 上的“触发电路”调试。

① 打开 DJK01 总电源开关,操作“电源控制屏”上的“三相电网电压指示”开关,观察输入的三相电网电压是否平衡。

② 将 DJK01“电源控制屏”上“调速电源选择开关”拨至“交流调速”侧。

③ 用 10 芯的扁平电缆,将 DJK02 的“三相同步信号输出”端与 DJK02-1“三相同步信

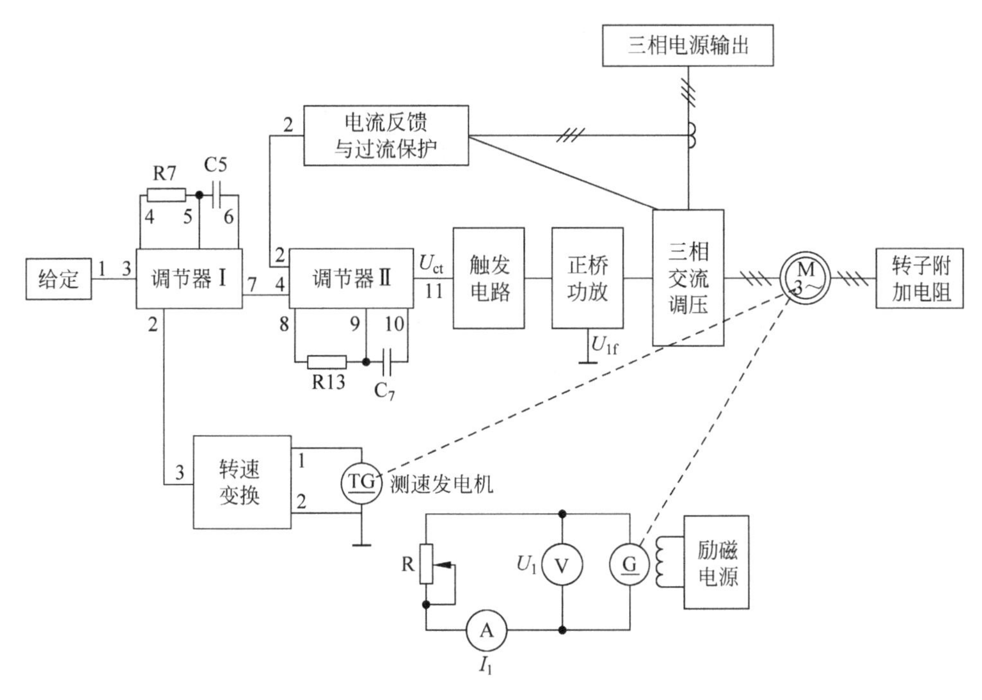

图 6-5 双闭环三相异步电机调压调速系统实验原理图

号输入"端相连，打开 DJK02-1 电源开关，拨动"触发脉冲指示"钮子开关，使"窄"的发光管亮。

④ 观察 A、B、C 三相的锯齿波，并调节 A、B、C 三相锯齿波斜率调节电位器(在各观测孔左侧)，使三相锯齿波斜率尽可能一致。

⑤ 将 DJK04 上的"给定"输出 U_g 直接与 DJK02-1 上的移相控制电压 U_{ct} 相接，将给定开关 S2 拨到接地位置(即 $U_{ct}=0$)，调节 DJK02-1 上的偏移电压电位器，用双踪示波器观察 A 相同步电压信号和"双脉冲观察孔"VT1 的输出波形，使 $\alpha=170°$。

⑥ 适当增加给定 U_g 的正电压输出，观测 DJK02-1 上"脉冲观察孔"的波形，此时应观测到单窄脉冲和双窄脉冲。

⑦ 将 DJK02-1 面板上的 U_{lf} 端接地，用 20 芯的扁平电缆，将 DJK02-1 的"正桥触发脉冲输出"端与 DJK02"正桥触发脉冲输入"端相连，并将 DJK02"正桥触发脉冲"的 6 个开关拨至"通"，观察正桥 VT1～VT6 晶闸管门极和阴极之间的触发脉冲是否正常。

(2) 控制单元调试。

① 调节器的调零。

将 DJK04 中"速度调节器"所有输入端接地，再将 DJK08 中的 120kΩ 可调电阻接到"速度调节器"的"4""5"两端，用导线将"5""6"短接，使"电流调节器"成为 P (比例)调节器。调节面板上的调零电位器 RP4，用万用表的毫伏挡测量电流调节器“7”端的输出，使调节器的输出电压尽可能接近于零。

将 DJK04 中“电流调节器”所有输入端接地，再将 DJK08 中的 14kΩ 可调电阻接到“速度调节器”的“8”“9”两端，用导线将“9”“10”短接，使“电流调节器”成为 P(比例)调节器。调节面板上的调零电位器 RP4，用万用表的毫伏挡测量电流调节器的“11”端，使调节器的输出电压尽可能接近于零。

② 调节器正、负限幅值的调整。

直接将 DJK04 的给定电压 U_g 接入 DJK02-1 移相控制电压 U_{ct} 的输入端，三相交流调压输出的任意两路接一电阻负载(D42 三相可调电阻)，调至阻值最大位置，用示波器观察输出的电压波形。当给定电压 U_g 由零调大时，输出电压 U 随给定电压的增大而增大，当 U_g 超过某一数值 U_g' 时，U 的波形接近正弦波时，一般可确定移相控制电压的最大允许值 $U_{ctmax}=U_g'$，即 U_g 的允许调节范围为 $0\sim U_{ctmax}$。记录 U_g' 于表 6-1 中。

表 6-1 移相控制电压的最大允许值测试数据记录表

U_g'	
$U_{ctmax}=U_g'$	

把“速度调节器”的“5”“6”短接线去掉，将 DJK08 中的 0.47μF 可调电容接入“5”“6”两端，使调节器成为 PI (比例积分)调节器，然后将 DJK04 的给定输出端接到转速调节器的“4”端，当加一定的正给定时，调整负限幅电位器 RP2，使之输出电压为 −6V，当调节器输入端加负给定时，调整正限幅电位器 RP1，使之输出电压为最小值即可。

把“电流调节器”的“8”“9”短接线去掉，将 DJK08 中的 0.47μF 可调电容接入“8”“9”两端，使调节器成为 PI(比例积分)调节器，然后将 DJK04 的给定输出端接到电流调节器的“4”端，当加正给定时，调整负限幅电位器 RP2，使之输出电压为最小值即可，当调节器输入端加负给定时，调整正限幅电位器 RP1，使电流调节器的输出正限幅为 U_{ctmax}。

③ 电流反馈的整定。

直接将 DJK04 的给定电压 U_g 接入 DJK02-1 移相控制电压 U_{ct} 的输入端，三相交流调压输出接三相线绕式异步电动机，测量三相线绕式异步电动机单相的电流值和电流反馈电压，调节“电流反馈与过流保护”上的电流反馈电位器 RP1，使电流 $I_e=1A$ 时的电流反馈电压 $U_{fi}=6V$。

④ 转速反馈的整定。

直接将 DJK04 的给定电压 U_g 接入 DJK02-1 移相控制电压 U_{ct} 的输入端，输出接三相线绕式异步电动机，测量电动机的转速值和转速反馈电压值，调节“速度变换”电位器 RP1，使 $n=1400rpm$ 时的转速反馈电压为 $U_{fn}=-6V$。

(3) 机械特性 $n=f(T)$测定。

① 主回路和控制回路分别按图 6-6 和图 6-7 接线。将 DJK04 的“给定”电压输出直接接至 DJK02-1 上的移相控制电压 U_{ct}，电机转子回路接 DJ17-2 转子电阻专用箱，直流发电机接负载电阻 R(D42 三相可调电阻，将两个 900Ω 电阻接成串联形式)，并将给定的输出调到零。

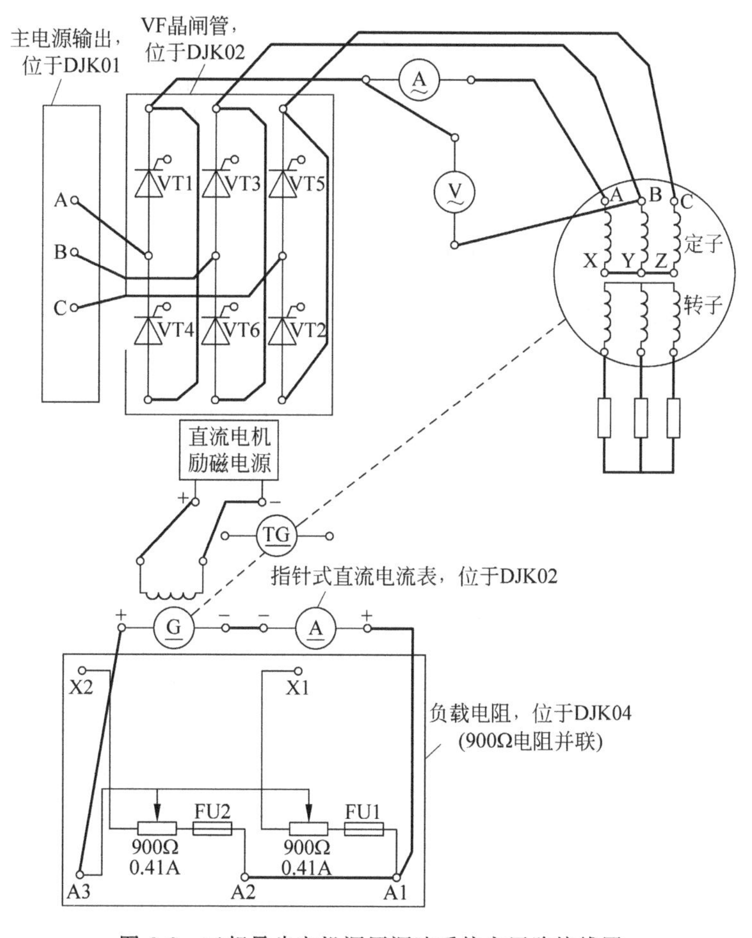

图 6-6　三相异步电机调压调速系统主回路接线图

② 直流发电机先轻载，调节转速给定电压 U_g 使电动机的端电压$=U_e$。

转矩可按下式计算：

$$T=9.55(I_G U_G+I_G^2 R_a+P_0)/n$$

式中，T 为三相线绕式异步电机电磁转矩，I_G 为直流发电机电流，U_G 为直流发电机电压，R_a 为直流发电机电枢电阻，P_0 为机组空载损耗。

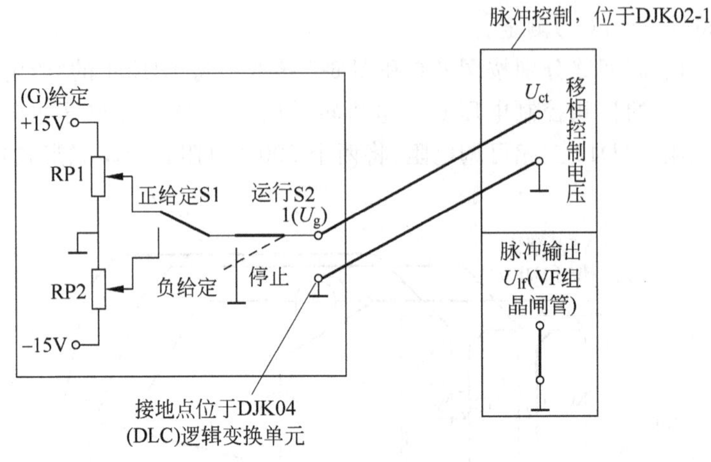

图 6-7 三相异步电机调压调速系统开环控制回路接线图

③ 调节 U_g，降低电动机端电压，在 $2/3U_e$ 时重复上述实验，以取得一组机械特性。在输出电压为 U_e 时，将数据记于表 6-2 中。

表 6-2 开环机械特性测试数据记录表(端电压为 U_e)

n/rpm							
$U_2=U_G$/V							
$I_2=I_G$/A							
T/N·m							

在输出电压为 $2/3U_e$ 时，将数据记于表 6-3 中。

表 6-3 开环机械特性测试数据记录表(端电压为 $2/3U_e$)

n/rpm							
$U_2=U_G$/V							
$I_2=I_G$/A							
T/N·m							

(4) 系统调试。

① 确定“电流调节器”和“速度调节器”的限幅值和电流、转速反馈的极性。

② 将系统接成双闭环调压调速系统，电机转子回路仍每相串联 4Ω 左右的电阻，逐渐增大给定 U_g，观察电机运行是否正常。

③ 调节“电流调节器”和“速度调节器”的外接电容和电位器(改变放大倍数)，用双踪慢扫描示波器观察突加给定时的系统动态波形，确定较佳的调节器参数。

(5) 系统闭环特性的测定。

三相异步电机调压调速系统闭环控制主回路仍然按图 6-6 接线，控制回路按图 6-8 接线。

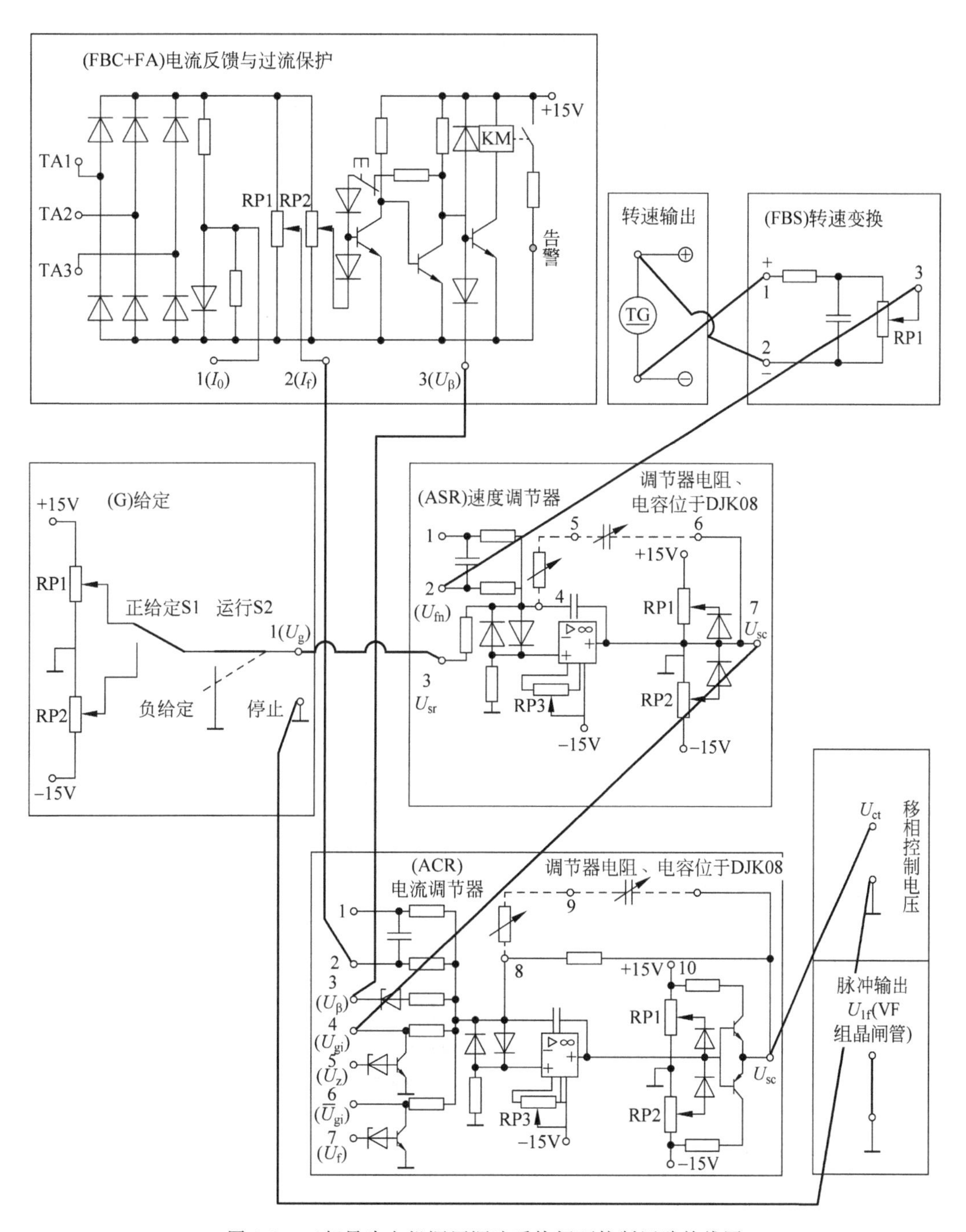

图 6-8　三相异步电机调压调速系统闭环控制回路接线图

① 调节 U_g 使转速至 n=1200rpm，从轻载按一定间隔调到额定负载，测出闭环静态特性 $n=f(I)$，将数据记于表 6-4 中。

表 6-4　闭环静特性测试数据记录表（n=1200rpm）

n/rpm	1200					
$U_2=U_G$/V						
$I_2=I_G$/A						
T/N・m						

② 测出 n=800rpm 时的系统闭环静态特性 $n=f(I)$，将数据记于表 6-5 中。

表 6-5　闭环静特性测试数据记录表（n=800rpm）

n/rpm	800					
$U_2=U_G$/V						
$I_2=I_G$/A						
T/N・m						

（6）系统动态特性的观察。

用慢扫描示波器观察：

① 突加给定启动电机时的转速 n（“速度变换”的“4”端）及电流 I（“电流反馈与过流保护”的“2”端）及“速度调节器”输出的“6”端的动态波形。

② 电机稳定运行，突加、突减负载（20%I_e～100%I_e）时的 n、I 的动态波形。

6.1.4　预习报告

（1）双闭环三相异步电机调压调速系统组成与工作原理。

（2）双闭环三相异步电机调压调速系统的机械特性。

（3）双闭环三相异步电机调压调速系统的静特性。

（4）双闭环三相异步电机调压调速系统的动态特性。

6.1.5　实验报告

（1）根据实验数据，画出开环时电机的机械特性 $n=f(T)$。

（2）根据实验数据，画出闭环系统静态特性 $n=f(T)$，并与开环特性进行比较。

(3) 根据记录下的动态波形分析系统的动态过程。

6.1.6 注意事项

(1) 在做低速实验时,实验时间不宜过长,以免电阻器过热引起串接电阻数值的变化。

(2) 转子每相串联电阻为3Ω左右,可根据需要进行调节,以便系统有较好的性能。

(3) 计算转矩 T 时用到的机组空载损耗 P_0 为5W左右。

6.1.7 思考题

(1) 在本实验中,三相绕线式异步电机转子回路串接电阻的目的是什么?不串联电阻能否正常运行?

(2) 为什么交流调压调速系统不宜用于长期处于低速运行的生产机械和大功率设备上?

6.2 双闭环三相异步电机串级调速系统

6.2.1 系统组成与工作原理

三相异步电动机电气串级调速系统原理图如图6-9所示。异步电动机以转差率 s 在运行,其转子电动势 sE_{20} 经三相不可控整流装置UR整流,输出直流电压 U_d。工作在逆变状态的三相可控整流装置UI除提供可调的直流输出电压 U_i 作为调速所需的附加电动势外,还可将经UR整流后输出的电动机转差功率逆变,并回馈到交流电网。图6-9中TI为逆变变压器,L 为平波电抗器。

6.2.2 双闭环三相异步电机串级调速系统MATLAB/SimPowerSystem仿真实验设计与实现

1. 实验目的

(1) 加深理解双闭环三相异步电机串级调速系统的工作原理。

(2) 掌握双闭环三相异步电机串级调速系统MATLAB/SimPowerSystem的仿真建模方法,会设置各模块的参数。

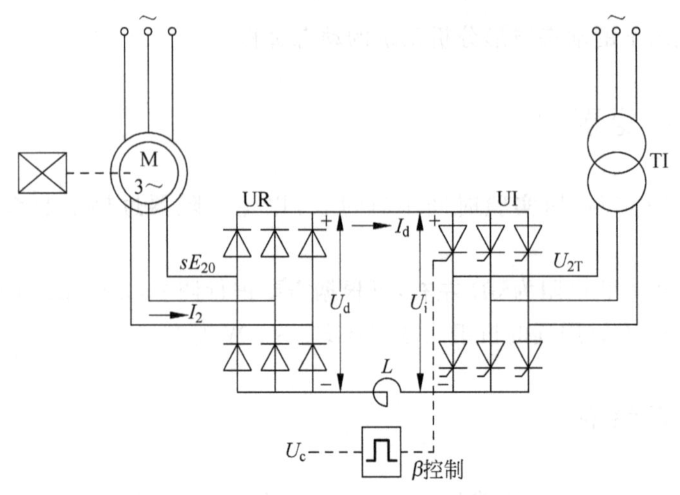

图 6-9 电气串级调速系统原理图

2. 实验内容

(1) 控制单元模块的建模与仿真。

(2) 双闭环三相异步电机串级调速系统 MATLAB/SimPowerSystem 的仿真。

3. 实验器材

(1) PC。

(2) MATLAB 6.5.1 仿真软件。

4. 实验仿真

双闭环三相异步电机串级调速系统的仿真模型如图 6-10 所示。

仿真实验步骤如下：

(1) 主电路仿真模型的建立与参数设置

主电路由三相电源、绕线转子异步电动机、桥式整流电路、电感、逆变器及逆变变压器组成。

异步电动机模块取 Asynchronous Machine，参数设置：绕线转子异步电动机，线电压为 380V，频率为 50Hz，其他参数为默认值。整流桥模块取 Universal Bridge，参数设置：电力电子器件为 Diodes，其他参数为默认值。逆变桥 Universal Bridge 参数设置：电力电子器件为 Thyristors，其他参数亦为默认值。平波电抗器取模块 Series RLC Branch(路径为 SimPowerSystems/Elements/Series RLC Branch)，参数设置：电阻(Resistance)为 0，电感(Inductance)为 1e-3，电容(Capacitance)为 inf。逆变变压器路径为 SimPowerSystems/Elements/Three-Phase Transformer(Two-Windings)，参数设置如图 6-11 所示。

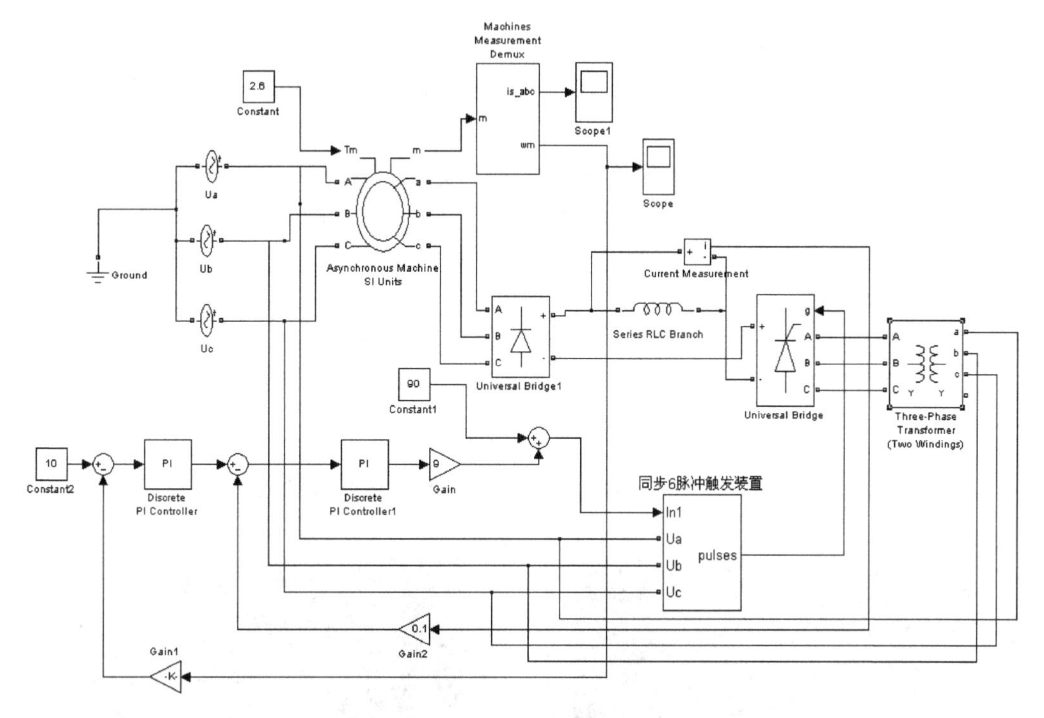

图 6-10　双闭环三相异步电机串级调速系统的仿真模型

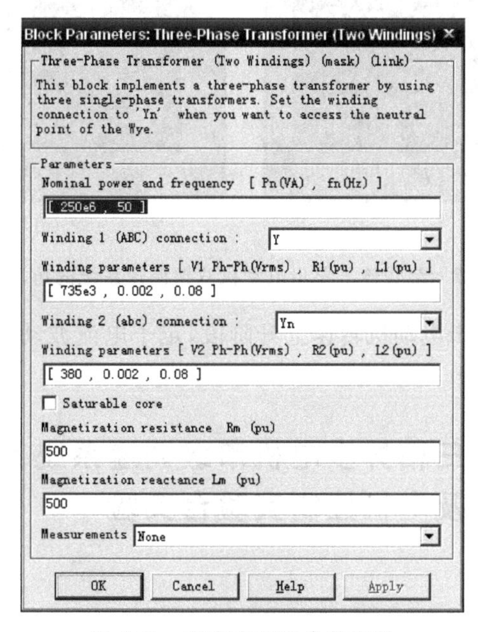

图 6-11　逆变变压器参数设置

(2) 控制电路仿真模型的建立与参数设置

控制电路由给定信号(Constant 模块)、PI 调节器(Discrete PI Controller 模块)、比较信号(Sum 模块)、同步 6 脉冲发生装置(由 3 个 Voltage Measurement 模块、一个 Synchronized 6-Pulse Generator 模块封装而成,与直流调速系统仿真中同步 6 脉冲发生装置完全相同)、转速反馈信号(Gain 模块)和电流反馈信号(Gain 模块)等组成。

给定信号参数设置为 10。转速调节器参数设置:$K_p=0.1$、$K_i=1$,上下限幅[10 −10]。电流调节器参数设置:$K_p=0.1$、$K_i=1$,上下限幅[10 −10]。电流反馈系数为 0.1,转速反馈系数为 0.01。

仿真选择算法为 ode23tb,仿真开始时间为 0,结束时间为 5.0s。

仿真结果如图 6-12 所示。

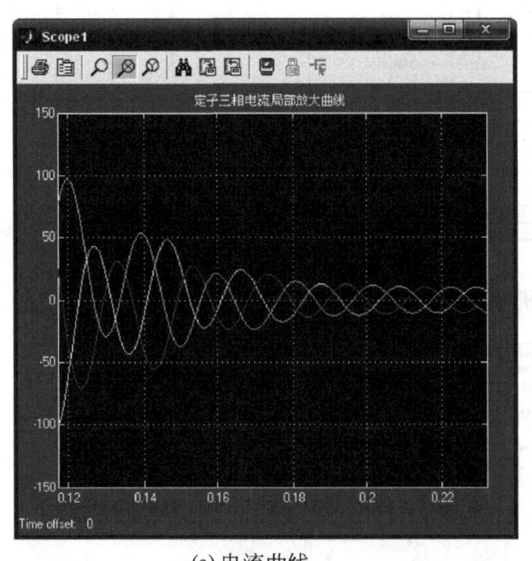

(a) 电流曲线

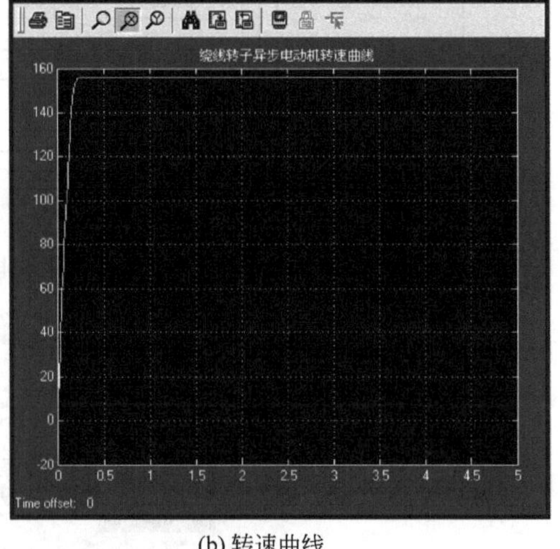

(b) 转速曲线

图 6-12 绕线转子异步电动机双馈调速系统的仿真结果

从仿真结果看,在异步电动机转速上升阶段,定子电流波动比较大,当转速稳定下来后,定子电流也随之稳定。

6.2.3 双闭环三相异步电机串级调速系统 DJDK-1 型电力电子技术及电机控制实验台实验

1. 实验目的

(1) 熟悉双闭环三相异步电机串级调速系统的组成及工作原理。

(2) 掌握串级调速系统的调试步骤及方法。

(3) 了解串级调速系统的静态与动态特性。

2. 实验设备

(1) 电源控制屏(DJK01)。

(2) 晶闸管主电路(DJK02)。

(3) 三相晶闸管触发电路(DJK02-1)。

(4) 电机调速控制实验(DJK04)。

(5) 可调电阻、电容箱(DJK08)。

(6) 变压器(DJK10)。

(7) 电机导轨、测速发电机及转速表(DD03-2)。

(8) 直流发电机(DJ13-1)。

(9) 三相绕线式异步电动机(DJ17)。

(10) 三相可调电阻(D42)。

(11) 双踪示波器。

(12) 万用表。

3. 实验原理

异步电动机串级调速系统是较为理想的节能调速系统，采用电阻调速时转子损耗为$P_s=sP_M$，这说明了随着s的增大效率η降低，如果能把转差功率P_s的一部分回馈电网就可提高电机调速时效率。串级调速系统采用了在转子回路中附加电势的方法，通常使用的方法是将转子三相电动势经二极管三相桥式不控整流得到一个直流电压，由晶闸管有源逆变电路来改变转子的反电动势，从而方便地实现无级调速，并将多余的能量回馈至电网，这是一种比较经济的调速方法。

本系统为晶闸管亚同步双闭环串级调速系统，控制系统由“速度调节器”“电流调节器”“触发电路”“正桥功放”“转速变换”等组成，其系统原理图如图6-13所示。在本实验中DJK04上的“调节器Ⅰ”作为“速度调节器”使用，“调节器Ⅱ”作为“电流调节器”使用。

4. 实验内容

(1) 控制单元及系统调试。

(2) 测定开环串级调速系统的静态特性。

(3) 测定双闭环串级调速系统的静态特性。

(4) 测定双闭环串级调速系统的动态特性。

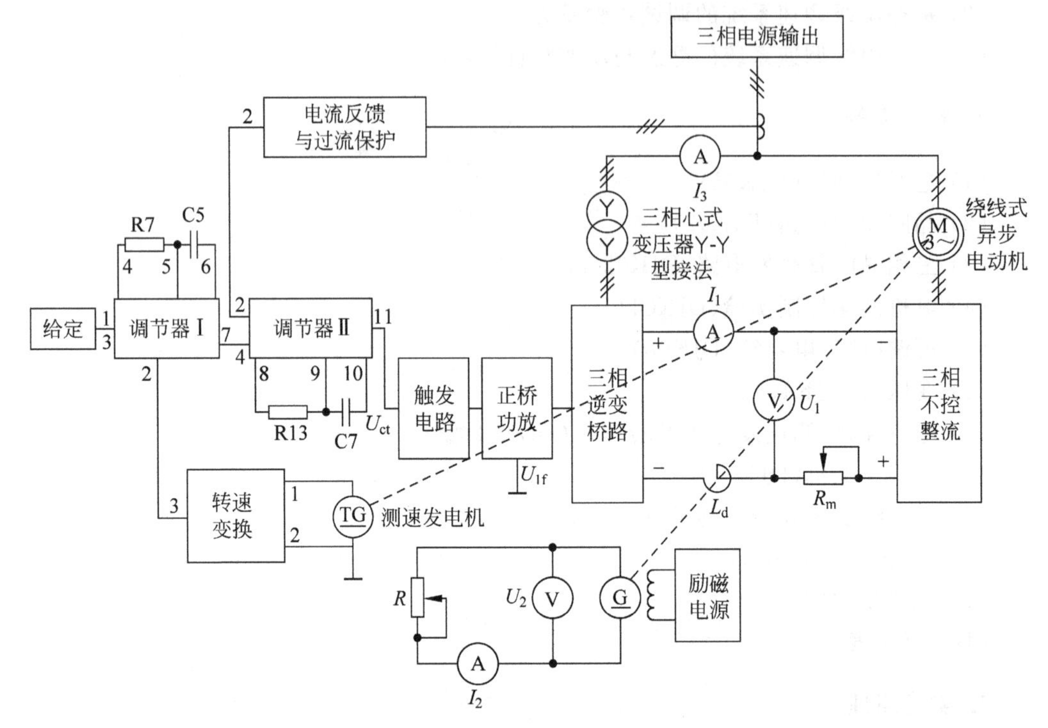

图 6-13　线绕式异步电动机串级调速系统实验原理图

5. 实验方法

(1) DJK02 和 DJK02-1 上的“触发电路”调试

① 打开 DJK01 总电源开关，操作“电源控制屏”上的“三相电网电压指示”开关，观察输入的三相电网电压是否平衡。

② 将 DJK01“电源控制屏”上“调速电源选择开关”拨至“直流调速”侧。

③ 用 10 芯的扁平电缆，将 DJK02 的“三相同步信号输出”端和 DJK02-1“三相同步信号输入”端相连，打开 DJK02-1 电源开关，拨动“触发脉冲指示”钮子开关，使“窄”的发光管亮。

④ 观察 A、B、C 三相的锯齿波，并调节 A、B、C 三相锯齿波斜率调节电位器（在各观测孔左侧），使三相锯齿波斜率尽可能一致。

⑤ 将 DJK04 上的“给定”输出 U_g 直接与 DJK02-1 上的移相控制电压 U_{ct} 相接，将给定开关 S2 拨到接地位置（即 $U_{ct}=0$），调节 DJK02-1 上的偏移电压电位器，用双踪示波器观察 A 相同步电压信号和“双脉冲观察孔” VT1 的输出波形，使 $\alpha=150°$（注意此处的 α 表示三相晶闸管电路中的移相角，它的 0°是从自然换流点开始计算，而单相晶闸管电路的 0°移相角表示从同步信号过零点开始计算，两者存在相位差，前者比后者滞后 30°）。

⑥ 适当增加给定U_g的正电压输出，观测 DJK02-1 上“脉冲观察孔”的波形，此时应观测到单窄脉冲和双窄脉冲。

⑦ 用 8 芯的扁平电缆，将 DJK02-1 面板上“触发脉冲输出”与“触发脉冲输入”相连，使得触发脉冲加到正反桥功放的输入端。

⑧ 将 DJK02-1 面板上的U_{lf}端接地，用 20 芯的扁平电缆，将 DJK02-1 的“正桥触发脉冲输出”端与 DJK02“正桥触发脉冲输入”端相连，并将 DJK02“正桥触发脉冲”的 6 个开关拨至“通”侧，观察正桥 VT1～VT6 晶闸管门极和阴极之间的触发脉冲是否正常。

(2) 控制单元调试

① 调节器的调零

将 DJK04 中“调节器Ⅰ”所有输入端接地，再将 DJK08 中的 120kΩ 可调电阻接到“调节器Ⅰ”的“4”“5”两端，用导线将“5”“6”端短接，使“调节器Ⅰ”成为 P（比例）调节器。调节面板上的调零电位器 RP3，用万用表的毫伏挡测量调节器Ⅰ“7”端的输出，使输出电压尽可能接近于零。

将 DJK04 中“调节器Ⅱ”所有输入端接地，再将 DJK08 中的 13kΩ 可调电阻接到“调节器Ⅱ”的“8”“9”两端，用导线将“9”“10”端短接，使“调节器Ⅱ”成为 P(比例)调节器。调节面板上的调零电位器 RP3，用万用表的毫伏挡测量调节器的“11”端，使之输出电压尽可能接近于零。

② 调节器Ⅰ的整定

把“调节器Ⅰ”的“5”“6”端短接线去掉，将 DJK08 中的 0.47μF 可调电容接入“5”“6”两端，使调节器成Ⅰ为 PI（比例积分）调节器，将调节器Ⅰ的输入端接地线去掉，将 DJK04 的给定输出端接到调节器Ⅰ的“3”端。当加一定的正给定时，调整负限幅电位器 RP2，使输出电压为－6V；当调节器输入端加负给定时，调整正限幅电位器 RP1，使输出电压尽可能接近于零。

③ 调节器Ⅱ的整定

把“调节器Ⅱ”的“9”“10”端短接线继续短接，使调节器成为 P(比例)调节器，将调节器Ⅱ的输入端接地线去掉，将 DJK04 的给定输出端接到“调节器Ⅱ”的“4”端。当加正给定时，调整负限幅电位器 RP2，使输出电压尽可能接近于零；把“调节器Ⅱ”的输出端与 DJK02-1 上的移相控制电压U_{ct}端相连，当调节器输入端加负给定时，调整正限幅电位器 RP1，使脉冲停在逆变桥两端的电压为零的位置。去掉“9”“10”两端的短接线，将 DJK08 中的 0.47μF 可调电容接入“9”“10”两端，使调节器成为 PI(比例积分)调节器。

④ 电流反馈的整定

直接将 DJK04 的给定电压U_g接入 DJK02-1 移相控制电压U_{ct}的输入端，三相交流调压输出接三相线绕式异步电动机，测量三相线绕式异步电动机单相的电流值和电流反馈电压，调节“电流反馈与过流保护”上的电流反馈电位器 RP1，使电流I_e＝1A 时的电流反馈电压为U_{fi}＝6V。

⑤ 转速反馈的整定

直接将 DJK04 的给定电压 U_g 接入 DJK02-1 移相控制电压 U_{ct} 的输入端，输出接三相线绕式异步电动机，测量电动机的转速值和转速反馈电压值，调节“转速变换”电位器 RP1，使 $n=1200$rpm 时的转速反馈电压为 $U_{fn}=-6$V。

(3) 开环静态特性的测定

① 系统主回路和控制回路分别按图 6-14 和图 6-15 接线，将系统接成开环串级调速

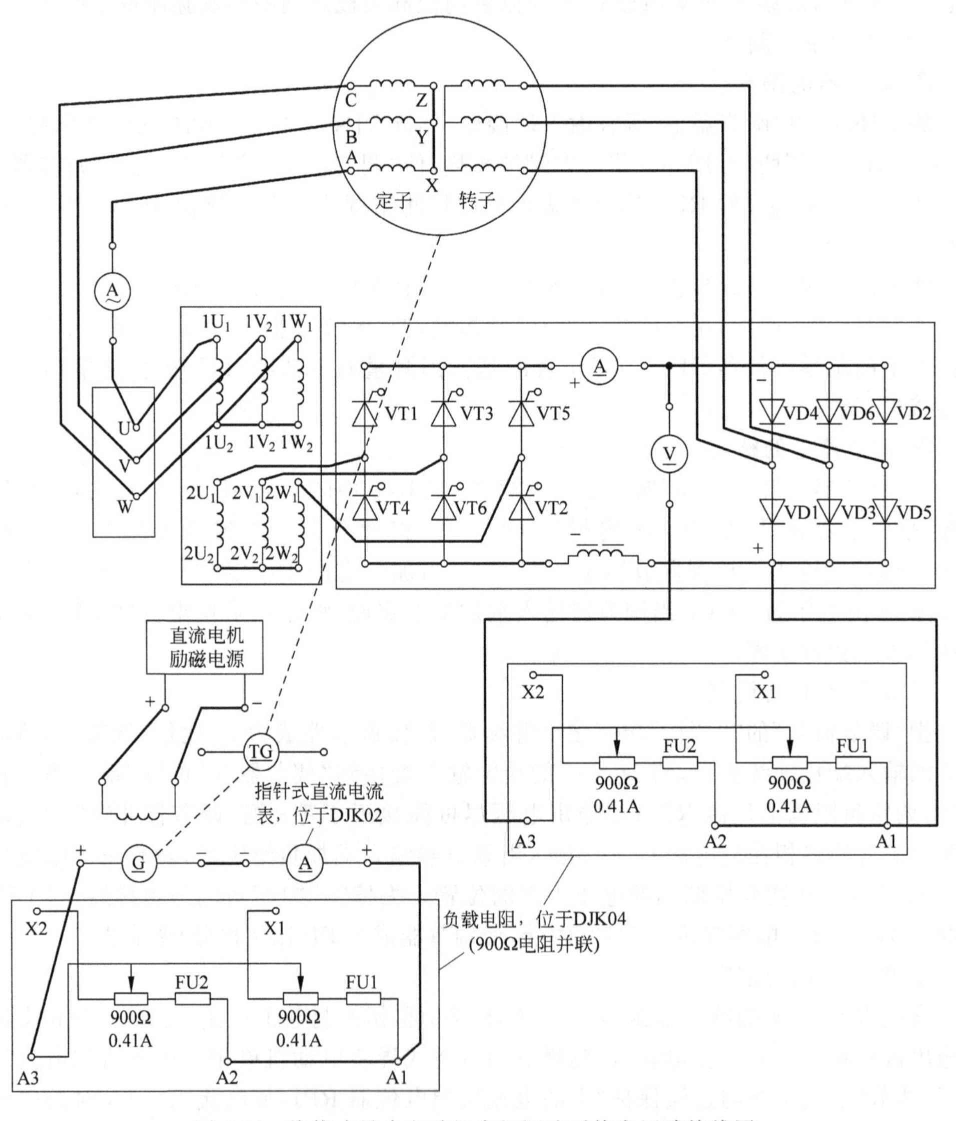

图 6-14　线绕式异步电动机串级调速系统主回路接线图

系统，直流回路电抗器 L_d 接 200mH，利用 DJK10 上的三相不控整流桥将三相线绕式异步电动机转子三相电动势进行整流，逆变变压器采用 DJK10 上的三相心式变压器，Y/Y 接法，其中高压端 A、B、C 接 DJK01 电源控制屏的主电路电源输出，中压端 A_m、B_m、C_m 接晶闸管的三相逆变输出。R（将 D42 三相可调电阻的两个电阻接成串联形式）和 R_m（将 D42 三相可调电阻的两个电阻接成并联形式）调到电阻阻值最大时才能开始试验。

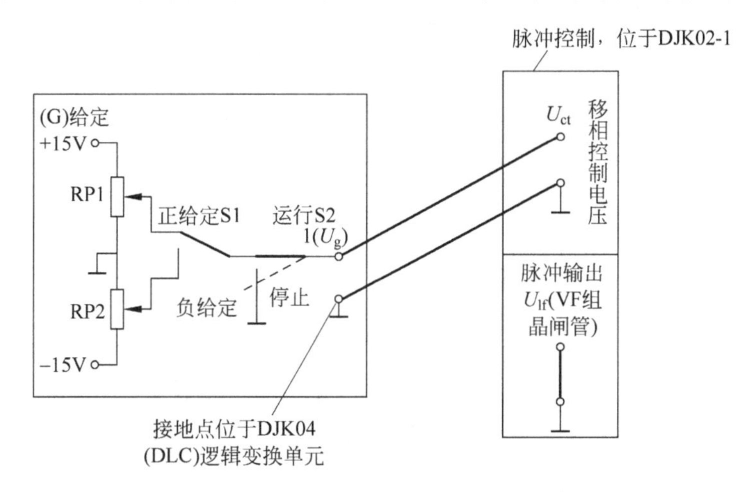

图 6-15　线绕式异步电动机串级调速系统开环控制回路接线图

② 测定开环系统的静态特性 $n=f(T)$，T 可按交流调压调速系统的同样方法来计算。在调节过程中，要时刻保证逆变桥两端的电压大于零。将结果填于表 6-6 中。

表 6-6　系统开环机械特性测试表

n/rpm							
$U_2=U_G$/V							
$I_2=I_G$/A							
T/N·m							

（4）系统调试

① 确定“调节器Ⅰ”和“调节器Ⅱ”的转速反馈、电流反馈的极性。

② 系统主回路和控制回路分别按图 6-14 和图 6-16 接线，将系统接成双闭环串级调速系统，逐渐加给定 U_g，观察电机运行是否正常，β 应在 30°～90°之间移相，当一切正常后，逐步把限流电阻 R_m 减小到零，以提升转速。

③ 调节“调节器Ⅰ”和“调节器Ⅱ”外接的电阻和电容值（改变放大倍数和积分时间），用慢扫描示波器观察突加给定时的动态波形，确定较佳的调节器参数。

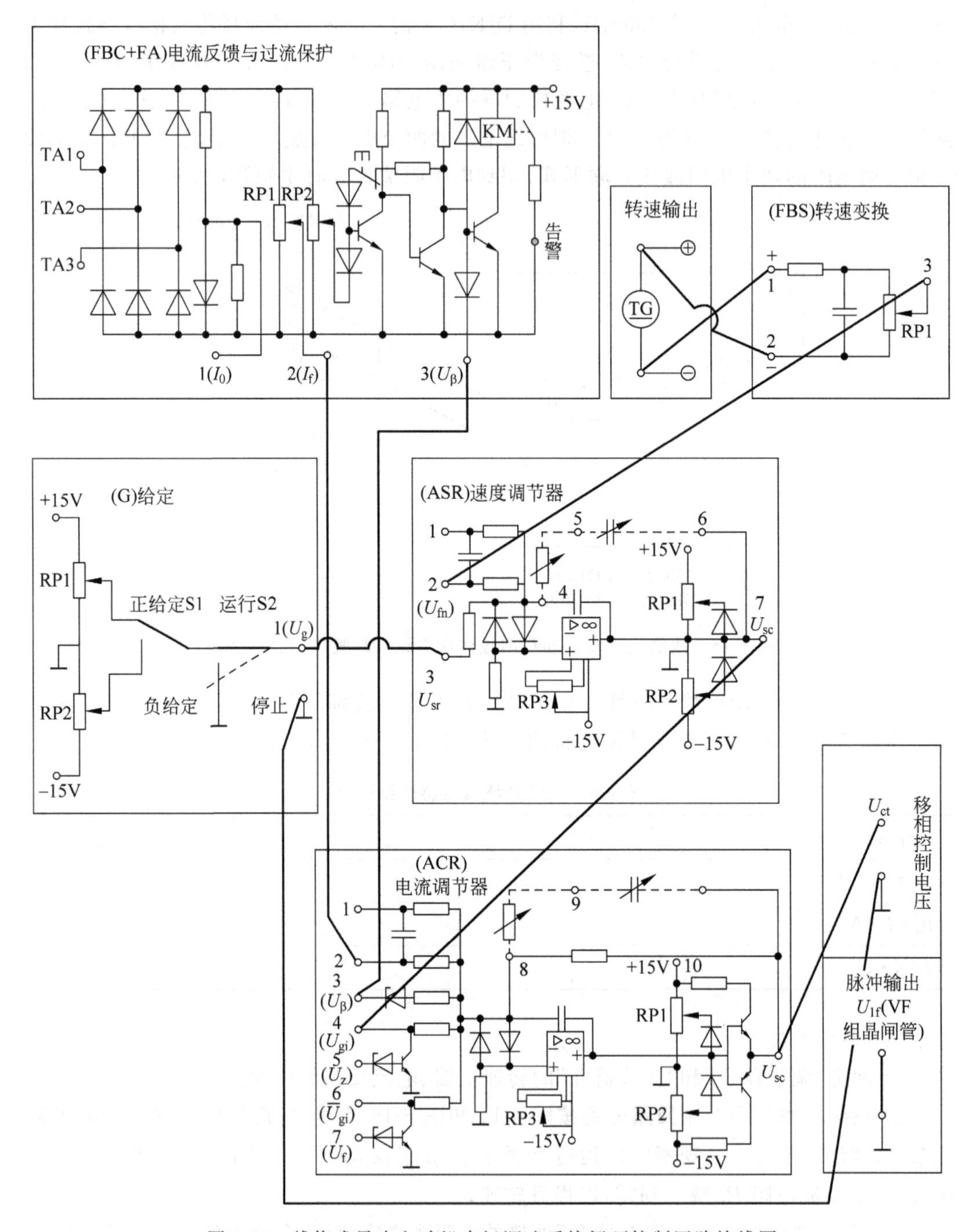

图 6-16 线绕式异步电动机串级调速系统闭环控制回路接线图

(5) 双闭环串级调速系统静态特性的测定

测定 n 为 1200rpm 时的系统静态特性 $n=f(T)$，并记录于表 6-7 中。

表 6-7 闭环静态特性测试数据记录表(n=1200rpm)

n/rpm	1200					
$U_2=U_G$/V						
$I_2=I_G$/A						
T/N·m						

测定 n 为 800rpm 时的系统静态特性 $n=f(T)$，并记录于表 6-8 中。

表 6-8 闭环静态特性测试数据记录表(n=800rpm)

n/rpm	800					
$U_2=U_G$/V						
$I_2=I_G$/A						
T/N·m						

(6) 系统动态特性的测定

用双踪慢扫描示波器观察并用记忆示波器记录：

① 突加给定启动电机时，转速 n("转速变换"的"3"端)，和电机定子电流 I("电流反馈与过流保护"的"2"端)的动态波形。

② 电机稳定运行时，突加、突减负载($20\%I_e \geqslant 100\%I_e$)时 n 和 I 的动态波形。

6.2.4 预习报告

(1) 双闭环三相异步电机串级调速系统的工作原理。

(2) 双闭环三相异步电机串级调速系统中逆变变压器副边绕组额定相电压的计算方法。

6.2.5 实验报告

(1) 根据实验数据画出开环、闭环系统静态机械特性 $n=f(T)$，并进行比较。

(2) 根据动态波形，分析系统的动态过程。

6.2.6 注意事项

(1) 在实验过程中应确保 β 在 0°～90°内变化，不得超过此范围。

(2) 逆变变压器为三相心式变压器，其副边三相电压应对称。

(3) 应保证有源逆变桥与不控整流桥间直流电压极性的正确性，严防顺串短路。

(4) DJK04 与 DJK02-1 不共地，所以实验时须短接 DJK04 与 DJK02-1 的地。

6.2.7 思考题

(1) 如果逆变装置的控制角 $\beta>90°$ 或 $\beta<30°$，则主电路会出现什么现象？为什么要对逆变角 β 的调节范围作一定的要求？

(2) 串级调速系统的开环机械特性为什么比电动机本身的固有特性软？

6.3 三相异步电机变频调速系统

6.3.1 实验目的

(1) 掌握 SPWM 的调速基本原理和实现方法。

(2) 掌握马鞍波变频的调速基本原理和实现方法。

(3) 掌握 SVPWM 的调速基本原理和实现方法。

6.3.2 实验设备

(1) 电源控制屏(DJK01)。

(2) 三相异步电动机变频调速控制(DJK13)。

(3) 三相鼠笼式异步电动机(DJ24)。

(4) 双踪示波器。

6.3.3 实验原理

异步电机转速基本公式为

$$n=\frac{60f}{p}(1-s)$$

其中，n 为电机转速，f 为电源频率，p 为电机极对数，s 为电机的转差率。当转差率固定在最佳值时，改变 f 即可改变转速 n。为使电机在不同转速下运行在额定磁通，改变频率的同时必须成比例地改变输出电压的基波幅值，这就是所谓的 VVVF(变压变频)控制。工频 50Hz 的交流电源经整流后可以得到一个直流电压源。对直流电压进行 PWM 逆变控制，使变频器输出 PWM 波形中的基波为预先设定的电压/频率比曲线所规定的电压频率数值。因此，这个 PWM 的调制方法是其中的关键技术。

目前常用的变频器调制方法有正弦波脉宽调制法(SPWM)、马鞍波(PWM)和空间电压矢量(PWM)等方式。

(1) SPWM 变频调速方式

正弦波脉宽调制法(SPWM)是最常用的一种调制方法。SPWM 信号是通过用三角载波信号和正弦信号相比较的方法产生，当改变正弦参考信号的幅值时，脉宽随之改变，从而改变了主回路输出电压的大小；当改变正弦参考信号的频率时，输出电压的频率即随之改变。在变频器中，输出电压的调整和输出频率的改变是同步协调完成的，这称为 VVVF(变压变频)控制。

SPWM 调制方式的特点是半个周期内脉冲中心线等距、脉冲等幅，调节脉冲的宽度，使各脉冲面积之和与正弦波下的面积成正比，因此，其调制波形接近于正弦波。在实际运用中对于三相逆变器，是由一个三相正弦波发生器产生三相参考信号，与一个公用的三角载波信号相比较，而产生三相调制波，如图 6-17 所示。

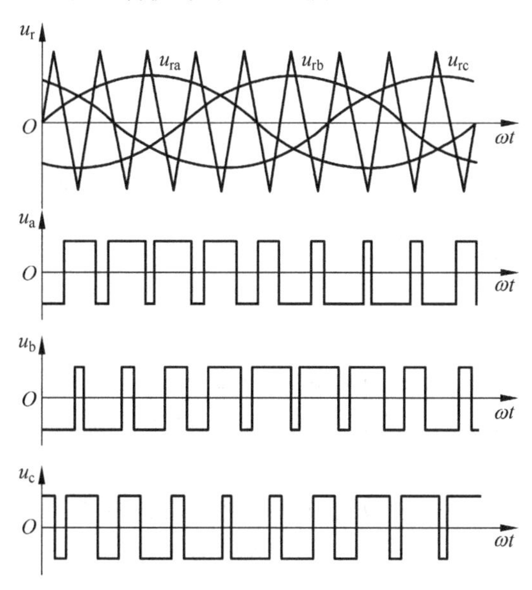

图 6-17 正弦波脉宽调制法

(2) 马鞍波 PWM 变频调速方式

SPWM 信号是由正弦波与三角载波信号相比较而产生的,正弦波幅值与三角波幅值之比为 m,称为调制比。正弦波脉宽调制的主要优点是:逆变器输出线电压与调制比 m 成线性关系,有利于精确控制,谐波含量小。但是在一般情况下,要求调制比 $m<1$。当 $m>1$ 时,正弦波脉宽调制波中出现饱和现象,不但输出电压与频率失去所要求的配合关系,而且输出电压中谐波分量增大,特别是较低次谐波分量较大,对电机运行不利。另外可以证明,如果 $m<1$,逆变器输出的线电压中基波分量的幅值,只有逆变输入的电网电压幅值的 0.866 倍,这就使得采用 SPWM 逆变器不能充分利用直流母线电压。为解决这个问题,可以在正弦参考信号上叠加适当的三次谐波分量,如图 6-18 所示,图中,$u=u_{r1}+u_{r3}=\sin\omega t+1/6\sin 3\omega t$。

合成后的波形似马鞍形,所以称为马鞍波 PWM。采用马鞍波调制,使参考信号的最大值减小,但参考波形的基波分量的幅值可以进一步提高。即可使 $m>1$,从而可以在高次谐波信号分量不增加的条件下,增加其基波分量的值,克服 SPWM 的不足。目前这种变频方式在家用电器上应用广泛,如变频空调等。

(3) 空间电压矢量 PWM 变频调速方式

对三相逆变器,根据三路开关的状态可以生成 6 个互差 60°的非零电压矢量 $\boldsymbol{u}1\sim\boldsymbol{u}6$,以及零矢量 $\boldsymbol{u}0$、$\boldsymbol{u}7$,矢量分布如图 6-19 所示。

当开关状态为(000)或(111)时,即生成零矢量,这时逆变器上半桥或下半桥功率器件全部导通,因此输出线电压为零。

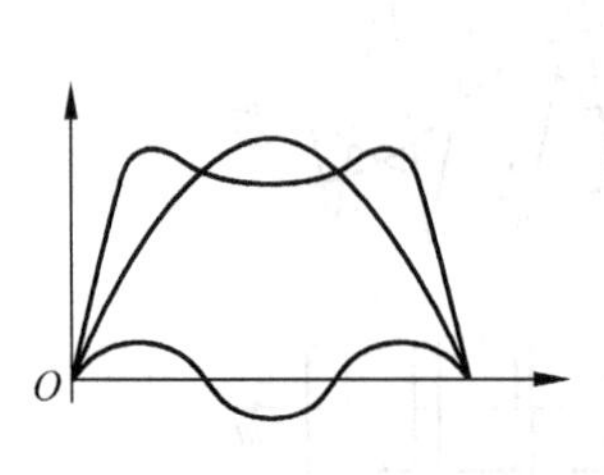

图 6-18 马鞍波的形成

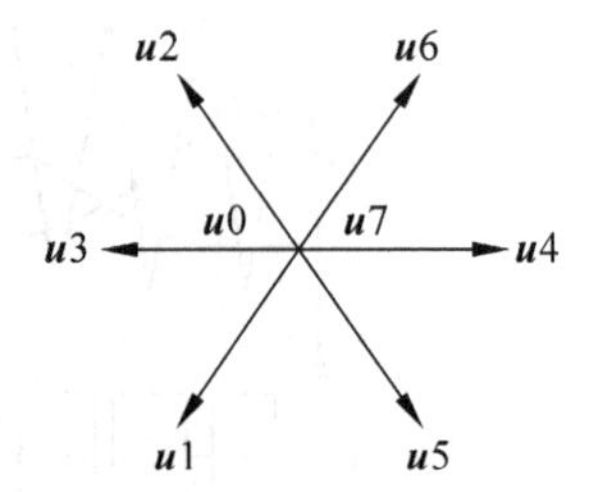

图 6-19 空间电压矢量的分布

由于电机磁链矢量是空间电压矢量的时间积分,因此控制电压矢量就可以控制磁链的轨迹和速率。在电压矢量的作用下,磁链轨迹越是接近圆,电机脉动转矩越小,运行性能越好。

为了比较方便地演示空间电压矢量 PWM 控制方式的本质,我们采用了最简单的六边形磁链轨迹。尽管如此,其效果仍优于 SPWM 方法。

6.3.4 实验内容

(1) 正弦波脉宽调制(SPWM)变频调速实验。

(2) 马鞍波 PWM 变频调速实验。

(3) 空间电压矢量 PWM 变频调速实验。

(4) 不同的变频模式下磁通轨迹观测实验。

6.3.5 实验方法

(1) 接通挂件电源,关闭电机开关,调制方式设定在 SPWM 方式下(将控制部分 S、V、P 的三个端子都悬空),然后开启电源开关。

(2) 按“增速”按键,将频率设定在 0.5Hz,在 SPWM 部分观测三相正弦波信号(在测试点“2、3、4”),观测三角载波信号(在测试点“5”),三相 SPWM 调制信号(在测试点“6、7、8”);再按“转向”按键,改变转动方向,观测上述各信号的相位关系变化。

(3) 逐步升高频率,直至到达 50Hz 处,重复以上的步骤。

(4) 将频率设置为 0.5～60Hz 的范围内改变,在测试点“2、3、4”中观测正弦波信号的频率和幅值的关系。

(5) 接通挂件电源,关闭电机开关,并将调制方式设定在马鞍波 PWM 方式下(将控制部分 V、P 两端用导线短接,S 端悬空),然后打开电源开关。

(6) 按“增速”按键,将频率设定在 0.5Hz。用示波器观测 SPWM 部分的三相正弦波信号(在测试点“2、3、4”),三角载波信号(在测试点“5”),三相 SPWM 调制信号(在测试点“6、7、8”);再按“转向”按键,改变转动方向,再观测上述各信号的相位关系的变化。

(7) 逐步升高频率,直至 50Hz 处,重复以上的步骤。

(8) 将频率设置为 0.5～60Hz 的范围内改变,在测试点“2、3、4”观测马鞍波信号的频率和幅值的关系。

(9) 接通挂件电源,关闭电机开关,并将调制方式设定在空间电压矢量 PWM 方式下(将控制部分 S、V 两端用导线短接,P 端悬空),然后打开电源开关。

(10) 按“增速”按键,将频率设定在 0.5Hz,用示波器观测 SVPWM 部分的三相矢量信号(在测试点“10、11、12”)、三角载波信号(在测试点“14”)、PWM 信号(在测试点“13”)和三相 SVPWM 调制信号(在测试点“15、16、17”);再按“转向”按键,改变转动方向,再观测上述各信号的相位关系的变化。

(11) 逐步升高频率,直至 50Hz 处,重复以上的步骤。

(12) 将频率设置为 0.5～60Hz 的范围内改变,在测试点“13”中观测占空比与频率的关系(在 V/F 函数不变的情况下)。

(13) 接通挂件电源,关闭电机开关,并设定在 SPWM 方式下(将 S、V、P 三端子悬空),然后打开电源开关,将示波器的 X、Y 输入端分别接磁通轨迹观测的 X、Y 测试孔,并将示波器置于 X-Y 方式。按"增速"键将频率设定在 0.5Hz,观察示波器中显示的磁通形状,再按"转向"按键,改变转向,观察磁通轨迹的变化,再逐渐升高频率,观察磁通轨迹的变化。

(14) 设定在马鞍波 PWM 方式(用导线短接 V、P 两端子,S 端悬空),重复上述的实验。

(15) 设定在电压空间矢量 PWM 控制方式(用导线短接 S、V 两端子,P 端悬空),重复上述的实验。

6.3.6 实验报告

画出在 SPWM 控制方式、马鞍波 PWM 控制方式、空间矢量 PWM 控制方式下旋转磁通的轨迹。

6.3.7 注意事项

(1) 在频率不等于零的时候,不允许打开电机开关,以免发生危险。

(2) 切莫在电机运行中堵转,否则会导致无法修复的后果!

6.3.8 思考题

观察在不同的模式下电机运行状况,并分析原因。

第7章

双闭环直流调速系统转速超调抑制的仿真

7.1 实验目的

(1) 深入理解双闭环直流调速系统的工作原理。

(2) 掌握系统调节器的工程设计方法,对系统进行综合分析。

(3) 研究双闭环直流调速系统的转速超调解决方法,并通过 MATLAB 进行仿真验证。

7.2 实验原理

7.2.1 转速微分负反馈

1. 带转速微分负反馈双闭环调速系统的基本原理

双闭环调速系统中,加入转速微分负反馈的转速调节器的原理图如图 7-1 所示。它与普通的转速调节器相比,在转速负反馈的基础上再叠加一个转速微分负反馈信号。带转速微分负反馈的转速环动态结构框图,如图 7-1(a)所示。这里取 $T_{odn}=T_{on}$,再将滤波环节都移到转速环内,并按小惯性环节近似处理,设 $T_{\Sigma n}=T_{on}+2T_{\Sigma i}$,得简化后的结构框图如图 7-1(b)所示。与普通双闭环系统相比,图 7-1(b)只是在反馈通道中增加了微分项($\tau_{dn}s+1$)。

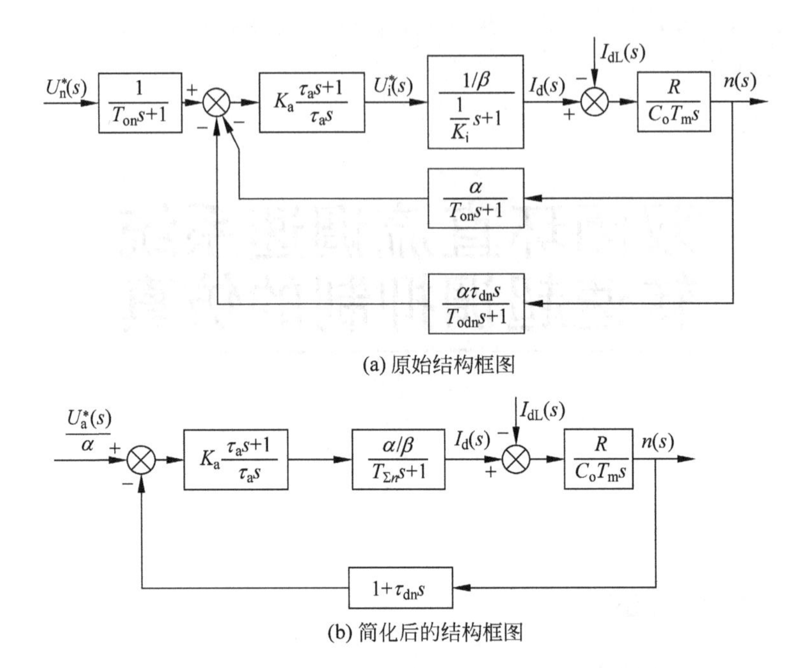

图 7-1　带转速微分负反馈的转速环动态结构框图

只有当反馈信号 U_n 与给定信号 U_n^* 平衡以后(即 $U_n \geqslant U_n^*$)，转速调节器 ASR 才开始退饱和。现在反馈端加上了转速微分负反馈信号($-\alpha \mathrm{d}n/\mathrm{d}t$)，显然比只有($-\alpha n$)与 U_n^* 平衡的时间提前了，亦即把 ASR 的退饱和时间提前了，从而可以减小超调量，降低扰动作用时的转速降。C_{dn}的作用是对转速信号进行微分，由于纯微分电路容易引入干扰，因此串电阻 R_{dn}构成小时间常数的滤波环节，用来抑制微分带来的高频噪声。

加入转速微分负反馈后，对系统启动过程的影响如图 7-2 所示，图中曲线 1 为普通双闭环调速系统的启动过程，曲线 2 为加入转速微分负反馈后的启动过程。普通双闭环系统的退饱和点为 O'，加入微分反馈环节后，退饱和点提前到 T 点，T 点所对应的转速 n_t 比 n^* 低，因而有可能在进入线性闭环系统工作之后不出现超调就趋于稳定。

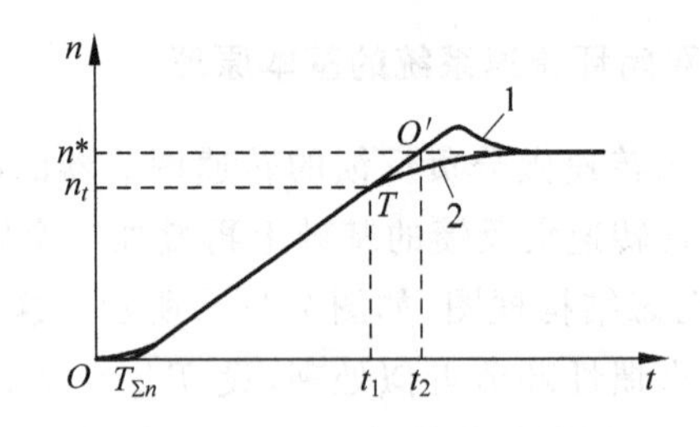

图 7-2　转速微分负反馈对启动过程的影响

2. 转速微分负反馈参数的工程设计方法

转速微分负反馈环节中待定的参数是C_{dn}和R_{dn}，由于$\tau_{dn}=R_0C_{dn}$，而且已选定$T_{odn}=R_{dn}C_{dn}=T_{on}$，只要确定$\tau_{dn}$，$C_{dn}$和$R_{dn}$就可以决定了。$\tau_{dn}$的计算公式为

$$\tau_{dn}=\frac{4h+2}{h+1}T_{\Sigma n}-\frac{2\sigma n^{*}T_{m}}{(\lambda-z)\Delta n_{N}} \tag{7-1}$$

式中，σ为用小数表示的允许超调量。

如果要求无超调，可令$\sigma=0$，则

$$\tau_{dn}\Big|_{\sigma=0}\geqslant\frac{4h+2}{h+1}T_{\Sigma n} \tag{7-2}$$

引入转速微分负反馈后，动态速降大大降低，τ_{dn}越大，动态速降越低，但恢复时间却拖长了。

7.2.2 转速积分分离的PI控制

PI调节器由比例和积分两部分组成，其中比例部分能够快速响应控制作用，而积分部分能最终消除稳态误差。在模拟PI调节器中，只要有偏差存在，P和I就同时起作用。因此，在满足快速调节功能的同时，会不可避免地带来过大的退饱和超调。

积分分离调节器基本原理是测量调节器的输出，调整规则如下：即从P调节器结构转成PI调节器结构的设计思路。工作过程为：在系统启动后，偏差$e(t)$较大，通过比例K_p的放大作用，ASR的输出立即达到饱和值，但积分环节不起作用，该调节器相当于一个常规的限幅P调节器。随着系统转速的增加，偏差$e(t)$迅速减少，当$K_p*e(t)$小于饱和值时，积分作用加入，该调节器变为真正的PI调节器。此时，积分作用增强，而比例作用减弱。合理选择参数，使输出量增加的部分小于减小的部分，二者之和将减小，输出将减小，使系统上升的趋势减小，从而达到减小或消除超调的目的。

7.2.3 转速内模控制

双闭环直流调速系统转速环内模控制动态结构图如图7-3所示。

图7-3中$Q(s)$为内模控制器，$M(s)$为转速环被控对象的内部模型。为了提高系统的快速性和限制最大电流的需要，在内模控制器$Q(s)$的输出端仍设置限幅环节。考虑到对调速系统稳态和动态性能的要求，选择$M(s)$形式如下：

$$M(s)=\frac{K}{Ts+1} \tag{7-3}$$

内模控制器中的低通滤波器可选为

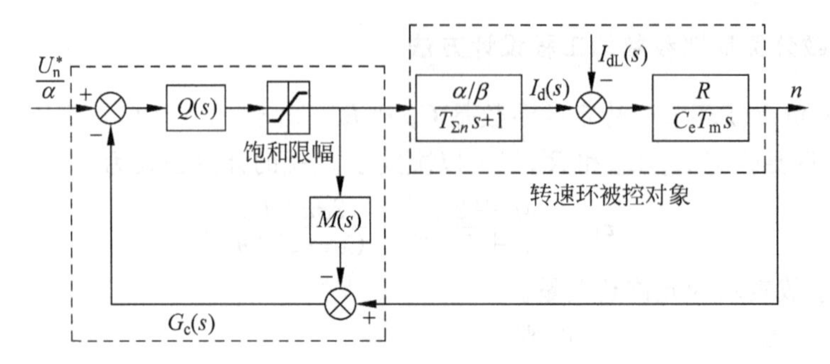

图 7-3 采用内模控制的速度环动态结构图

$$F(s)=\frac{1}{\lambda s+1} \tag{7-4}$$

根据内模控制原理可得内模控制器 $Q(s)$ 为

$$Q(s)=M^{-1}(s)\cdot F(s)=\frac{Ts+1}{K(\lambda s+1)} \tag{7-5}$$

当内模控制器 $Q(s)$ 不饱和，即输出未达到限幅值时，等效反馈控制器为

$$G_c(s)=\frac{Ts+1}{K\lambda s}=\frac{T}{K\lambda}\cdot\frac{Ts+1}{Ts} \tag{7-6}$$

等效的空载转速内模控制系统结构图如图 7-4 所示。

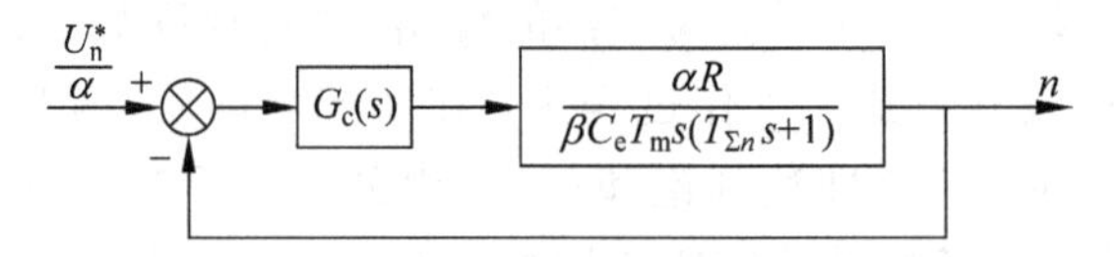

图 7-4 等效的空载速度内模控制系统

这种情况下的内模控制器 $Q(s)$ 是一种 PI 调节器。而工程设计方法设计的转速调节器为 $W_{ASR}(s)=K_n\dfrac{\tau_n s+1}{\tau_n s}$，则

$$T=\tau_n,\quad \lambda=\frac{\tau_n}{KK_n} \tag{7-7}$$

式中，K 表示从内模控制器输出到速度反馈电压之间的放大倍数。

上述设计的内模控制器 $Q(s)$ 是一种超前型控制器。当系统突加给定启动时，其输出很快处于饱和限幅状态，从而使电动机在最大电流下实现恒流升速，加快启动过程，这与采用 PI 调节器的系统是一致的。但由于这时内模控制器 $Q(s)$ 没有积分累加作用，当电动机转速接近给定转速时，在速度给定信号和速度反馈信号及内部模型 $M(s)$ 的输出信号共同作用下，它就会提前退出饱和限幅状态，并使系统最终达到给定转速，因而也就不会产生退饱和超调。

7.3　实验内容

(1) 反馈环节增加转速微分负反馈来抑制转速超调。
(2) ASR 采用积分分离 PI 调节器抑制转速超调。
(3) ASR 采用内模控制器抑制转速超调。

7.4　实验器材

(1) PC。
(2) MATLAB 6.5.1 仿真软件。

7.5　实验仿真

某晶闸管供电的双闭环直流调速系统，整流装置采用三相桥式电路。基本数据如下：直流电动机为 220V、136A、1460r/min、$C_e=0.132$，允许过载倍数 $\lambda=1.5$，晶闸管装置放大系数为 $K_s=40$，电枢回路总电阻 $R=0.5\Omega$，时间常数 $T_l=0.03s$，$T_m=0.18s$，电流反馈系数 $\beta=0.05V/A(\approx 10V/1.5I_N)$，转速反馈系数 $\alpha=0.007V\cdot min/r(\approx 10V/n_N)$，电流滤波时间常数 $T_{oi}=0.002s$，转速滤波时间常数 $T_{on}=0.01s$。按照工程设计方法设计电流调节器 ACR、ASR，要求电流超调量 $\sigma_i\leqslant 5\%$、转速无静差，转速超调量 $\sigma_n\leqslant 10\%$。

根据工程设计方法电流设置调节器参数如下，ACR：$K_p=1.013$，$K_i=33.33$，上下限幅值[10，−10]。转速调节器采用上述三种方案进行设计。

7.5.1　转速微分负反馈的双闭环直流调速系统仿真

带转速微分负反馈的双闭环直流调速系统的仿真模型如图 7-5 所示。

从仿真模型可以看出，在转速反馈环节加个微分模块 Derivative，路径为 Simulink/Continuous/Derivative。

由于 $h=5$，$T_{\Sigma n}=0.0174$，则 $\tau_{dn}=0.064$。

又 $\alpha=0.007$，则转速环微分系数为 $\alpha\tau_{dn}=0.000448$，取 $T_{on}=T_{odn}=0.01s$。

其他各模块参数设置与 5.2.2 节相同，仿真结果如图 7-6 所示。

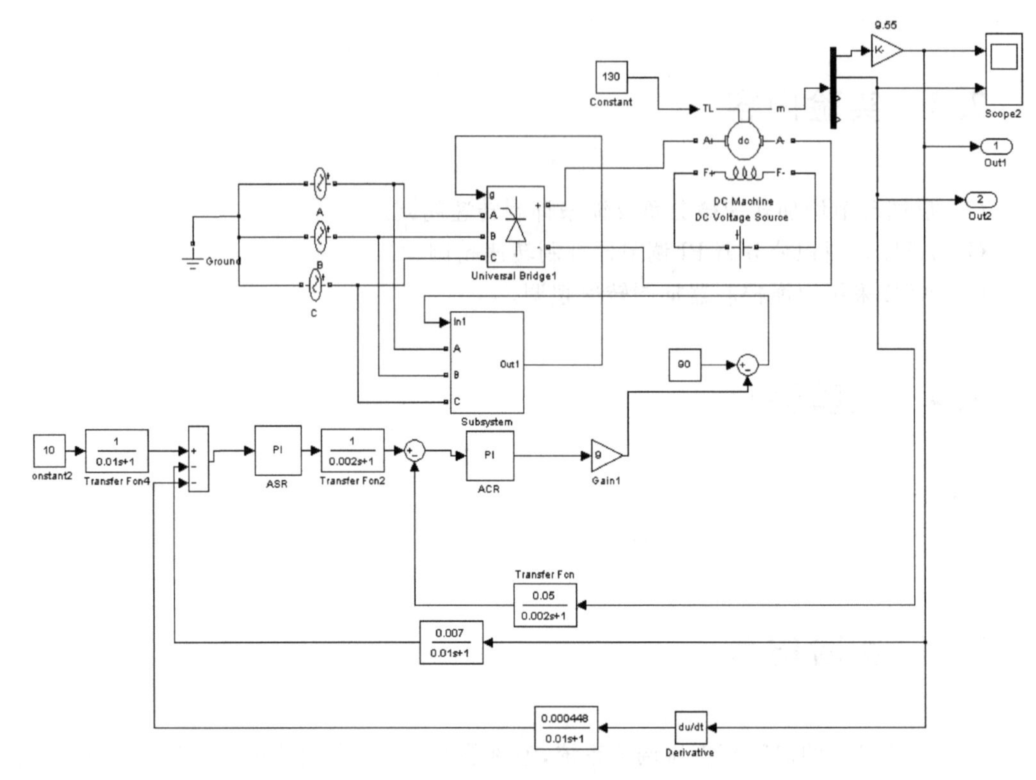

图 7-5 带转速微分负反馈的双闭环调速系统仿真模型

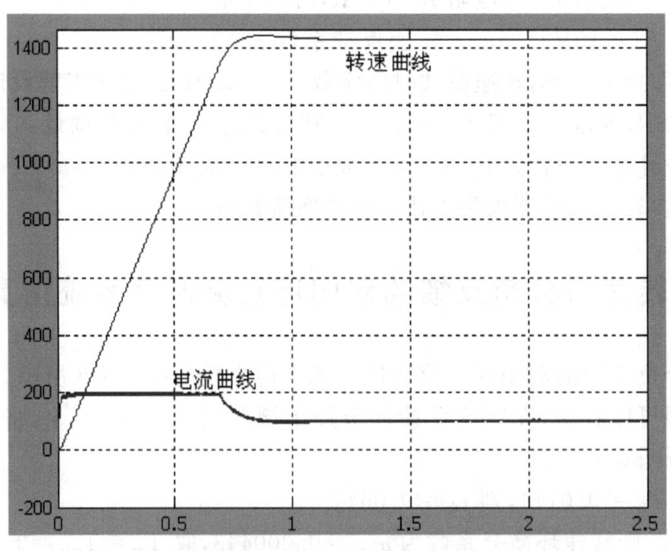

图 7-6 带转速微分负反馈的双闭环调速系统仿真结果

从仿真结果可以看出，电机最高转速为 1440r/min，低于额定转速 1460r/min，而无转速微分负反馈的电机最高转速 1495r/min，超调量为 2%。

7.5.2 转速积分分离的双闭环直流调速系统仿真

转速积分分离的双闭环直流调速系统的仿真模型如图 7-7 所示。图中转速积分分离法带饱和限幅的 PI 调节器仿真模型如图 7-8 所示。转速、电流的响应曲线如图 7-9 所示。

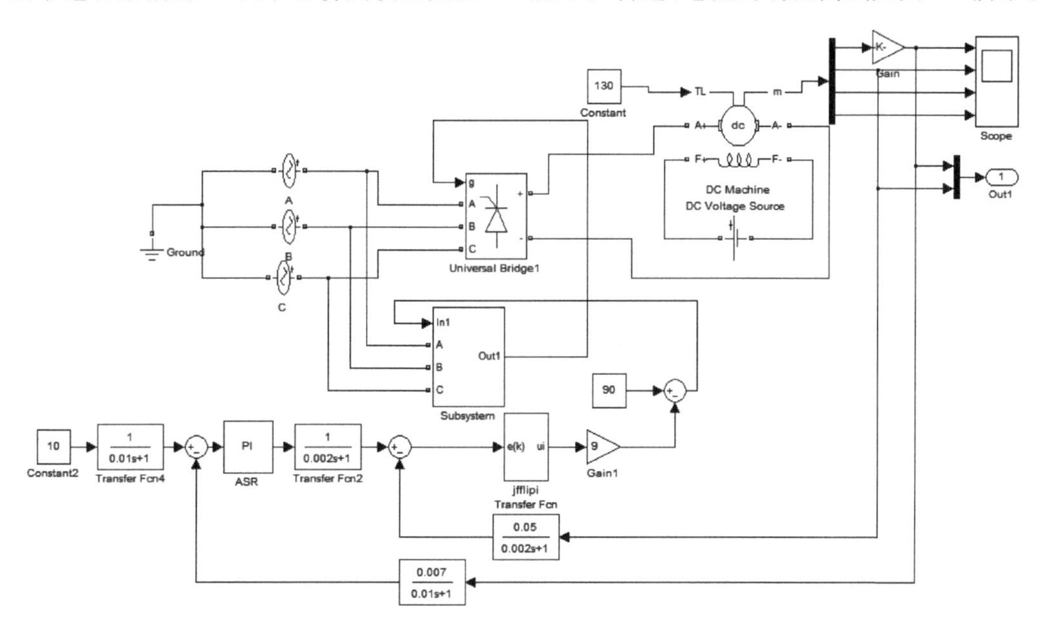

图 7-7 转速积分分离的双闭环直流调速系统仿真模型

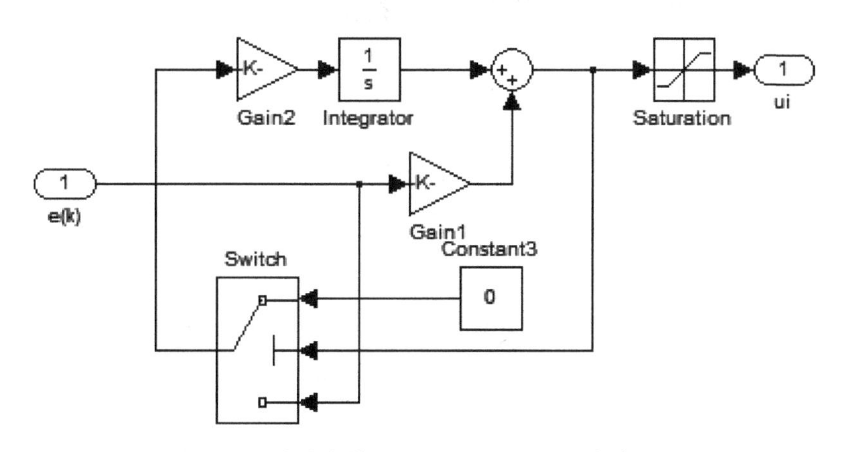

图 7-8 积分分离带饱和限幅的 PI 调节器仿真模型

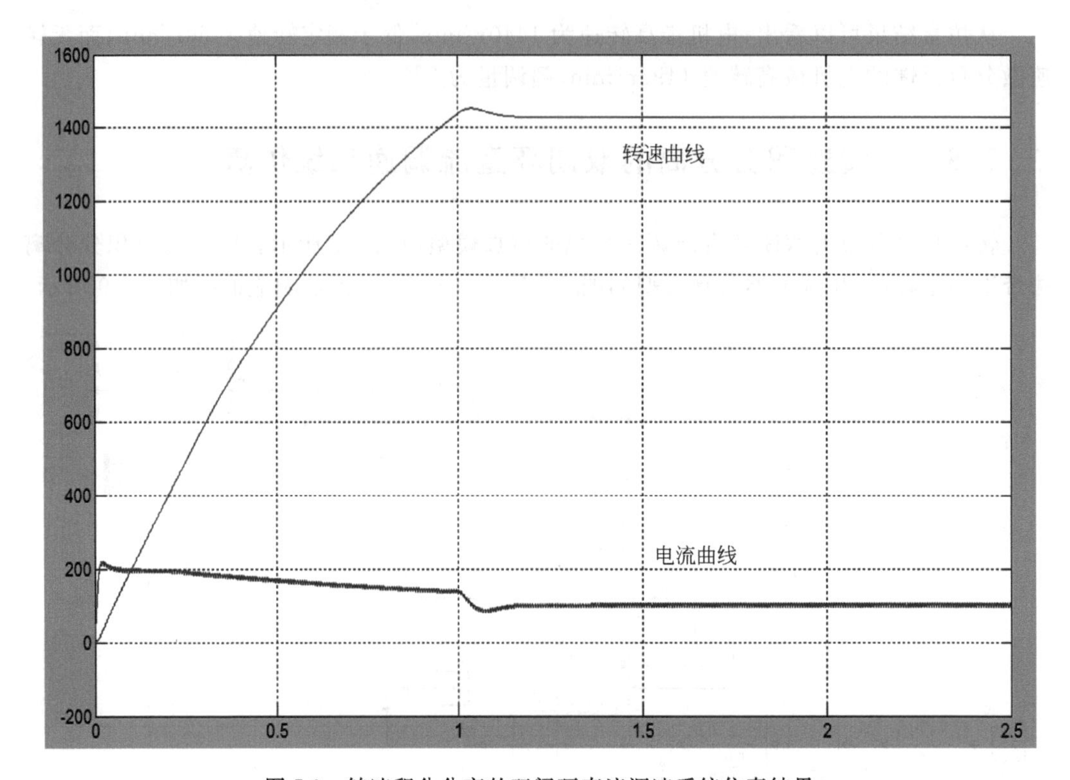

图 7-9 转速积分分离的双闭环直流调速系统仿真结果

从仿真结果可以看出，电机最高转速为 1450r/min，低于额定转速 1460r/min，而无转速微分负反馈的电机最高转速 1495r/min，超调量为 2%。

7.5.3 转速内模控制的双闭环直流调速系统

转速内模控制的双闭环直流调速系统的仿真模型如图 7-10 所示。其转速、电流的响应曲线如图 7-11 所示。

根据工程设计方法设计，ASR 调节器的参数 $K_{\mathrm{n}}=11.7$，$\tau_{\mathrm{n}}=0.087$，则 $T=\tau_{\mathrm{n}}=0.087$。从内模控制器输出到速度反馈电压之间的放大倍数 K 取 0.0747，则内模控制器 $Q(s)=\dfrac{Ts+1}{K(\lambda s+1)}=\dfrac{0.087s+1}{0.0747(0.1s+1)}$。

从仿真结果可以看出，电机最高转速为 1400r/min，低于额定转速 1460r/min，而无转速微分负反馈的电机最高转速为 1495r/min，超调量为 2%。

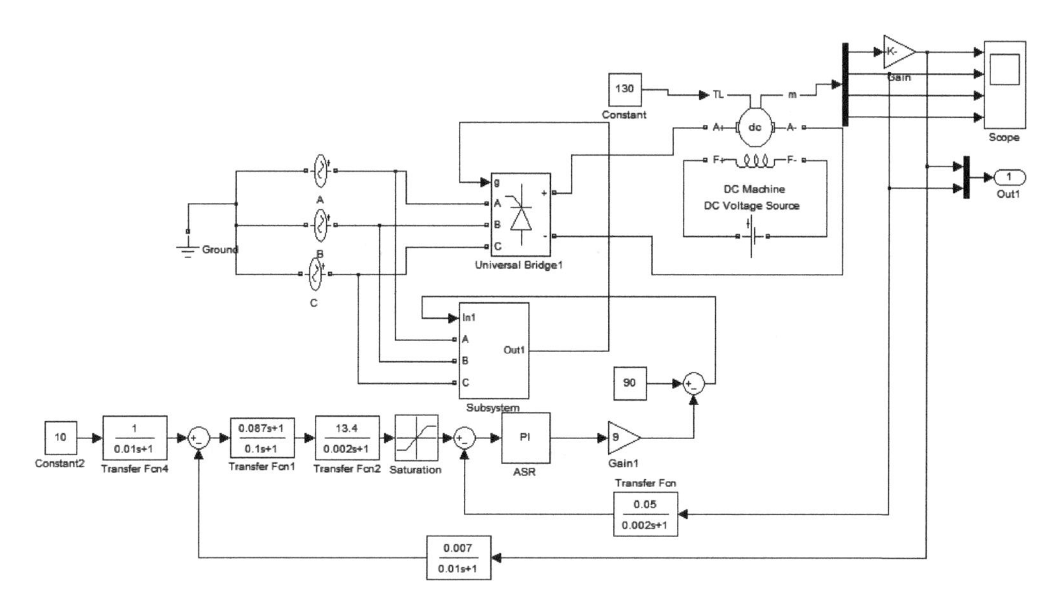

图 7-10 转速内模控制的双闭环直流调速系统仿真模型

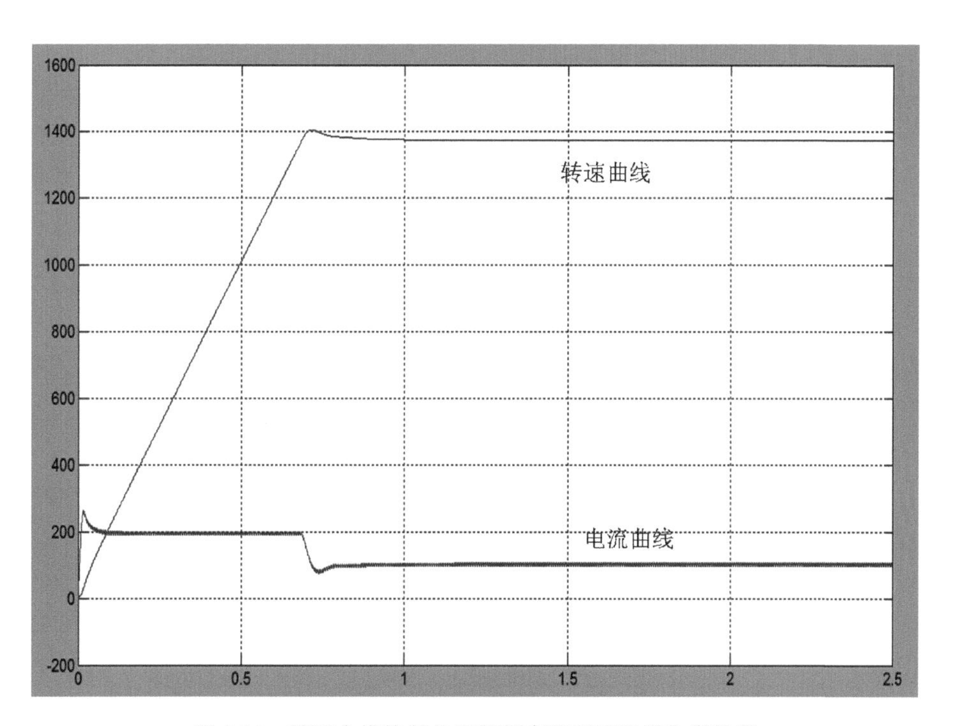

图 7-11 转速内模控制的双闭环直流调速系统仿真结果

7.6 实验报告

(1) 根据仿真实验记录的数据分析系统的稳态特性。
(2) 根据仿真实验记录的动态波形分析系统的动态过程。

7.7 思考题

采用面向系统动态结构图的方法重新对上述三种模型进行仿真,并作分析和比较。

第8章

基于单神经元PID控制的双闭环直流调速系统仿真

8.1 实验目的

(1) 深入理解双闭环直流调速系统的工作原理。

(2) 掌握系统调节器的工程设计方法,对系统进行综合分析。

(3) 能够在 MATLAB 编程环境下自行开发控制算法,培养一定的计算机应用能力及工程设计能力。

8.2 实验原理

8.2.1 基于 MATLAB 的 S-函数的编写方法

S-函数是由固定格式的,用 MATLAB 语言编写的 S-函数的引导语句为:

```
function [sys, x0,str,ts] = fun(t,x,u,flag,p1,p2, … ,pn)
```

其中,fun 为 S-函数的函数名,输入变量的说明见表 8-1,输出变量的说明见表 8-2,S-函数 flag 定义见表 8-3。

表 8-1　S-函数输入变量表

变量名	定义	变量名	定义
t	仿真时间的当前值	flag	S-函数标志位
x	S-函数状态向量的当前值	p1,p2,…,pn	选择参数列表
u	输入向量的当前值		

表 8-2　S-函数输出变量表

变量名	定　义
sys	多目标输出向量,sys 的定义取决于 flag 的值
x0	S-函数状态向量的初始值,包括连续和离散两种状态
str	设置输出变量为一个空矩阵
ts	设置采样时间、采样延迟矩阵,该矩阵应该为双列矩阵

表 8-3　S-函数 flag 定义

flag 的值	S-函数的行为
0	调用 mdlInitializeSizes()函数,对离散状态变量的个数,连续状态变量的个数,模块输入和输出的路数,模块的采样周期个数和采样周期的值,模块状态变量的初始向量 x0 等。首先通过 sizes=simsizes(sizes)语句获得默认的系统参数变量。得出的 sizes 为一个结构体变量,其常用成员为: NumContStates 表示 S-函数描述的模块中连续状态的个数 NumDiscStates 表示离散状态的个数 NumInputs 和 NumOutputs 分别表示模块输入和输出的个数 DirFeedthrough 为输入信号是否直接在输出端的标识,取值可为 0、1 NumSampleTimes 为模块采样周期的个数 按照要求设置好的结构体 sizes 通过 sys=simsizes(sizes)语句赋值给 sys 参数。除 sys 外还应设置系统的初始状态变量 x0,说明变量 str 和采样周期变量 ts
1	作连续状态变量的更新,将调用 mdlDerivatives()函数,更新后的连续状态变量将由 sys 变量返回
2	作离散状态变量的更新,将调用 mdlUpdate()函数,更新后的离散状态变量将由 sys 变量返回
4	求取系统的输出信号,将调用 mdlOutputs()函数,将计算所得出的输出信号由 sys 变量返回
4	调用 mdlGetTimeOfNextVarHit()函数,计算下一步的仿真时刻,并将计算得出的下一步仿真时间由 sys 变量返回
9	终止仿真过程,将调用 mdlTerminate()函数,这时不返回任何变量

8.2.2　单神经元 PID 控制原理

1. 单神经元学习算法

单神经元学习算法就是调整连接权值 w_i 的规则，它是单神经元控制器的核心，并反映了其学习的能力。学习算法如下：

$$w_i(k+1)=w_i(k)+\eta r_i(k) \tag{8-1}$$

式中，$r_i(k)$为随过程递减的学习信号；η 为学习效率，$\eta>0$。

(1) 无监督的 Hebb 学习规则

它的基本思想是：如果两个神经元同时被激活，则它们之间的连接强度的增强与它们激励的乘积成正比，以 o_i 表示神经元 i 的激活值(输出)，o_j 表示神经元 j 的激活值，w_{ij} 表示神经元 i 和神经元 j 的连接权值，则 Hebb 的学习规则可以表示为

$$\Delta w_{ij}(k)=\eta o_i(k)o_j(k) \tag{8-2}$$

(2) 有监督的 Delta 学习规则

在 Hebb 的学习规则中，引入教师信号，即将式(8-2)中的 o_i 换成期望输出 d_i 与实际输出 o_i 之差，即为有监督的 Delta 学习规则，则

$$\Delta w_{ij}(k)=\eta(d_i(k)-o_i(k))o_j(k) \tag{8-3}$$

(3) 有监督的 Hebb 学习规则

将无监督的 Hebb 学习规则和有监督的 Delta 学习规则结合起来就构成有监督的 Hebb 学习规则，则

$$\Delta w_{ij}(k)=\eta(d_i(k)-o_i(k))o_i(k)o_j(k) \tag{8-4}$$

这种学习规则使神经元通过关联搜索对未知的外界做出反应，即在教师信号 $d_i(k)-o_i(k)$的指导下，对环境信息进行相关的学习和自组织，使相应的输出增强或减弱。

2. 单神经元 PID 控制器结构与控制算法

单神经元 PID 控制器的结构如图 8-1 所示。图中，转换器的输入为 $r_{\text{in}}(k)-y_{\text{out}}(k)$，转换器的输出为神经元学习控制所需要的状态量 $x_1(k)$、$x_2(k)$和 $x_3(k)$。它们的关系如下：

$$\begin{cases}x_1(k)=e(k)\\x_2(k)=\Delta e(k)=e(k)-e(k-1)\\x_3(k)=\Delta^2 e(k)=e(k)-2e(k-1)+e(k)\\z(k)=r_{\text{in}}(k)-y_{\text{out}}(k)=e(k)\end{cases} \tag{8-5}$$

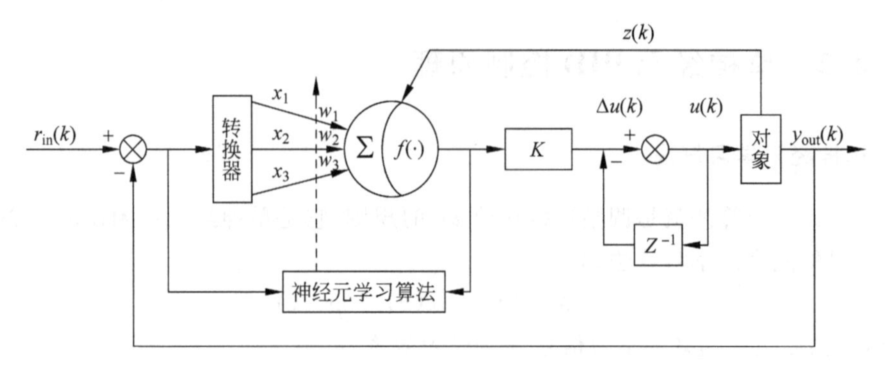

图 8-1 单神经元 PID 控制器结构

式中，$z(k)$为性能指标。

图 8-1 中，$w_i(k)$为对应于$x_i(k)$的加权系数，K为神经元的比例系数($K>0$)。神经元通过关联搜索来产生控制信号，即

$$\Delta u(k)=K\sum_{i=1}^{3}w_i(k)x_i(k) \tag{8-6}$$

$$u(k)=u(k-1)+K\sum_{i=1}^{3}w_i(k)x_i(k) \tag{8-7}$$

单神经元 PID 控制器通过对加权系数的调整来实现自适应、自组织功能，采用有监督的 Hebb 学习规则。为保证学习算法的收敛性和控制的鲁棒性，进行规范处理后可得

$$\begin{cases}u(k)=u(k-1)+K\sum_{i=1}^{3}w'(k)x_i(k)\\ w'_i(k)=w_i(k)\Big/\sum_{i=1}^{3}|w_i(k)|\\ w_1(k+1)=w_1(k)+\eta_{\mathrm{I}}z(k)u(k)x_1(k)\\ w_2(k+1)=w_2(k)+\eta_{\mathrm{P}}z(k)u(k)x_2(k)\\ w_3(k+1)=w_3(k)+\eta_{\mathrm{D}}z(k)u(k)x_3(k)\end{cases} \tag{8-8}$$

式中，η_{P}、η_{I}、η_{D}分别是比例、积分、微分的学习速率。对比例 P、积分 I 和微分 D 采用了不同的学习速率η_{P}、η_{I}、η_{D}，以便对不同的权系数进行调整。K值的选择非常重要，K值越大，系统的快速性越好，但超调量就会增大，甚至可能使系统不稳定。当被控对象时延增大时，K值必须减少，以保证系统稳定运行。

8.3 实验内容

(1) 单神经元自适应 PID 控制双闭环直流调速系统仿真建模。

(2) 空载启动时转速、电流仿真过程调试。

8.4 实验器材

(1) PC。

(2) MATLAB 6.5.1 仿真软件。

8.5 实验仿真

直流电动机参数：额定电压 220V，额定电流 136A，额定转速 1460r/min，电动势系数 $C_e=0.132$Vmin/r，允许过载倍数 $\lambda=1.5$；晶闸管装置放大系数 $K_s=40$；电枢回路总电阻 $R=0.5\Omega$；电枢时间常数 $T_l=0.03$s，励磁时间常数 $T_m=0.075$s。

8.5.1 仿真模型建立及参数设置

基于单神经元自适应 PID 控制双闭环直流调速系统结构图如图 8-2 所示。

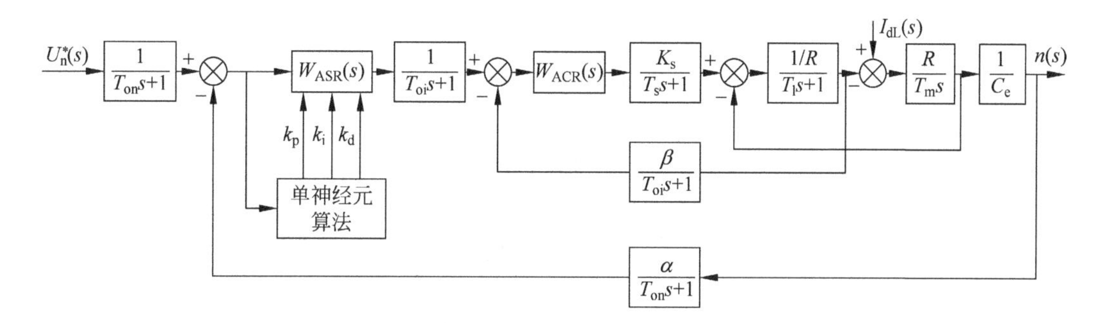

图 8-2　基于单神经元自适应 PID 控制双闭环直流调速系统结构图

在图 8-2 中，电流调节器仍然采用 PI 调节器，以提高系统的响应速度，实现对电流限幅。这里电流环被校正为典型 I 系统，其主要采用工程设计方法设计。转速调节器采用基于单神经元的 PID 控制器，其参数由单神经元自学习调整得到，从而克服系统运行过程中各种不利因素对系统造成的影响，以达到较好的控制效果。

基于 MATLAB 的 Simulink 工具箱建立了基于单神经元 PID 控制的双闭环直流调速系统仿真模型，如图 8-3 所示，通过实际的仿真实验测试单神经元 PID 控制器的性能。实验中电流 PI 调节器采用工程设计方法得到形式为 $K_{\mathrm{p}}\frac{\tau s+1}{\tau s}$，把 $K_{\mathrm{p}}\frac{\tau s+1}{\tau s}$ 写成 $K_{\mathrm{p}}+\frac{K_{\mathrm{p}}}{\tau s}$ 的形式，即 ACR 调节器的比例系数 $K_{\mathrm{p}}=1.013$，积分系数 $K_{\mathrm{i}}=\frac{K_{\mathrm{p}}}{\tau_{\mathrm{i}}}=\frac{1.013}{0.03}=33.77$，调节器上下限幅取为[−10 10]，基于 Simulink 工具箱，可建立如图 8-4 所示的常规 PID 控制器仿真结构。由于在 Simulink 中，不能用传递函数来表示单神经元 PID 控制器，无法简单地对控制系统进行仿真建模，因此在仿真系统中通过 S-函数建立并封装得到单神经元 PID 控制器模块，仿真结构图如图 8-5 所示。图 8-5 中增益模块 Gain1 参数设置为 1/10，增益模块 Gain2 参数设置为 10，这样设置目的在于分别对单神经元 PID 控制器的输入量进行归一化处理和对输出量进行反归一化处理。另外，由于电动机和电源过载能力的限制，必须对电枢电流进行限制，因此控制器的输出量 u 有最大限幅值 $\pm u_{\mathrm{m}}$（本系统 $u_{\mathrm{m}}=\pm 10\mathrm{V}$），仿真中设置限幅模块 Saturation，上下限幅为[−10，10]。

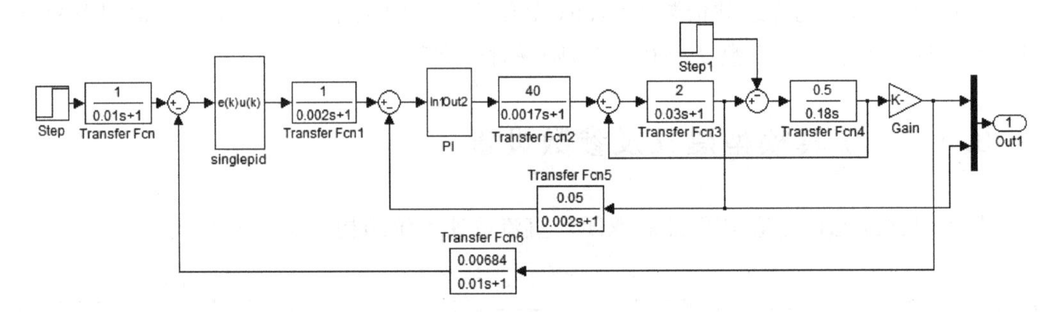

图 8-3 单神经元 PID 控制的双闭环直流调速系统仿真模型

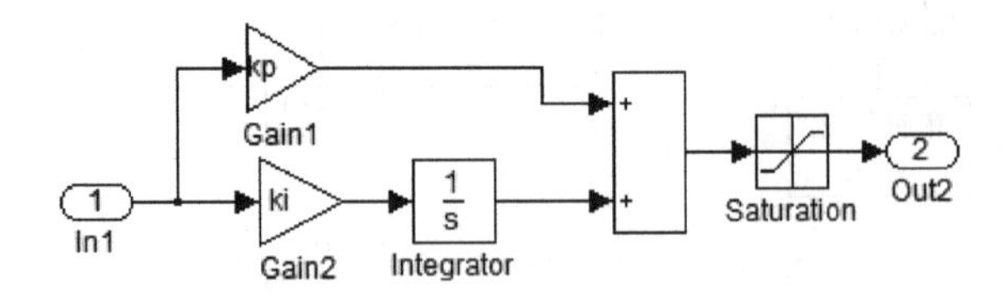

图 8-4 常规 PID 控制器仿真结构

S-函数名称、参数名设置如图 8-6 所示，S-函数参数值设置如图 8-7 所示。

1
e(k)
1/10
Gain1
1
z
Unit Delay
1
z
Unit Delay1
sn_pid
S-Function
1
z
Unit Delay2
10
Gain2
Saturation
1
u(k)
Scope1

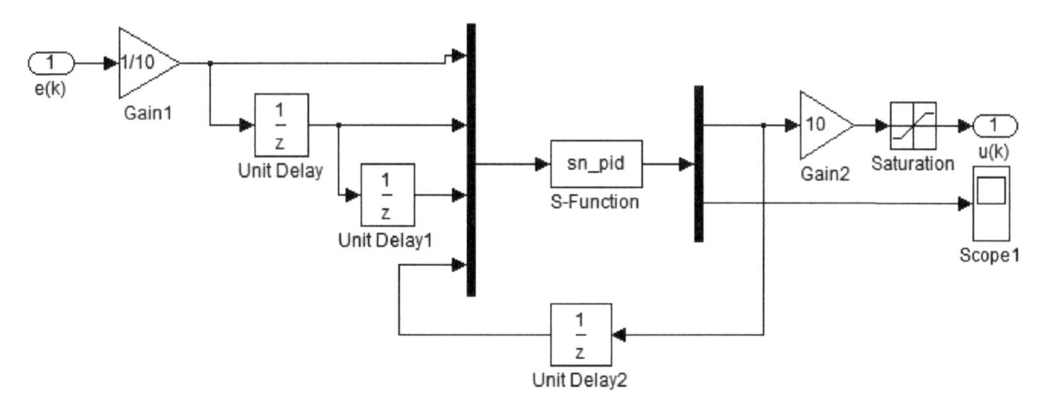

图 8-5　单神经元 PID 控制器仿真结构

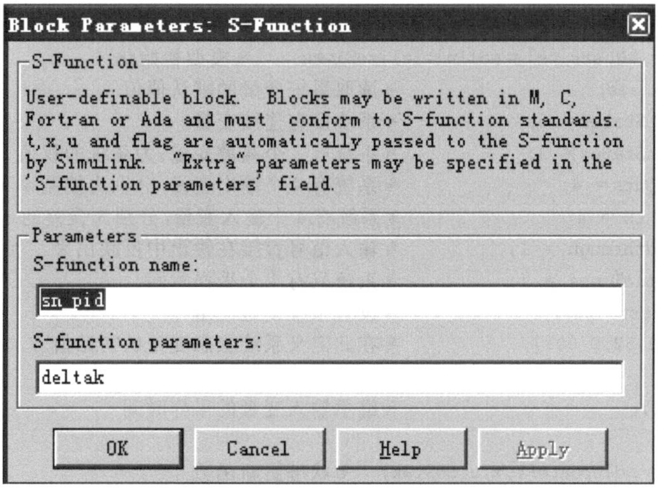

Block Parameters: S-Function
S-Function
User-definable block. Blocks may be written in M, C, Fortran or Ada and must conform to S-function standards. t,x,u and flag are automatically passed to the S-function by Simulink. "Extra" parameters may be specified in the 'S-function parameters' field.
Parameters
S-function name:
sn_pid
S-function parameters:
deltak
OK
Cancel
Help
Apply

图 8-6　S-函数名称、参数名设置

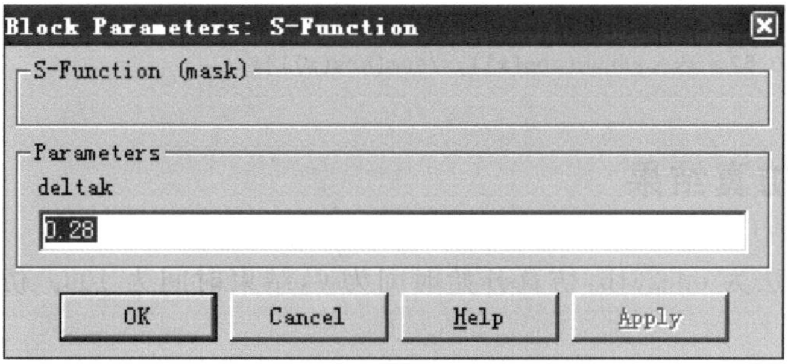

Block Parameters: S-Function
S-Function (mask)
Parameters
deltak
0.28
OK
Cancel
Help
Apply

图 8-7　S-函数参数值设置

在仿真框图 8-5 中，单神经元 PID 控制器的 S-函数仿真程序如下：

```
function [sys,x0,str,ts] = sfunction(t,x,u,flag,deltak)
switch flag,
  case 0,                              % 初始化函数
    [sys,x0,str,ts] = mdlInitializeSizes;
  case 2,                              % 离散状态更新函数
    sys = mdlUpdate(t,x,u,deltak);
  case 3,                              % 计算输出函数
    sys = mdlOutputs(t,x,u);
  case {1,4,9},                        % 未定义的 flag 值
    sys = [];
  otherwise                            % 出错处理函数
    error(['Unhandled flag = ',num2str(flag)]);
end

function [sys,x0,str,ts] = mdlInitializeSizes      % 模型初始化
sizes = simsizes;                      % 读取系统变量的默认值值
sizes.NumContStates = 0;               % 系统没有连续变量
sizes.NumDiscStates = 3;               % 系统有 3 个离散变量,为系统的权值
sizes.NumOutputs = 4;                  % 系统有 4 个输出变量,分别为控制率和归一化的权值
sizes.NumInputs = 4;                   % 系统有 4 个输入变量,分别为误差的 3 个时刻值即控制率
sizes.DirFeedthrough = 1;              % 输入信号直接在输出中反映出来
sizes.NumSampleTimes = 1;              % 系统只有 1 个采样时间
sys = simsizes(sizes);                 % 设置系统模型变量
x0 = [23.5,0.52,0.001];                % 在此定义系统状态变量的初始值
str = [];
ts = [-1 0];                           % 继承输入变量的采样时间

function sys = mdlUpdate(t,x,u,deltak)    % 状态更新函数
sys = x + deltak * u(1) * u(3) * (2 * u(1) - u(2));

function sys = mdlOutputs(t,x,u)       % 计算输出信号函数
xx = [u(1) - u(2) u(1) u(1) + u(3) - 2 * u(2)];
sys = [u(4) + 0.52 * xx * x/sum(abs(x));x/sum(abs(x))];
```

8.5.2 仿真结果

仿真选择算法为 ode23tb，仿真开始时间为 0，结束时间为 10s。仿真结果如图 8-8 所示。

从仿真结果可以见出，当给定信号为 10V 时，电机启动过程中转速上升时间快，过渡过程时间短，超调量小，在 3s 左右达到稳态，稳态时转速为 1460r/min。

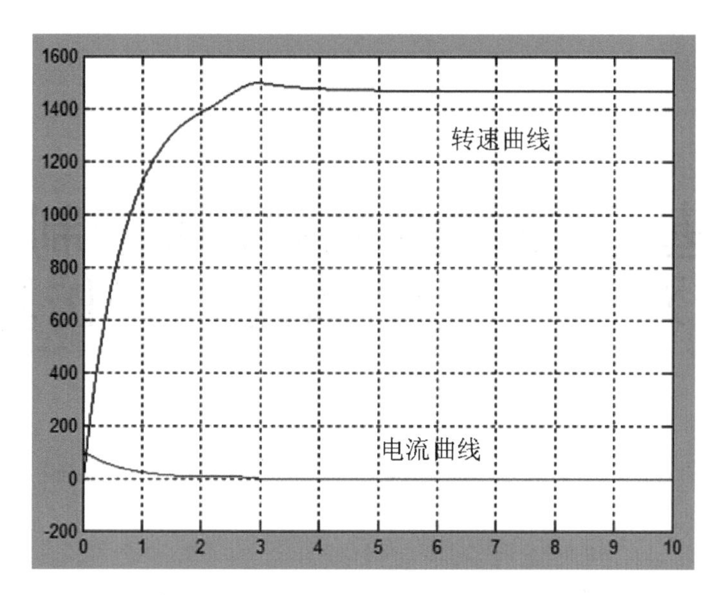

图 8-8　单神经元 PID 控制的双闭环直流调速系统仿真结果

8.6　实验报告

（1）根据仿真实验记录的数据分析系统的稳态特性。
（2）根据仿真实验记录的动态波形分析系统的动态过程。

8.7　思考题

（1）改变系统给定电压，得到系统不同转速响应曲线。
（2）当电网电压发生波动或负载扰动时，系统转速响应曲线如何？

第9章

基于BP神经网络PID控制的双闭环直流调速系统仿真

9.1 实验目的

(1) 深入理解双闭环直流调速系统的工作原理。

(2) 掌握系统调节器的工程设计方法,对系统进行综合分析。

(3) 能够在MATLAB编程环境下自行开发控制算法,培养一定的计算机应用能力及工程设计能力。

9.2 实验原理

神经网络具有任意非线性表达能力,可以通过对系统性能的学习来实现具有最佳组合的PID控制。利用BP神经网络可以建立参数K_p、K_i、K_d自整定的PID控制器。基于BP神经网络PID控制系统结构框图如图9-1所示,控制器由两部分组成。

(1) 经典增量式数字PID控制器。直接对系统转速进行闭环控制,并且3个参数K_p、K_i、K_d通过在线整定获得。

(2) BP神经网络。根据系统的运行状态,实时调整PID控制器的参数,以达到某种性能指标的最优化。使输出层神经元的输出状态对应于PID控制器的比例、积分、微分参数,通过神经网络的自学习、加权系数调整,使神经网络输出对应于某种最优控制规律下的PID控制器参数。

数字PID控制器算法为

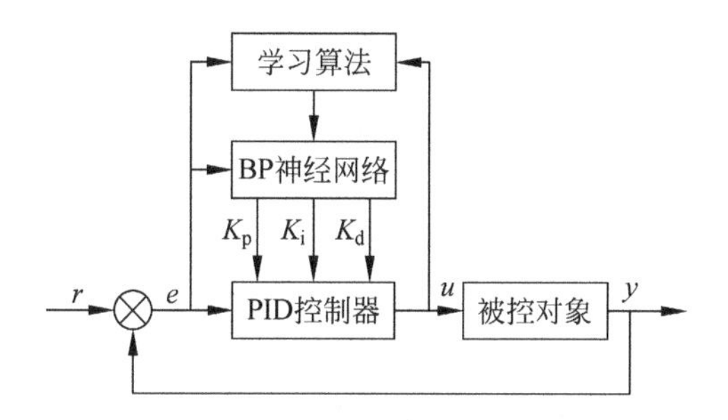

图 9-1　神经网络 PID 控制系统结构图

$$u(k)=u(k-1)+K_p(e(k)-e(k-1))+K_ie(k)+K_d(e(k)-2e(k-1)+e(k-2)) \quad (9\text{-}1)$$

式中，K_p、K_i、K_d 分别为比例、积分、微分系数；k 为采样序号，$e(k)$、$e(k-1)$、$e(k-2)$分别为第 k、$k-1$、$k-2$ 时刻所得的误差信号；$u(k)$、$u(k-1)$分别为第 k、$k-1$ 时刻 PID 控制器的输出。

将 K_p、K_i、K_d 视为依赖于系统运行状态的可调参数时，式(9-1)可描述为

$$u(k)=f[u(k-1),K_p,K_i,K_d,e(k),e(k-1),e(k-2)] \quad (9\text{-}2)$$

式中，$f(\cdot)$是与 K_p、K_i、K_d、$e(k)$、$e(k-1)$、$e(k-2)$、$u(k)$、$u(k-1)$有关的非线性函数。所以，可以用 BP 神经网络通过训练和学习来逼近 $f(\cdot)$，找到一个能使其取得最小值的 K_p、K_i、K_d，即最优控制规律。

BP 神经网络结构如图 9-2 所示，它是一种有隐含层的 4 层前馈网络，包括输入层、隐含层和输出层。输出层的 4 个输出分别对应于 PID 控制器的三个可调参数 K_p、K_i 和 K_d。由于 K_p、K_i 和 K_d 不能为负，所以输出层神经元的变换函数取非负的 Sigmoid 函数，而隐含层神经元的变换函数可取正负对称的 Sigmoid 函数。

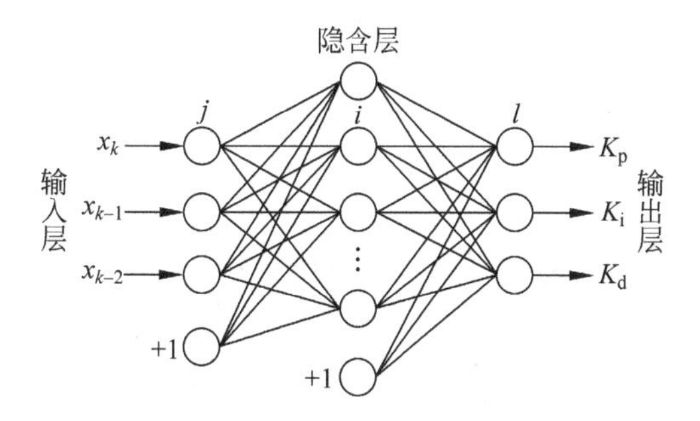

图 9-2　BP 神经网络结构图

BP 神经网络的输入为

$$o_j^{(1)}=x(j)\quad(j=0,1,\cdots,M) \quad (9\text{-}3)$$

隐含层的输入输出为

$$\begin{cases} net_i^{(2)}(k) = \sum_{j=0}^{3} w_{ij}^{(2)} o_j^{(1)}(k) \\ o_i^{(2)}(k) = f[net_i^{(2)}(k)] \end{cases} \quad (i = 0,1,\cdots,7) \tag{9-4}$$

输出层的输入输出为

$$\begin{cases} net_l^{(3)}(k) = \sum_{i=0}^{8} w_{li}^{(3)} o_i^{(2)}(k) \\ o_l^{(3)}(k) = g[net_l^{(3)}(k)] \\ o_0^{(3)}(k) = K_p \\ o_2^{(3)}(k) = K_i \\ o_3^{(3)}(k) = K_d \end{cases} \quad (l = 0,1,2) \tag{9-5}$$

以输出误差二次方为性能指标，其性能指标函数为

$$J = \frac{1}{2}[y_r(k+1) - y(k+1)]^2 = \frac{1}{2}z^2(k+1) \tag{9-6}$$

按照梯度下降法修正网络的加权系数，并附加一个使搜索快速收敛全局极小的惯性项，则 BP 神经网络输出层的加权系数修正公式为

$$\begin{cases} \Delta w_{li}^{(3)}(k+1) = \eta \delta_l^{(3)} o_i^{(2)}(k) + \alpha \Delta w_{li}^{(3)}(k) \\ \delta_l^{(3)} = e(k+1)\operatorname{sgn}\left(\dfrac{\partial y(k+1)}{\partial u(k)}\right)\dfrac{\partial u(k)}{\partial o_l^{(3)}(k)} g'[net_l^{(3)}(k)] \end{cases} \quad (l = 0,1,2) \tag{9-7}$$

式中，$g'(x)=g(x)[1-g(x)]$。

同理，可得隐含层加权系数的计算公式为

$$\begin{cases} \Delta w_{ij}^{(2)}(k+1) = \eta \delta_i^{(2)} o_j^{(1)}(k) + \alpha \Delta w_{ij}^{(2)}(k) \\ \delta_i^{(2)} = f'[net_i^{(2)}(k)] \sum_{l=0}^{2} \delta_l^{(3)} w_{li}^{(3)}(k) \end{cases} \quad (i = 0,1,2,\cdots,7) \tag{9-8}$$

式中，$f'(x)=[1-f^2(x)]/2$。

由此，BP 神经网络 PID 控制算法可总结归纳如下。

(1) 确定 BP 神经网络的结构，即确定输入层和隐含层的节点个数，选取各层加权系数的初值 $w_{ij}^{(2)}(0)$、$w_{li}^{(3)}(0)$，选定学习速率 η 和惯性系数 α，此时 $k=1$。

(2) 采样给定和反馈信号，即 $r(k)$ 和 $y(k)$，计算误差 $e(k)=r(k)-y(k)$。

(3) 确定输入量，同时进行归一化处理。

(4) 根据式(9-3)～式(9-5)，计算各层神经元的输入、输出，神经网络输出层的输出即为 PID 控制器的三个可调参数 K_p、K_i 和 K_d。

(5) 根据式(9-1),计算 PID 控制器的控制输出 $u(k)$,同时进行反归一化处理。

(6) 进行神经网络学习,实时自动调整输出层和隐含层的加权系数 $w_{li}^{(3)}(k)$ 和 $w_{ij}^{(2)}(k)$,实现 PID 控制参数的自适应调整。

(7) 置 $k=k+1$,返回步骤(2)。

9.3 实验内容

(1) BP 神经网络 PID 控制的双闭环直流调速系统仿真建模。

(2) 空载启动时转速、电流仿真过程调试。

9.4 实验器材

(1) PC。

(2) MATLAB 6.5.1 仿真软件。

9.5 实验仿真

直流电动机参数:额定电压 220V,额定电流 136A,额定转速 1460r/min,电动势系数 $C_e=0.132$Vmin/r,允许过载倍数 $\lambda=1.5$;晶闸管装置放大系数 $K_s=40$;电枢回路总电阻 $R=0.5\Omega$;电枢时间常数 $T_l=0.03$s,励磁时间常数 $T_m=0.075$s。

9.5.1 仿真模型建立及参数设置

基于 BP 神经网络 PID 控制的双闭环直流调速系统结构图如图 9-3 所示。

图 9-3 中,电流调节器仍然采用 PI 调节器,提高系统的响应速度,实现电流限幅。这里电流环被校正为典Ⅰ型系统,其参数采用工程设计方法设计。转速调节器采用基于 BP 神经网络的 PID 控制器,其参数由 BP 神经网络自学习调整得到,从而克服系统运行过程中各种不利因素对系统所造成的影响,以达到较好的控制效果。

基于 MATLAB 的 Simulink 工具箱建立了基于 BP 神经网络 PID 控制的双闭环直流调速系统仿真模型,如图 9-4 所示,通过实际的仿真实验测试 BP 神经网络 PID 控制器的

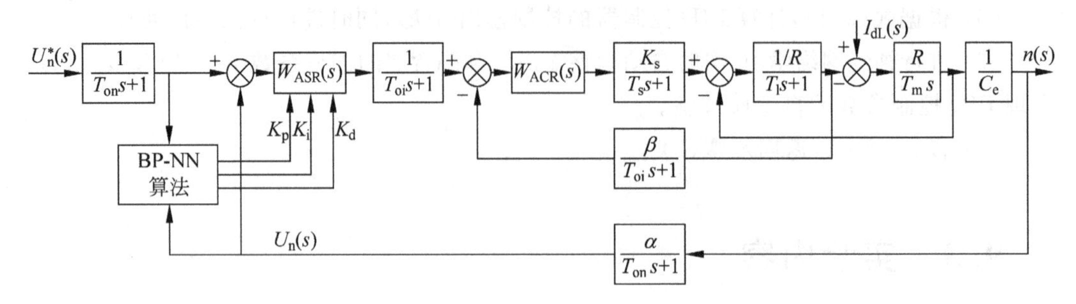

图 9-3 BP 神经网络 PID 控制的双闭环直流调速系统结构图

性能。实验中电流 PI 调节器采用工程设计方法得到的形式为 $K_p\frac{\tau s+1}{\tau s}$，把 $K_p\frac{\tau s+1}{\tau s}$ 写成 $K_p+\frac{K_p}{\tau s}$ 的形式，即 ACR 调节器的比例系数 $K_p=1.013$，积分系数 $K_i=\frac{K_p}{\tau_i}=\frac{1.013}{0.03}=33.77$，调节器上下限幅取为[－10 10]，基于 Simulink 工具箱，可建立如图 9-5 所示的常规 PID 控制器仿真结构。由于在 Simulink 中，不能用传递函数来表示 BP 神经网络 PID 控制器，无法简单地对控制系统进行仿真建模，因此在仿真系统中通过 S-函数建立并封装得到 BP 神经网络 PID 控制器模块，仿真结构图如图 9-6 所示。

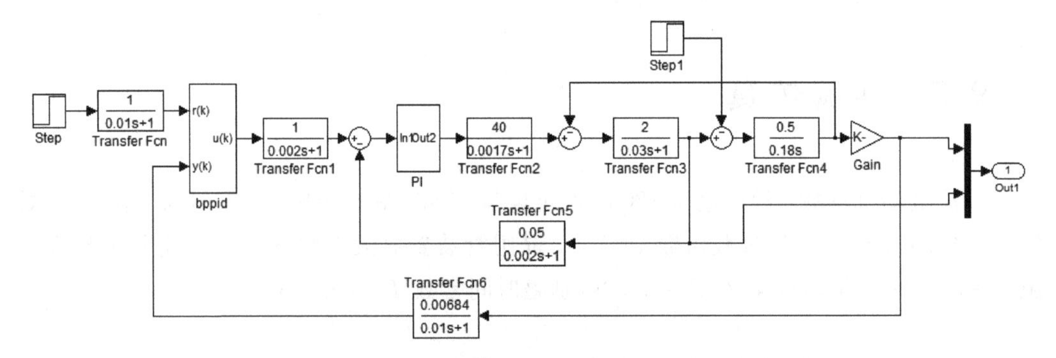

图 9-4 BP 神经网络 PID 控制的双闭环直流调速系统仿真模型

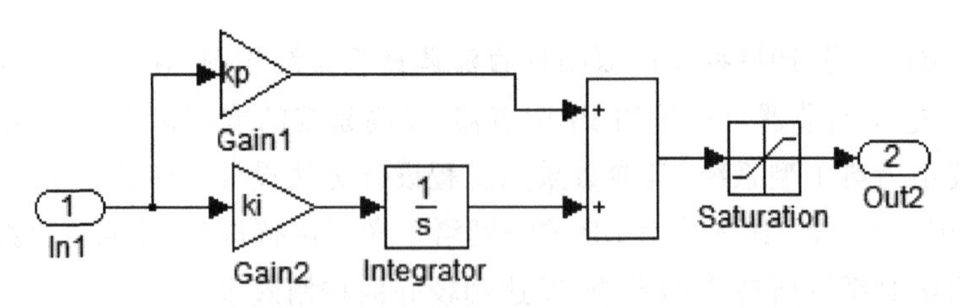

图 9-5 常规 PID 控制器仿真结构

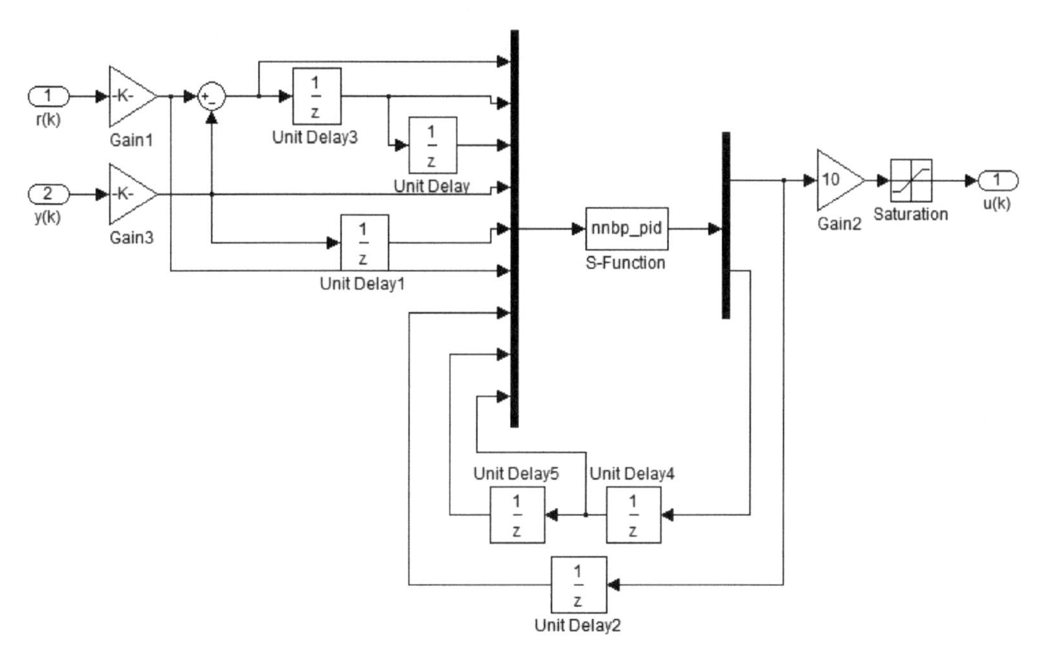

图 9-6　BP 神经网络 PID 控制器仿真结构

S-函数名称、参数名设置如图 9-7 所示，S-函数参数值设置如图 9-8 所示。

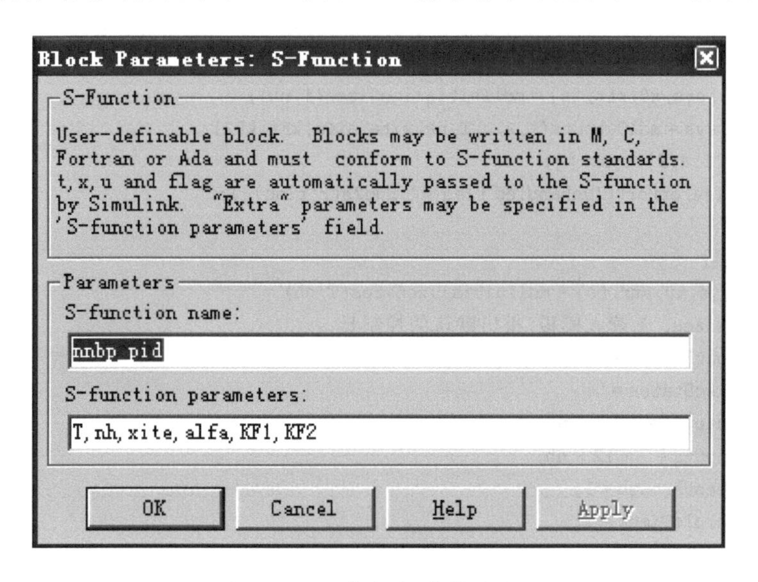

图 9-7　S-函数名称、参数名设置

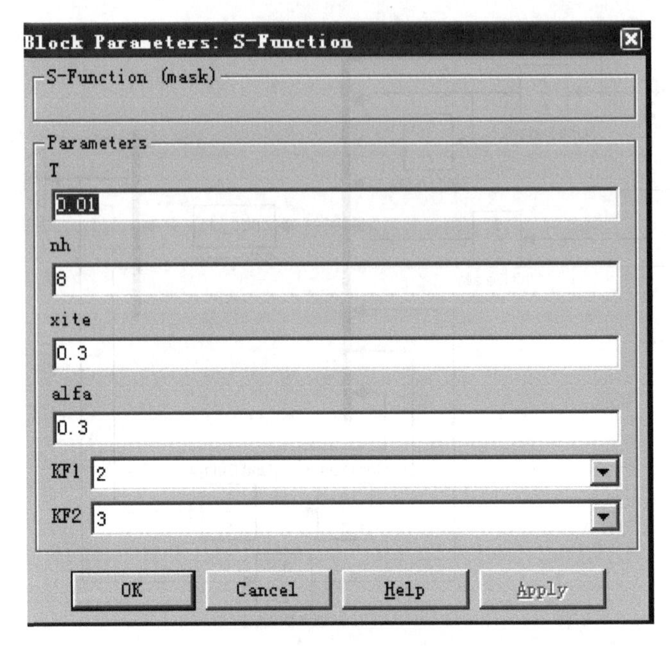

图 9-8　S-函数参数值设置

在仿真框图中基于 BP 网络的 PID 控制器的 S-函数仿真程序如下：

```
function [sys,x0,str,ts] = nnbp_pid(t,x,u,flag,T,nh,xite,alfa,kF1,kF2)
switch flag,
    case 0,[sys,x0,str,ts] = mdlInitializeSizes(T,nh);
    case 4,sys = mdlOutputs(t,x,u,T,nh,xite,alfa,kF1,kF2);
    case{1,2,4,9},sys = [];
    otherwise,error(['Unhandled flag = ',num2str(flag)]);
end;
%初始化函数
function [sys,x0,str,ts] = mdlInitializeSizes(T,nh)
sizes = simsizes; %读入模板,得出默认的控制量
sizes.NumContStates = 0;
sizes.NumDiscStates = 0;
sizes.NumOutputs = 1 + 6 * nh;
sizes.NumInputs = 7 + 12 * nh;
sizes.DirFeedthrough = 1;
sizes.NumSampleTimes = 1;
sys = simsizes(sizes);
x0 = [];
str = [];
ts = [T 0];
```

```
%系统输出计算函数
function sys = mdlOutputs(t,x,u,T,nh,xite,alfa,kF1,kF2)
wi_2 = reshape(u(8:7 + 3 * nh),nh,3);wo_2 = reshape(u(8 + 3 * nh:7 + 6 * nh),3,nh);
wi_1 = reshape(u(8 + 6 * nh:7 + 9 * nh),nh,3);
wo_1 = reshape(u(8 + 9 * nh:7 + 12 * nh),3,nh);
xi = [u(6),u(4),u(1)];xx = [u(1) - u(2);u(1);u(1) + u(3) - 2 * u(2)];
I = xi * wi_1';Oh = non_transfun(I,kF1);K = non_transfun(wo_1 * Oh',kF2);
uu = u(7) + K' * xx;dyu = sign((u(4) - u(5))/(uu - u(7) + 0.0000001));
dK = non_transfun(K,3);delta3 = u(1) * dyu * xx. * dK;
wo = wo_1 + xite * delta3 * Oh + alfa * (wo_1 - wo_2);
dOh = non_transfun(Oh,3);
wi = wi_1 + xite * (dOh. * (delta3' * wo))' * xi + alfa * (wi_1 - wi_2);
sys = [uu;wi(:);wo(:)];
%激活函数近似
function W1 = non_transfun(W,key)
switch key
    case 1,W1 = (exp(W) - exp( - W))./(exp(W) + exp( - W));
    case 2,W1 = exp(W)./(exp(W) + exp( - W));
    case 3,W1 = 2./(exp(W) + exp( - W)).^2;
end
```

仿真中BP神经网络采用3-8-3的结构，即网络输入层有3个节点，分别为系统k时刻的输入$r(k)$，k时刻的输出$y(k)$，k时刻转速调节器ASR的输入$e(k)$，这些输入点的选取将充分利用系统的运行状态，让BP神经网络更好地实时对系统进行控制和调节。图9-6中增益模块Gain，Gain1参数设置为1/10，增益模块Gain2参数设置为10，这样设置目的在于分别对BP神经网络PID控制器的输入量进行归一化处理和输出量进行反归一化处理。另外，由于电动机和电源过载能力的限制，必须对电枢电流进行限制，因此控制器的输出量u有最大限幅值$\pm u_m$(本系统$u_m = \pm 10V$)。其他仿真参数设置为：学习速率0.3，惯性系数0.3，采样时间0.01s，仿真算法ode23tb。

9.5.2　仿真结果

仿真选择算法为ode23tb，仿真开始时间为0，结束时间为10s。

仿真结果如图9-9所示。

从仿真结果可以看出，BP神经网络PID控制的双闭环直流调速系统具有较小的超调量、较短的调节时间，电机启动后在1.2s左右达到稳态，稳态时转速为1460r/min，系统具有较好的动态响应特性和静态特性。

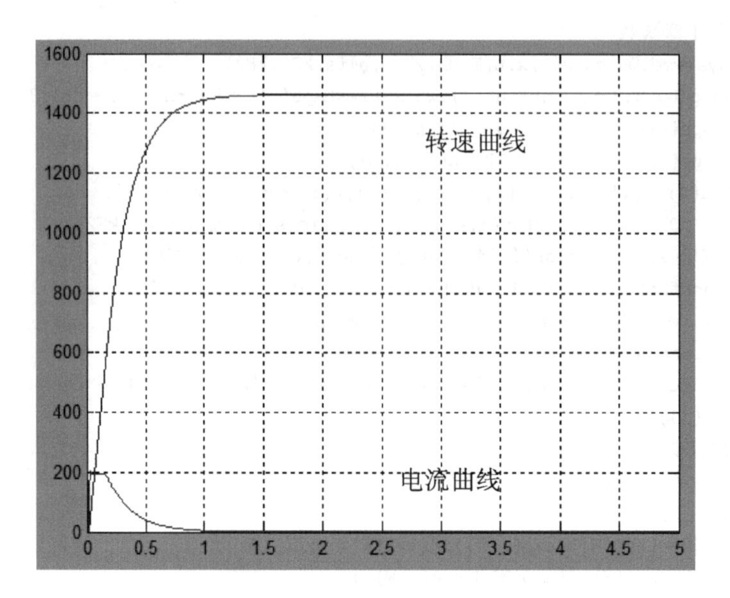

图 9-9　BP 神经网络 PID 控制的双闭环直流调速系统仿真结果

9.6　实验报告

(1) 根据仿真实验记录的数据分析系统的稳态特性。

(2) 根据仿真实验记录的动态波形分析系统的动态过程。

9.7　思考题

(1) 改变系统给定电压，得到系统不同转速响应曲线。

(2) 当电网电压发生波动或负载扰动时，系统转速响应曲线如何？

第10章

基于模糊自适应PID控制的双闭环直流调速系统仿真

10.1 实验目的

(1) 深入理解双闭环直流调速系统的工作原理。

(2) 掌握系统调节器的工程设计方法，对系统进行综合分析。

(3) 能够在 MATLAB 编程环境下自行开发控制算法，培养一定的计算机应用能力及工程设计能力。

10.2 实验原理

模糊控制器主要由模糊化模块、模糊推理模块、解模糊模块和知识库模块四部分组成，模糊控制器结构如图 10-1 所示。

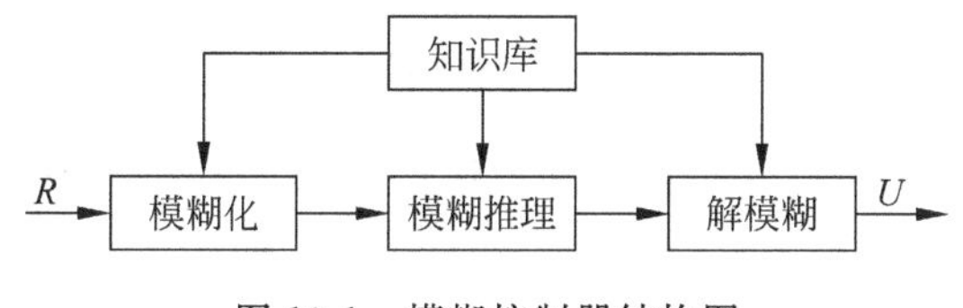

图 10-1　模糊控制器结构图

1. 模糊化

该模块根据特定算法将准确输入量值转换为模糊输入量值。在转化过程中，首先将采样到的精确输入量除以量化因子进行量化处理，然后得到在模糊控制论域范围内的量化值，接着再将量化后的值进一步模糊化处理，得到模糊的输入值。

2. 模糊推理

该模块结合模糊逻辑规则处理已模糊化后的输入值，得到输出的模糊值。

3. 解模糊

为确保被控对象的正常运行，控制器的控制输出必然为准确值而非模糊值，因此虽然被控对象采用模糊控制器代替传统 PI 控制器作为控制策略，但是输出量要经过解模糊处理。该模块的作用就是将已经被模糊推理模块处理过的模糊输出值进行与模糊化模块相反的操作，从而得到精确的输出值。

4. 知识库

该模块包含了数据库信息和模糊控制规则库的逻辑规则。数据库主要包括了输入输出变量的隶属度函数以及模糊控制器所采用的输入输出量化因子值等信息。模糊控制规则库则包含了一系列用模糊语言所描写的计算机语言规则，这些规则通常由控制专家将控制规则与实际操作经验相结合，人为地将其抽象为数学逻辑规则，然后利用计算机语言写出具体控制逻辑规则。

以系统误差和误差变化率作为输入变量的二元输入模糊控制器系统框图如图 10-2 所示。

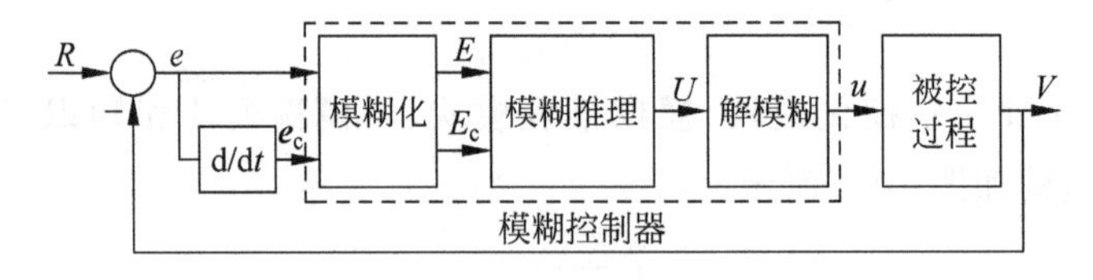

图 10-2 模糊控制器

图 10-2 中，根据控制器的给定值 R 和反馈值 V 计算获得系统误差 e。e、e_c 分别为误差和误差变化率的精确值，E、E_c 分别为模糊化处理后的误差和误差变化率模糊值，u 为模糊控制器的最终精确输出值。

10.3　实验内容

(1) 模糊自适应 PID 控制的双闭环直流调速系统仿真建模。

(2) 空载启动时转速、电流仿真过程调试。

10.4　实验器材

(1) PC。

(2) MATLAB 6.5.1 仿真软件。

10.5　实验仿真

直流电动机参数：额定电压 220V，额定电流 55A，额定转速 1000r/min，电动势系数 $C_e=0.1925$Vmin/r，允许过载倍数 $\lambda=1.5$；晶闸管装置放大系数 $K_s=44$；电枢回路总电阻 $R=1.0\Omega$；电枢时间常数 $T_l=0.017$s，励磁时间常数 $T_m=0.075$s。

10.5.1　仿真模型建立及参数设置

选取双闭环直流调速系统作为研究对象，设计参数自整定模糊 PID 控制器控制转速。该控制器主要由模糊推理器和参数可调整的 PID 控制器两部分组成，模糊推理器以偏差 e 和偏差变化率 e_c 作为输入，以传统 PID 控制器的三个参数 K_p、K_i 和 K_d 为输出，采用模糊推理方法实现对这三个参数的在线自适应调整，调整后的参数则被应用到传统 PID 控制中用以提高系统的控制性能，其基本结构如图 10-3 所示。

1. 模糊自适应 PID 控制器的设计

1) 确定输入变量并模糊化

将电机转速的实测值与给定值相比较算出偏差 e 和偏差变化率 e_c 作为输入变量，论域定义为：$e,e_c=\{-3,-2,-1,0,1,2,3\}$，模糊子集定义为：$e,e_c=\{NB,NM,NS,ZO,PS,PM,PB\}$，服从高斯型隶属度函数分布曲线。

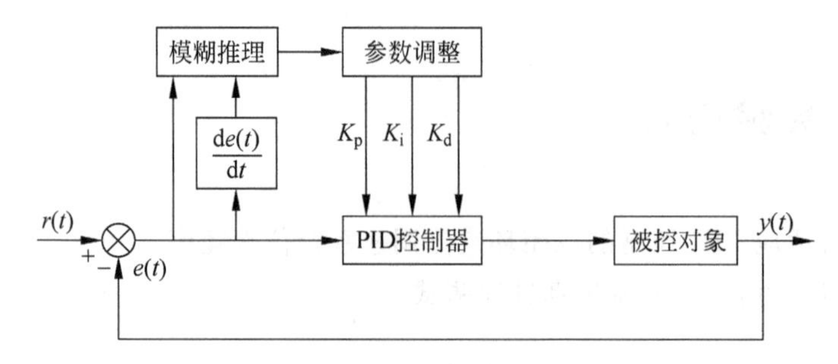

图 10-3　模糊自适应 PID 控制器结构框图

2）确定输出变量和隶属函数

以 PID 控制器的 K_p、K_i、K_d 3 个参数作为输出变量。K_p、K_i 和 K_d 的论域定义为{−3,−2,−1,0,1,2,3}；K_p、K_i、K_d 的模糊子集为{NB,NM,NS,ZE,PS,PM,PB}，服从三角形隶属函数分布曲线。

3）确定模糊控制规则

模糊推理的核心是由 if…then…语句构成的一系列的模糊控制规则。这里，选取合适的控制规则将直接关系到系统性能的优劣。通过总结工程设计人员的技术知识和现场实际操作经验，制定出 3 个输出参数的模糊规则表，如表 10-1～表 10-3 所示。

表 10-1　K_p 的模糊规则表

K_p		e						
		NB	NM	NS	ZO	PS	PM	PB
e_c	NB	PB	PB	PM	PM	PS	PS	ZO
	NM	PB	PB	PM	PM	PS	ZO	ZO
	NS	PM	PM	PM	PS	ZO	NS	NM
	ZO	PM	PS	PS	ZO	NS	NM	NM
	PS	PS	PS	ZO	NS	NS	NM	NM
	PM	NM	ZO	NS	NM	NM	NM	NB
	PB	ZO	NS	NS	NM	NM	NB	NB

表 10-2　K_i 的模糊规则表

K_i		e						
		NB	NM	NS	ZO	PS	PM	PB
e_c	NB	PS	PS	ZO	ZO	ZO	PB	PB
	NM	NS	NS	NS	NS	ZO	NS	PM
	NS	NB	NB	NM	NS	ZO	PS	PM
	ZO	NB	NM	NM	NS	ZO	PS	PM
	PS	NM	NM	NS	ZO	ZO	PS	PS
	PM	NM	NS	NS	ZO	ZO	PS	PS
	PB	PS	ZO	ZO	ZO	ZO	PB	PB

表 10-3　K_d 的模糊规则表

K_d		e						
		NB	NM	NS	ZO	PS	PM	PB
e_c	NB	PS	PS	ZO	ZO	ZO	PB	PB
	NM	NS	NS	NS	NS	ZO	NS	PM
	NS	NB	NB	NM	NS	ZO	PS	PM
	ZO	NB	NM	NM	NS	ZO	PS	PM
	PS	NM	NM	NS	ZO	ZO	PS	PS
	PM	NM	NS	NS	ZO	ZO	PS	PS
	PB	PS	ZO	ZO	ZO	ZO	PB	PB

4）在线自校正

模糊控制规则表制定好以后，假设 e、e_c 和 K_p、K_i、K_d 均服从正态分布，可以得出各模糊子集的隶属度，根据各模糊子集的隶属度赋值表和各参数模糊控制模型，应用模糊合成推理设计 PID 参数的模糊矩阵表，查出修正参数 ΔK_p、ΔK_i 和 ΔK_d，结合预整定值 K_p'、K_i'和 K_d'，利用式(10-1)～式(10-3)即可计算出当前的 K_p、K_i 和 K_d 值。

$$K_p = K_p' + \Delta K_p \tag{10-1}$$

$$K_i = K_i' + \Delta K_i \tag{10-2}$$

$$K_d = K_d' + \Delta K_d \tag{10-3}$$

在线运行过程中，双闭环直流调速控制系统通过对模糊规则的结果处理、查表和运算，从而完成在线自校正，工作流程如图 10-4 所示。

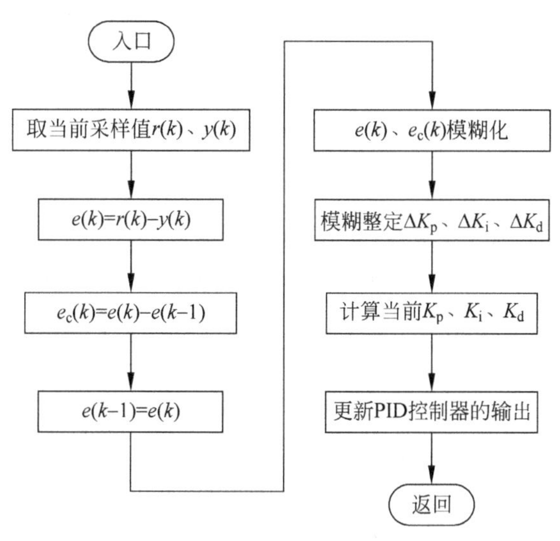

图 10-4　模糊自整定 PID 参数在线自校正工作流程

2. 基于 MATLAB 模糊逻辑工具箱设计控制器

1）模糊推理系统模型的确立

在 MATLAB 的命令窗口输入 fuzzy 命令启动模糊推理系统编辑界面，如图 10-5 所示。在该界面中，默认的系统是单输入单输出的，建立本文模糊推理系统模型需要双路输入、三路输出，信号由菜单项 Edit→Add Variable→Input/Output 来添加。本模糊推理系统采用 Mamdani 决策方法，采用重心法解模糊。

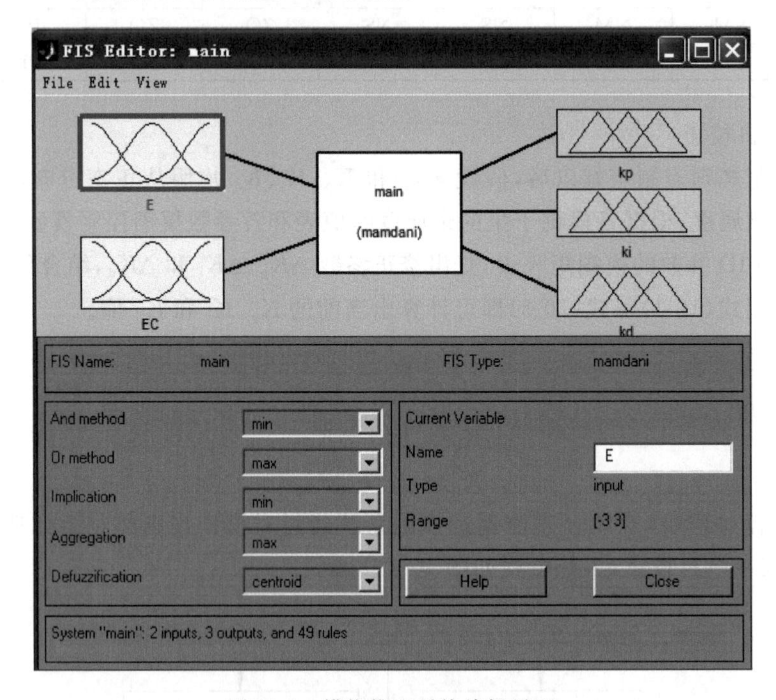

图 10-5 模糊推理系统编辑界面

2）隶属函数的确立

选择 Edit→Membership Functions Editor 菜单项，则可进入模糊推理隶属度函数编辑界面，如图 10-6 所示。在该界面中，选择 Edit→Add MFs 菜单，选择高斯形隶属函数，确定各输入输出变量的模糊子集和论域。

3）编辑模糊推理系统

选择 Edit→Rules 菜单项，则可进入模糊规则编辑界面，如图 10-7 所示，将规则逐一输入进该界面。可以由 Add rule 添加规则，用 Change rule 修改规则，本例中共需要编辑 49 条规则。建立起模糊控制规则后，由 View→Surface 可以显示模糊控制器的输入输出关系曲线，如图 10-8 所示。显然，模糊控制是一种非线性控制。

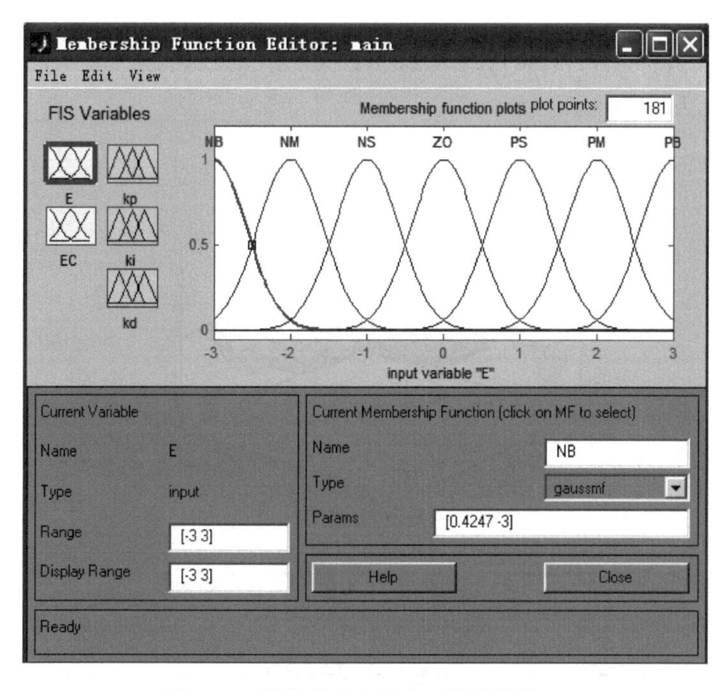

图 10-6　模糊推理隶属度函数编辑界面

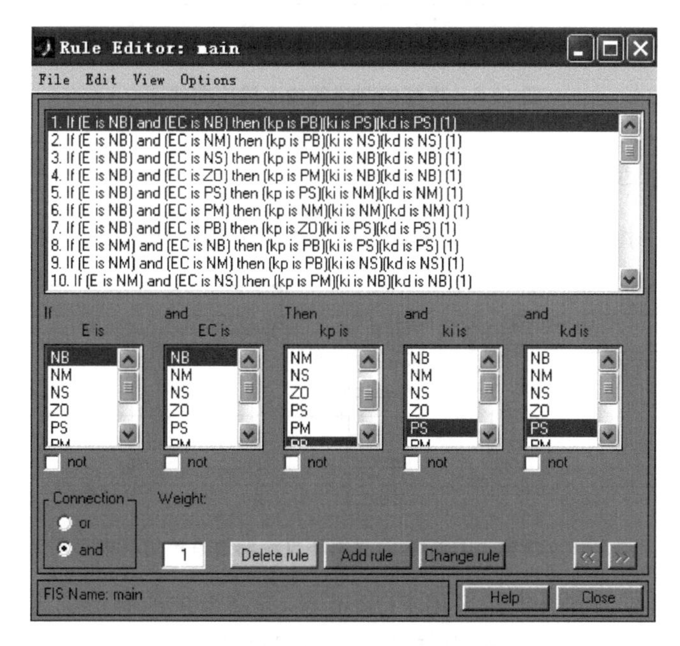

图 10-7　模糊推理规则编辑界面

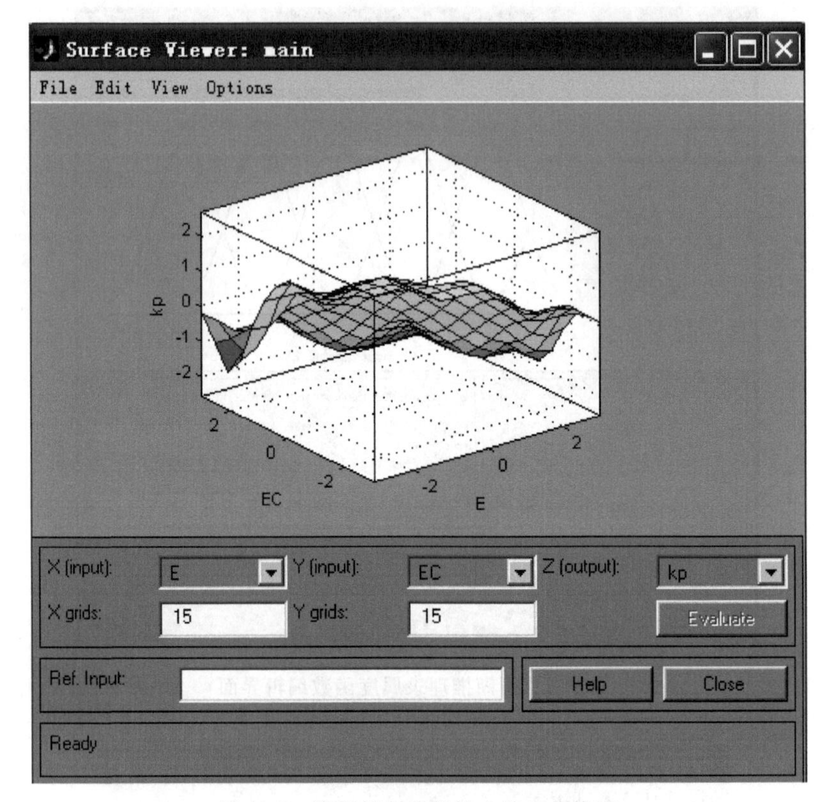

图 10-8　模糊控制器的输入输出曲线图

3. 系统仿真模型

基于模糊 PID 控制的双闭环直流调速系统仿真模型图如图 10-9 所示。

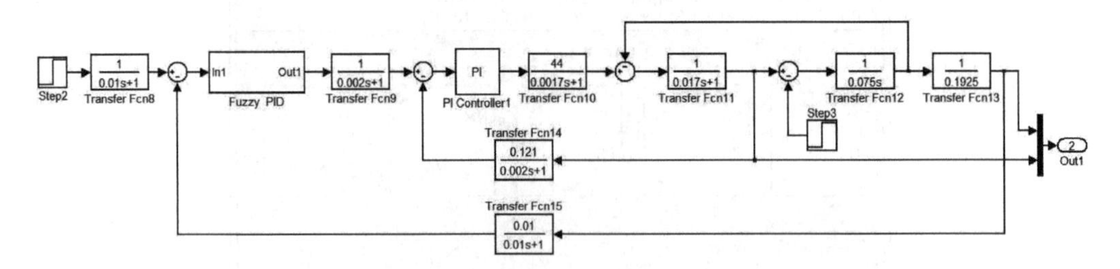

图 10-9　模糊 PID 控制的双闭环直流调速系统仿真模型图

图 10-9 中，电流调节器仍然采用 PI 调节器，提高系统的响应速度，实现电流限幅。这里电流环被校正为典Ⅰ型系统，其参数采用工程设计方法设计。转速调节器采用模糊自适应 PID 控制器，其参数由模糊推理器在线实时调整得到，从而克服系统运行过程中

各种不利因素对系统造成的影响，以达到较好的控制效果。

实验中电流 PI 调节器采用工程设计方法得到 $K_p \dfrac{\tau s+1}{\tau s}$ 的形式，把 $K_p \dfrac{\tau s+1}{\tau s}$ 写成 $K_p+\dfrac{K_p}{\tau s}$ 的形式，即 ACR 调节器的比例系数 $K_p=0.43$，积分系数 $K_i=\dfrac{K_p}{\tau_i}=\dfrac{0.43}{0.017}\approx 25.3$，调节器上下限幅取为[−10　10]。由于在 Simulink 中，不能用传递函数来表示模糊自适应 PID 控制器，无法简单地对控制系统进行仿真建模，因此在仿真系统中通过借助模糊逻辑工具箱建立并封装得到模糊自适应 PID 控制器模块，仿真结构图如图 10-10 所示，该模块可直接用于闭环系统建模。由于电动机和电源过载能力的限制，必须对电枢电流进行限制，因此控制器的输出量 u 有最大限幅值 $\pm u_m$（本系统 $u_m=\pm 10\text{V}$）。

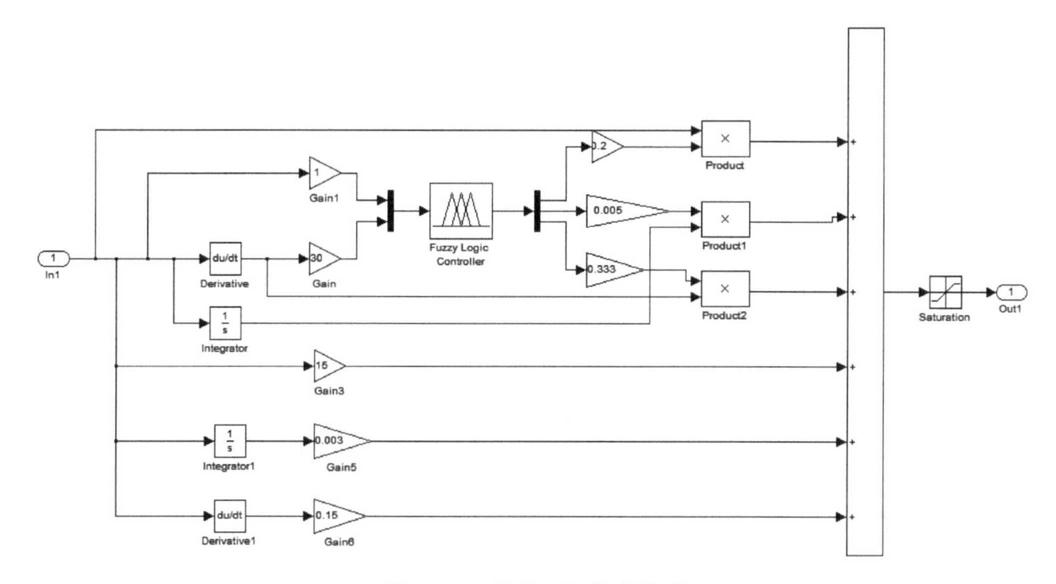

图 10-10　模糊 PID 仿真模型

仿真前，运用 readfis 指令，将 main. fis 文件加载到模糊逻辑控制器模块 Fuzzy Logic Controller 中，实现 fis 型文件同 simulink 的链接。双击模糊逻辑控制器模块 Fuzzy Logic Controller 并在 Parameters 中输入 readfis 命令，打开 main. fis 文件。

10.5.2　仿真结果

仿真选择算法为 ode23tb，仿真开始时间为 0，结束时间为 2s。仿真结果如图 10-11 所示。

从仿真结果可以看出，模糊自适应 PID 控制的双闭环直流调速系统具有较小的超调

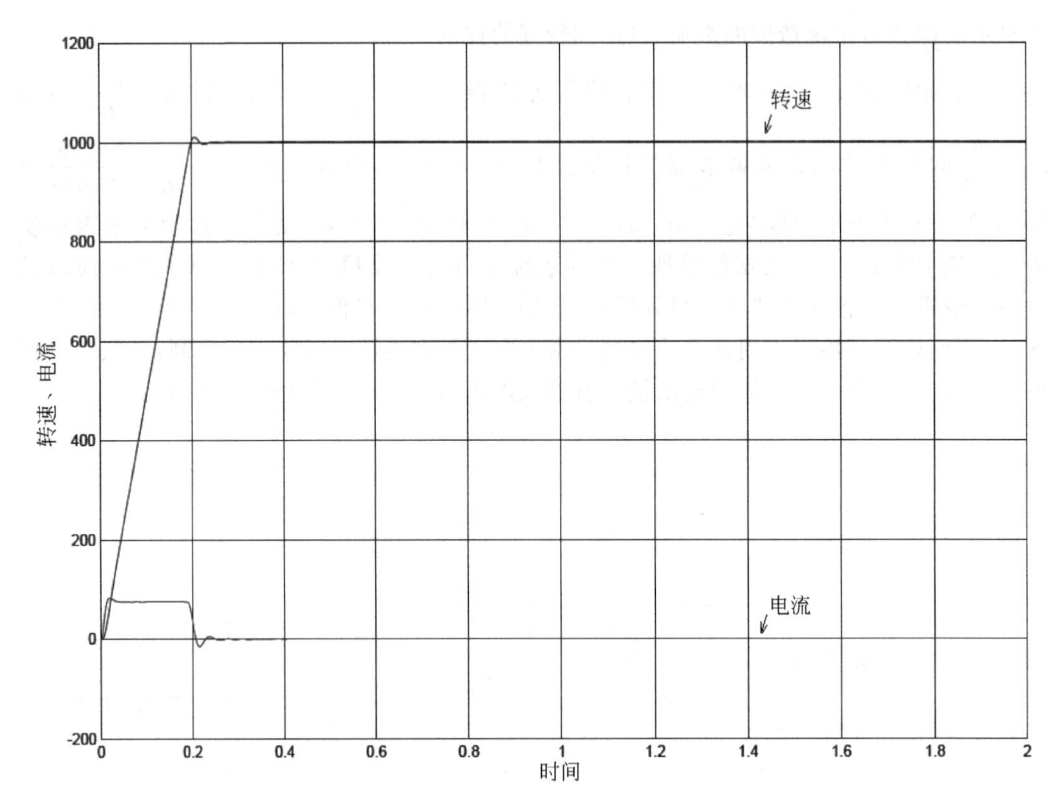

图 10-11　模糊自适应 PID 控制的双闭环直流调速系统仿真结果

量、较短的调节时间，电机启动后在 0.2s 时上升到给定转速，超调量为 1%，0.24s 左右达到稳态，稳态时转速为 1000r/min，系统具有动态响应能力快、超调量小、稳速精度高等特点。

10.6　实验报告

(1) 根据仿真实验记录的数据分析系统的稳态特性。

(2) 根据仿真实验记录的动态波形分析系统的动态过程。

10.7　思考题

(1) 改变系统给定电压，得到系统不同转速响应曲线。

(2) 当电网电压发生波动或负载扰动时，系统转速响应曲线如何？

第11章

转速、磁链闭环控制的矢量控制系统仿真

11.1 实验目的

(1) 深入理解转速、磁链闭环控制的矢量控制系统的工作原理。

(2) 掌握系统调节器的工程设计方法,对系统进行综合分析。

(3) 能够在 MATLAB 编程环境下建立较复杂控制系统仿真模型,培养一定的计算机应用能力及工程设计能力。

11.2 实验原理

为了克服磁链开环的缺点,做到磁链恒定,采用转速、磁链闭环控制的矢量控制系统,如图 11-1 所示。系统在转速环内增设转矩内环,这有助于解耦,因为磁链对控制对象的影响相当于扰动,转矩内环可以抑制这个扰动,从而改造转速子系统。图 11-1 中的"电流变换和磁链观测"环节就是转子磁链的计算模型。主电路选择了电流滞环跟踪控制的变频器,其目的是为了对输出电流进行控制。"电流变换及磁链观测"环节的输出用在旋转变换中,输出的转子磁链信号用于磁链闭环控制和反馈转矩中。给定转速 ω^* 经过速度调节器 ASR 输出转矩指令 T_e^*,经转矩闭环及转矩调节器 ATR 输出得到的电流为定子电流的转矩分量 i_{st}^*,转速传感器测得的转速 ω 经函数发生器后得到转子磁链给定值 Ψ_r^*,经磁链闭环后,经过磁链调节器 AΨR 输出定子电流给定值 i_{sm}^*,再经过 VR^{-1} 和 2/3 坐标变换到定子电流给定信号 i_A^*、i_B^*、i_C^*,由电流滞环型逆变器来跟踪三相电流指令,实现异步

电动机磁链闭环的矢量控制。系统中还画出了转速正、反向和弱磁升速环节，磁链给定信号由函数发生程序获得，转速调节器的输出作为转矩给定信号，弱磁时它也受到磁链给定信号的控制。

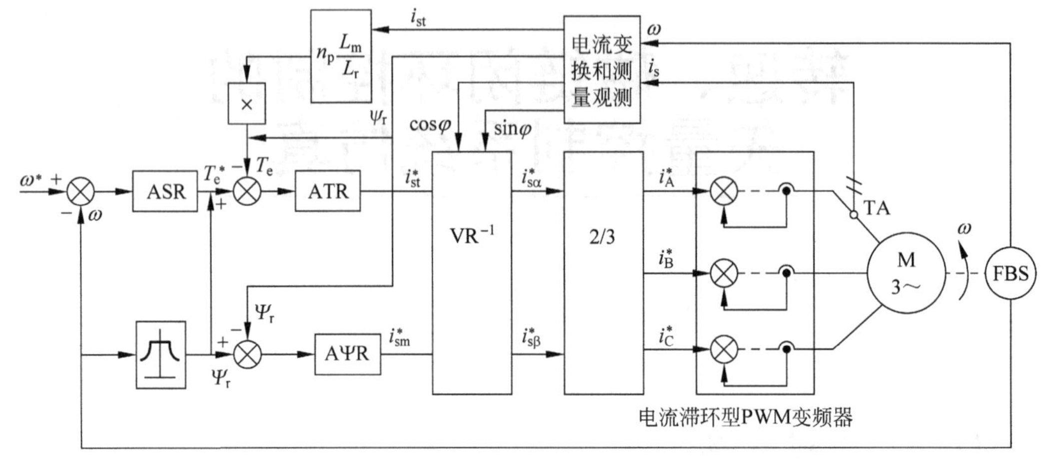

图 11-1 转速、磁链闭环矢量控制系统

11.3 实验内容

(1) 转速、磁链闭环矢量控制系统主电路和控制电路仿真建模。
(2) 不同给定转速下，转速、电流和转矩仿真过程分析。

11.4 实验器材

(1) PC。
(2) MATLAB 6.5.1 仿真软件。

11.5 实验仿真

11.5.1 仿真模型建立及参数设置

按转子磁链定向的转速、磁链闭环控制的矢量控制系统仿真如图 11-2 所示。仿真实验步骤如下。

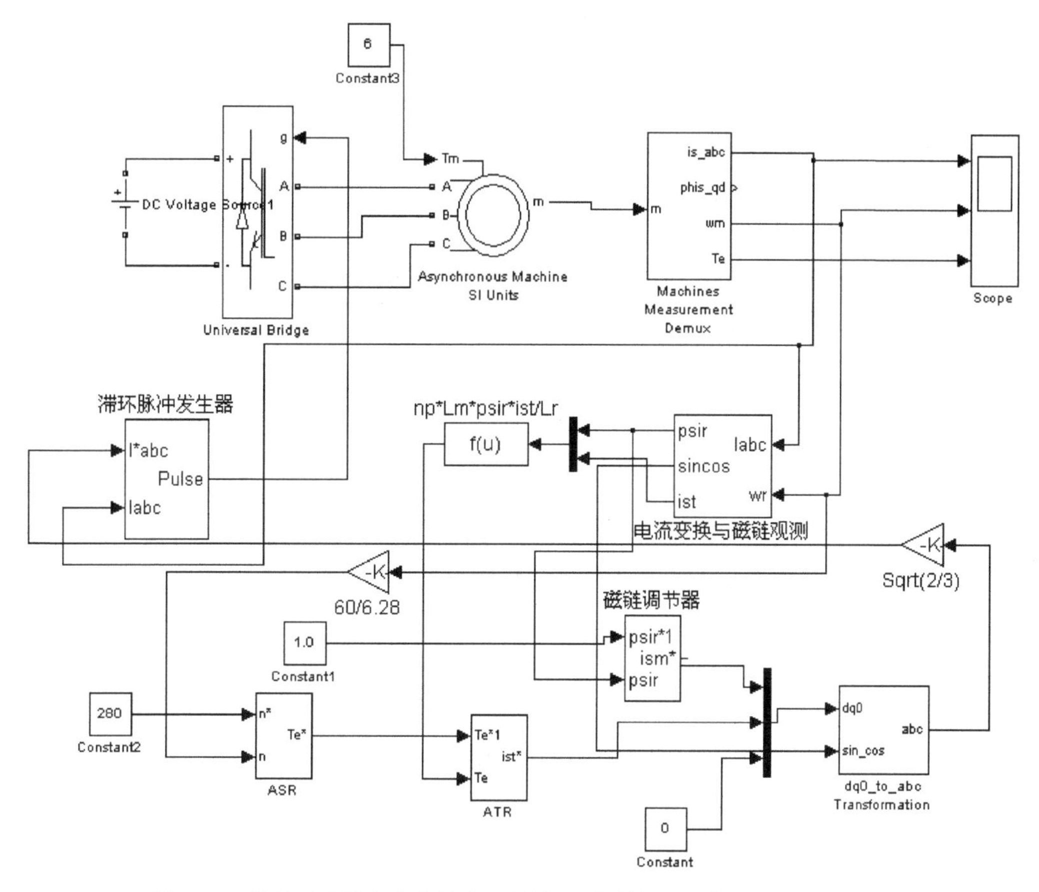

图 11-2　按转子磁链定向的转速、磁链闭环控制的矢量控制系统仿真模型

1. 主电路建模与参数设置

主电路由电动机本体模块 Asychronous Machine SI Units、逆变器 Universal Bridge、直流电源 DC Voltage、负载转矩 Constant 和电动机测量单元模块 Machines Measurement Demux 组成。

对于电动机本体模块参数，为了使后面参数设置能够更好地理解，特把电动机本体参数写出。参数设置为交流异步电动机、线电压 380V、频率 50Hz、二对极。$R_s=0.435\Omega$、$L_{ls}=0.002\text{H}$、$R_r'=0.816\Omega$、$L_{lr}'=0.002\text{H}$、$L_m=0.069\text{H}$、$J=1.9\text{kg}\cdot\text{m}^2$，则定子绕组自感 $L_s=L_m+L_{ls}=0.071\text{H}$，转子绕组自感 $L_r=L_m+L_{lr}'=0.071\text{H}$，转子时间常数 $T_r=\frac{L_r'}{R_r'}=0.087$。逆变器模块参数设置：桥臂数取 3，电力电子器件确定为 IGBT/Diodes，其他参数

为默认值。电源参数设置为 780V。电动机测量单元模块参数设置为异步电动机，检测的物理量有定子电流、转速和转矩等，负载转矩取 6。

2. 控制电路建模与参数设置

滞环脉冲发生器与前面电流滞环控制仿真完全相同，也是由 Sum 模块、Relay 模块、Logical Operator 模块和 Data Type Conversion 模块等组成的，在 Relay 模块参数设置上，环宽确定为 12。

电流变换与磁链观测仿真模型及封装后子系统如图 11-3 所示，下面介绍磁链观测模型各部分模块建立与参数设置。

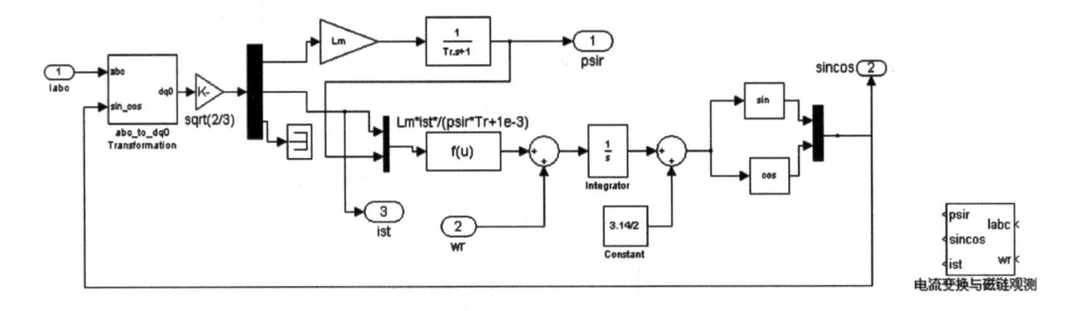

图 11-3　电流变换与磁链观测仿真模型及封装后子系统

从三相到两相坐标变换时，幅值是不同的，相差 $\sqrt{3/2}$ 倍数，故在 abc_dq0 模块后加一个 Gain 模块，参数设为 $\sqrt{3/2}$，从 Demux 模块出来 4 个量，从上到下依次为 d 轴、q 轴和 0 轴物理量 i_{sm}、i_{st} 和 i_0，由于不需要 0 轴的物理量 i_0，所以用 Terminator 模块把第三个信号（也即 0 轴电流）封锁。最上面的物理量为 d 轴电流 i_{sm}，乘以 $L_m=0.069$，再加入 Transfer Fcn 模块（路径为 Simulink/Continuous/Transfer Fcn），参数设为 Numerator [1]，Denominator[0.087 1]，其中 $T_r=0.087$，就得到转子磁链 Ψ_r。

在 Fcn 模块参数对话框中，参数设定为 0.069 * u(1)/(u(2) * 0.087＋1e－3)，0.069 是 L_m 数值。u(1)是 i_{st} 信号，u(2)是 Ψ_r 信号，0.087 是 T_r 数值，由于 u(2)是变量，为了防止在仿真过程中分母出现 0 而使仿真中止，在分母中加入 1e-3，即 0.001。

从 Fcn 输出的信号为 ω_s，与转速信号 ω_r 相加，就成为定子频率信号 ω_1，用 Integrator（路径为 Simulink/Continuous/Integrator）模块对定子频率信号积分后再加 90°，就是同步旋转相位角信号，用 Trigonometric Function 模块（路径为 Simulink/Math Operations/Trigonometric Function）进行正弦、余弦运算，在 function 后面文本框中分别设 sin 和 cos，就可得 sin_cos 端输入信号。

为了抑制转子磁链和电磁转矩的耦合性，也可采用 Fcn 模块，函数定义为 $n_p * L_m *$

$u(1)*u(2)/L_r$，其中 $u(1)$ 为转子磁链 Ψ_r，$u(2)$ 为 i_{st}。从 Fcn 模块出来的物理量为电动机电磁转矩 T_e。

由于从电动机检测单元出来的转速信号单位为 ω，故用 Gain 模块使它变为单位为 r/min 的转速信号，参数设为 60/6.28，连接到调节器 ASR 端口。

给定信号有转子磁链和转速信号，分别经过磁链调节器 ASR、ATR 调节器后通过 dq0_abc 模块变成三相坐标系上的电流，MATLAB 模块库中坐标变换模块幅值需要乘以系数，故用 Gain 模块（参数设置为 $\sqrt{2/3}$）连接到滞环脉冲发生器，作为电流给定信号。

磁链调节器、转矩调节器和转速调节器均采用 PI 调节器，然后进行封装，图 11-4 是转速调节器的模型及封装后的子系统，磁链调节器和转矩调节器建模方法与此相同。各参数设置如下。

ASR：$K_p=10$，$K_i=8$，上下限幅为[175　−175]。

ATR：$K_p=4.5$，$K_i=12$，上下限幅为[60　−60]。

AΨR：$K_p=1.8$，$K_i=100$，上下限幅为[13　−13]。

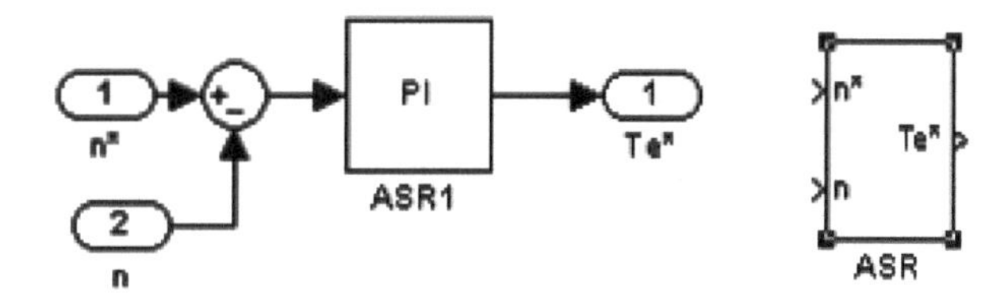

图 11-4　转速调节器的模型及封装后的子系统

11.5.2　仿真结果

转子磁链信号给定值为 1.0。

仿真选择算法为 ode23tb，仿真开始时间为 0，结束时间为 3.0s，仿真结果如图 11-5 所示。

从仿真结果可以看出，当给定信号 $n^*=280$r/min 时，在调节器作用下电动机转速上升阶段电流接近最大值，使得电动机开始平稳上升，在 0.6s 左右时转速超调，电流很快下降，转速达到稳态 280r/min；当给定信号 $n^*=480$r/min 时，转速稳态值接近 480r/min。说明异步电动机的转速随着给定信号的变化而发生改变。整个变化曲线与实际情况非常类似。

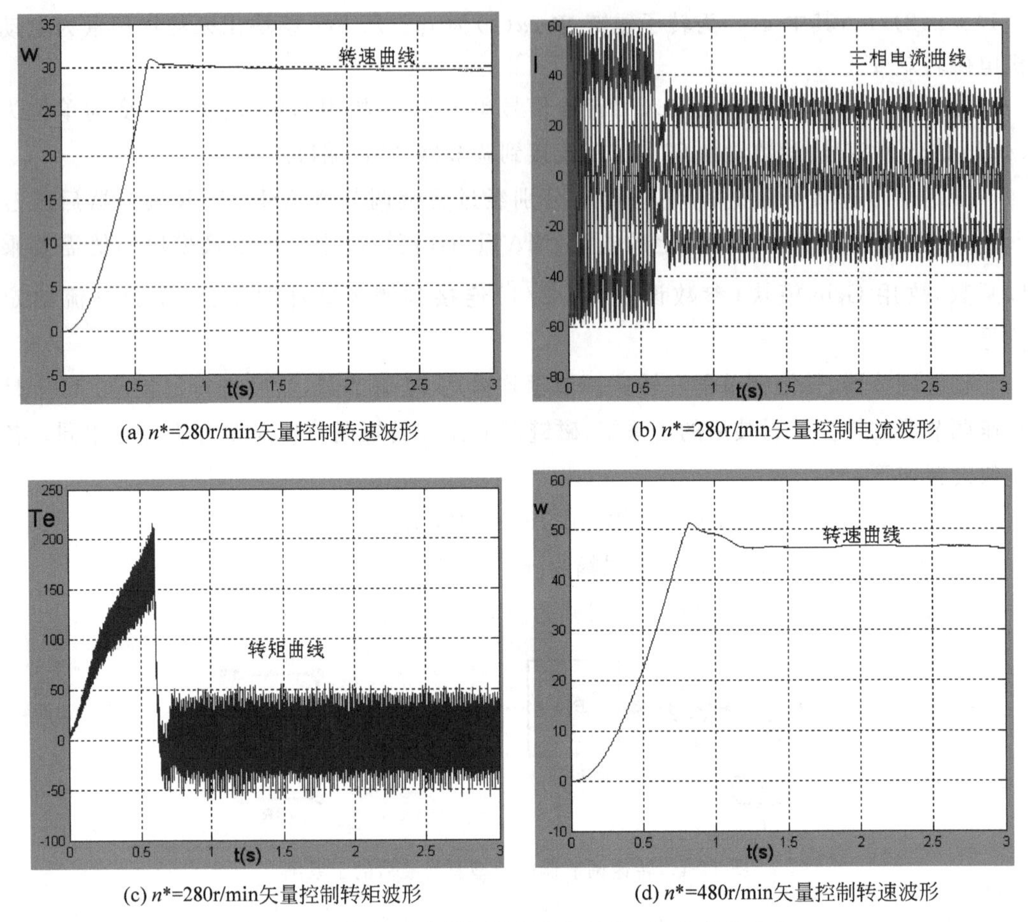

(a) n^*=280r/min矢量控制转速波形　　(b) n^*=280r/min矢量控制电流波形

(c) n^*=280r/min矢量控制转矩波形　　(d) n^*=480r/min矢量控制转速波形

图 11-5　转速、磁链闭环控制的矢量控制系统仿真结果

11.6　实验报告

(1) 根据仿真实验记录的数据分析系统的稳态特性。
(2) 根据仿真实验记录的动态波形分析系统的动态过程。

11.7　思考题

改变系统给定转速，通过仿真实验得出矢量控制下的转速、电流和转矩波形。

第12章

按定子磁链定向直接转矩控制系统仿真

12.1 实验目的

(1) 深入理解按定子磁链定向直接转矩控制系统的工作原理。

(2) 掌握系统调节器的工程设计方法,对系统进行综合分析。

(3) 能够在 MATLAB 编程环境下建立较复杂控制系统仿真模型,培养一定的计算机应用能力及工程设计能力。

12.2 实验原理

交流电动机是一个多变量、非线性、强耦合的复杂系统。为了提高异步电动机调速系统性能指标,采用直接转矩控制技术,它摒弃了矢量控制的解耦思想,将定子磁链及电磁转矩作为被控量,实行定子磁场定向,避免了复杂的坐标变换,定子磁链的估算仅涉及定子电阻,减小了对电机参数的依赖,它可以抑制磁链变化对转速子系统的影响,从而使转速和磁链子系统实现了近似解耦,从而获得较高的静、动态性能,其控制框图如图 12-1 所示。

在实际控制过程中,将测得的电机三相电压和电流送入计算器,计算出电机的定子磁链 ψ_s 和电磁转矩 T_e,分别与给定值 Ψ_s^* 和 T_e^* 相比较,然后选择开关模式,确定 PWM 逆变器的输出。

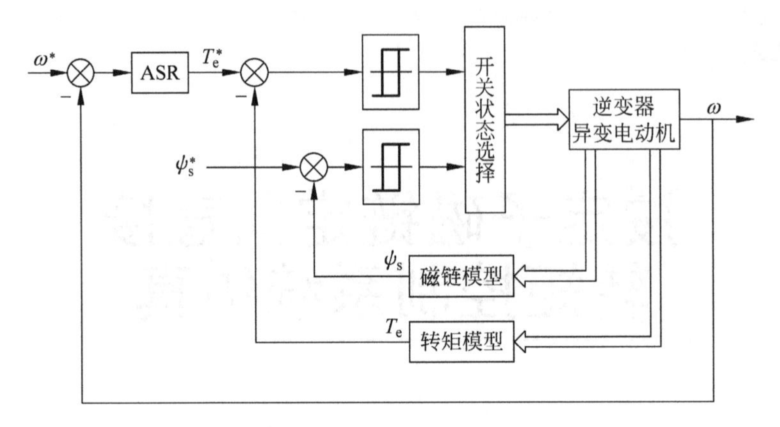

图 12-1 按定子磁链定向直接转矩控制系统

12.3 实验内容

(1) 按定子磁链定向直接转矩控制系统主电路和控制电路仿真建模。
(2) 分别在恒转矩负载和变转矩负载情况下进行转速、电流和转矩仿真过程分析。

12.4 实验器材

(1) PC。
(2) MATLAB 6.5.1 仿真软件。

12.5 实验仿真

12.5.1 仿真模型建立及参数设置

1. 主电路的建模和参数设置

在按定子磁链控制的直接转矩控制的调速系统中，主电路是由直流电压源、逆变器、交流电动机模块等组成。对于逆变器，可以采用电力电子模块组中选取 Universal Bridge 模块。取臂数为 3，电力电子元件设置为 IGBT/Diodes。交流电动机取 Machines 库中

Asynchronous Machine SI units 模块，参数设置：交流异步电动机，电压为 380V、50Hz，$L'_{lr}=0.002\text{H}$，$L_{ls}=0.002\text{H}$，$L_{ms}=0.06931\text{H}$。极对数为 2。直流电压参数为 380V。

2. 控制电路建模和参数设置

1）脉冲发生器建模

系统采用电压空间矢量控制的方法，当电动机转速较高，定子电阻造成的压降可以忽略时，其定子三相电压合成空间矢量 u_s 和定子磁链幅值 Ψ_m 的关系式为

$$u_s \approx \frac{d}{dt}(\Psi_m e^{j\omega_1 t}) = j\omega_1 \Psi_m e^{j\omega t_1}$$

$$= \omega_1 \Psi_m e^{j(\omega_1 t + \frac{\pi}{2})}$$

上式表明电机旋转磁场的轨迹问题可以转化为电压空间矢量的运动轨迹问题。在电压空间矢量控制时有 8 种工作状态，开关管 VT1、VT2、VT3 导通，VT2、VT3、VT4 导通，VT3，VT4、VT5 导通等，为了叙述方便，依次用电压矢量 $u_1, u_2, \cdots, u_8$ 表示，其中 u_7、u_8 为零矢量。

从直接转矩控制原理可以知道脉冲发生器作用是在 ΔT_e、$\Delta\Psi$ 都大于零时按照 u_1，u_2, u_3, u_4 等顺序依次导通开关管，故采用 6 个 PWM 模块，参数设置：峰值为 1，周期为 0.02s，脉冲宽度为 50%。但 6 个 PWM 模块延迟时间分别为设置为 0，0.0033，0.0066，…，0.0165s。

由给定的定子磁链 Ψ^* 以及转速调节器 PI 输出的给定转矩 T_e^* 与电机输出的 Ψ、T_e 相比较，当偏差大于零时，PWM 脉冲发生器控制逆变器上（下）桥臂功率开关器件动作，按正常顺序导通。但如果偏差均小于零或有一个小于零时，PWM 脉冲必须给出零矢量，也即只能使开关管 VT1、VT3、VT5 同时导通，VT2、VT4、VT6 截止。为了达到这种要求，现假设 T_e^*、T_e、Ψ^*、Ψ 等参数较高时为 1，相对低时为 0，由以上的说明可以列出电压空间矢量状态，如表 12-1 所示。

表 12-1　电压空间矢量状态表

T_e^*	T_e	Ψ^*	Ψ	电压矢量
1	0	1	0	$u_1, u_2, \cdots, u_6$
1	0	0	1	u_7
0	1	1	0	u_7
0	1	0	1	u_7

从表 12-1 可以看出，对于 ΔT_e、$\Delta\Psi$ 的值，当两个都大于零时，Relay 模块输出应为 1；当有一个小于零或两个都小于零时，Relay 模块对应的输出应为 0。也即 Relay 模块的参数设置是：环宽为 1，输出为 1 或 0。采用这种方法的好处在于可以和后面逻辑运算模块

进行协调控制。

由于需要对 PWM 脉冲进行控制，所以采用逻辑运算模块。下面以第一个开关管的 PWM 为例说明控制原理。第一个、第三个和第五个开关管控制方式相同。

当 $T_e^*>T_e$、$\Psi^*>\Psi$ 时，两个 Relay 模块输出均为 1，应该按 $u_1,u_2,u_3,\cdots$ 正常的顺序依次导通开关管，但当 $T_e^*<T_e$、$\Psi^*<\Psi$ 成立或其中一个成立时，两个 Relay 模块输出均为 0 或其中一个为 0，开关管的触发脉冲应为 1，也即零矢量。其真值表如表 12-2 所示。

表 12-2　第一个开关管的导通状态

T_e^*	T_e	Ψ^*	Ψ	PWM′	PWM
1	0	1	0	×	×
0	1	1	0	×	1
1	0	0	1	×	1
0	1	0	1	×	1

表 12-2 中，1 表示为较高值，0 表示为相对低值，×表示任意电平，PWM′表示原有的触发脉冲，PWM 表示控制后的触发脉冲。

根据上面真值表可以设计出控制方案，采用两个逻辑模块搭建第一个开关管的 PWM 触发脉冲模型，参数设置一个为 NAND，另一个为 OR，如图 12-2 所示。

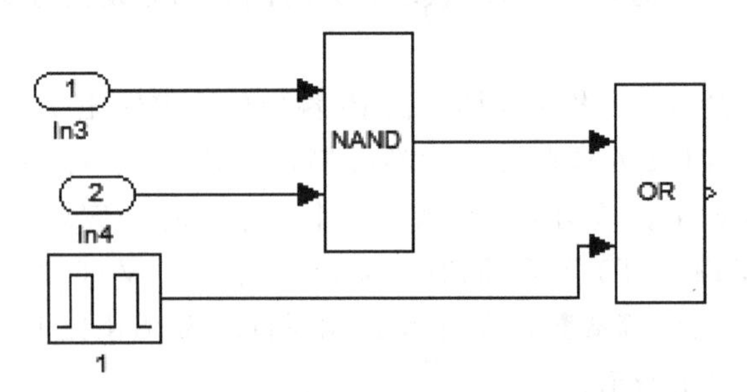

图 12-2　第一个开关管的 PWM 脉冲控制

从图 12-2 可以看出，ln3 是转矩之差的处理后结果，ln4 是定子磁链之差的处理后结果，当二者均大于零时，输出为 1，经过 NAND 模块处理后，为低电平 0，与 PWM′原有脉冲进行相“或”后，输出的 PWM 脉冲保持不变，还是原有的 PWM′脉冲；当 ln3、ln4 有一个为零或两个都为零时，经过 NAND 模块处理后，为高电平 1，与 PWM′原有脉冲进行相“或”后，输出的 PWM 脉冲始终为 1，从而保证了零矢量。

对于第二个、第四个和第六个开关管的 PWM 控制原理，也可列出真值表，如表 12-3 所示。

表 12-3　第二个开关管的导通状态

T_e^*	T_e	Ψ^*	Ψ	PWM′	PWM
1	0	1	0	×	×
0	1	1	0	×	0
1	0	0	1	×	0
0	1	0	1	×	0

根据上面真值表可以设计出控制方案，采用逻辑运算模块搭建第二个开关管的PWM触发脉冲模型，如图 12-3 所示。

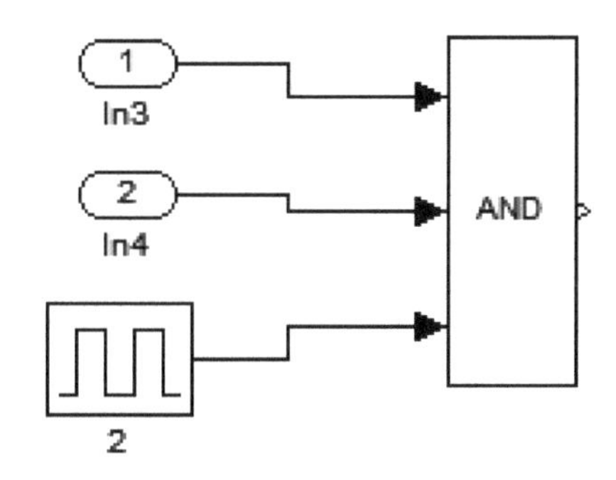

图 12-3　第二个开关管的 PWM 脉冲控制

从图 12-3 可以看出，当 ln3、ln4 二者均大于零时，输出为 1，与 PWM′原有脉冲进行相“与”后，经过 AND 模块处理后，输出的 PWM 脉冲保持不变，还是原有的 PWM′脉冲；当 ln3、ln4 有一个为零或两个都为零时，经过 AND 模块处理后，PWM 为低电平 0，从而保证了第二个、第四个和第六个开关管截止。

PWM 触发脉冲模型及子系统如图 12-4 所示。

2）定子磁链模型

在建立定子磁链模型时，先写出 dq 坐标系上定子磁链的数学模型：

$$\begin{bmatrix}\Psi_{sd}\\ \Psi_{sq}\end{bmatrix}=\begin{bmatrix}L_s & 0 & L_m & 0\\ 0 & L_s & 0 & L_m\end{bmatrix}\begin{bmatrix}i_{sd}\\ i_{sq}\end{bmatrix}$$

式中，L_m 为 dq 坐标系定子与转子同轴等效绕组的互感，$L_m=\dfrac{3}{2}L_{ms}$；L_s 为 dq 坐标系定子等效两相绕组的自感，$L_s=L_m+L_{ls}$。

上式是在 dq 坐标系上的定子磁链，由于直接转矩控制需要的是 $\alpha\beta$ 坐标系上的定子磁链，还必须把上式进行坐标转换。两边都左乘以两相旋转坐标系到两相静止坐标系变换矩阵 $\boldsymbol{C}_{2r/2s}$，得到两相旋转坐标系变换到两相静止坐标系的变换方程为

$$\begin{bmatrix}\cos\varphi & -\sin\varphi\\ \sin\varphi & \cos\varphi\end{bmatrix}\begin{bmatrix}\Psi_{sd}\\ \Psi_{sq}\end{bmatrix}=\begin{bmatrix}\cos\varphi & -\sin\varphi\\ \sin\varphi & \cos\varphi\end{bmatrix}\begin{bmatrix}L_s & 0 & L_m & 0\\ 0 & L_s & 0 & L_m\end{bmatrix}\begin{bmatrix}i_{sd}\\ i_{sq}\end{bmatrix}$$

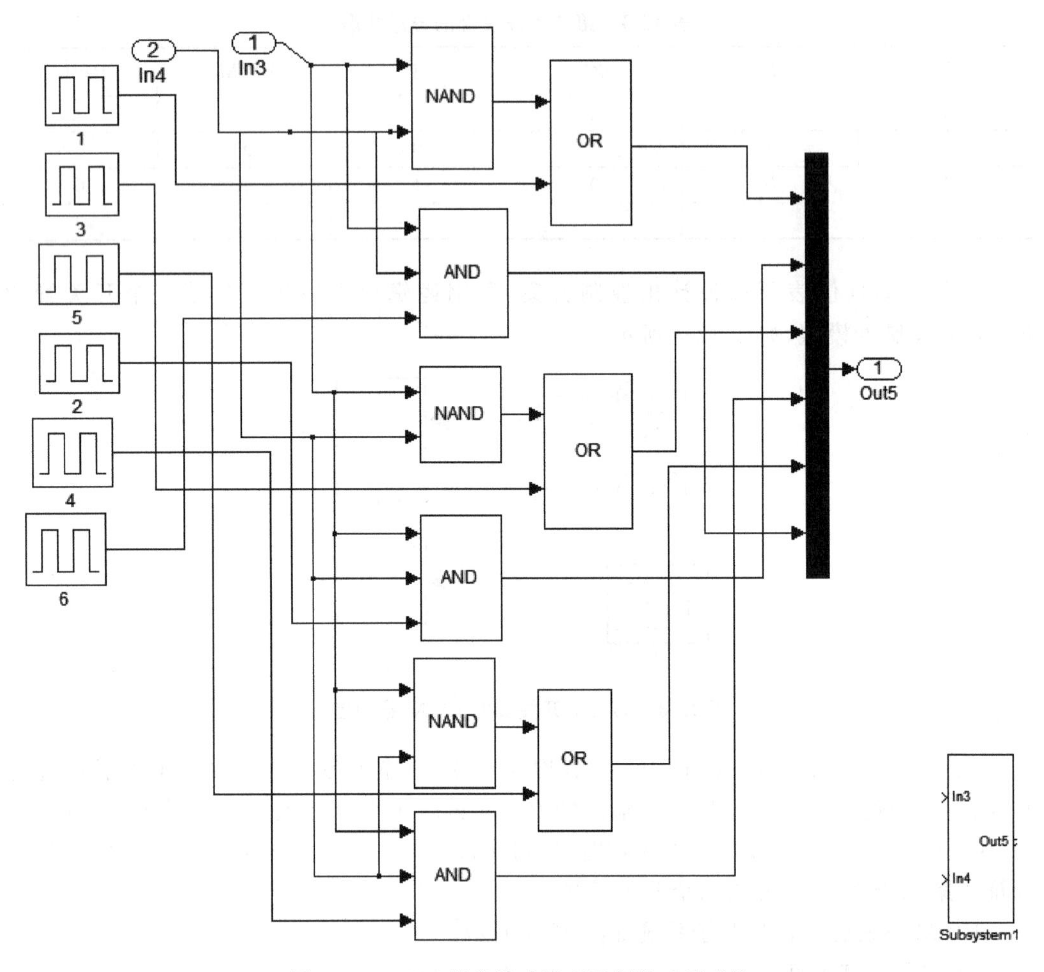

图 12-4　PWM 触发脉冲模型及封装后子系统

也即

$$\begin{bmatrix}\Psi_{s\alpha}\\ \Psi_{s\beta}\end{bmatrix}=\begin{bmatrix}\cos\varphi & -\sin\varphi\\ \sin\varphi & \cos\varphi\end{bmatrix}\begin{bmatrix}L_s & 0 & L_m & 0\\ 0 & L_s & 0 & L_m\end{bmatrix}\begin{bmatrix}i_{sd}\\ i_{sq}\end{bmatrix}$$

对于定子绕组而言,在静止坐标系上的数学模型是任意旋转坐标系数学模型当坐标旋转等于零时的特例,当 $\varphi=0$ 时,即为定子磁链在 $\alpha\beta$ 坐标系上的变换阵。也即

$$\boldsymbol{C}_{2r/2s}=\begin{bmatrix}1 & 0\\ 0 & 1\end{bmatrix}=\boldsymbol{E}$$

从上式可以看出,对于定子绕组的磁链方程,其 dq 坐标系和 $\alpha\beta$ 坐标系方程完全相同,故设计定子磁链模型及封装后子系统如图 12-5 所示。

其参数为

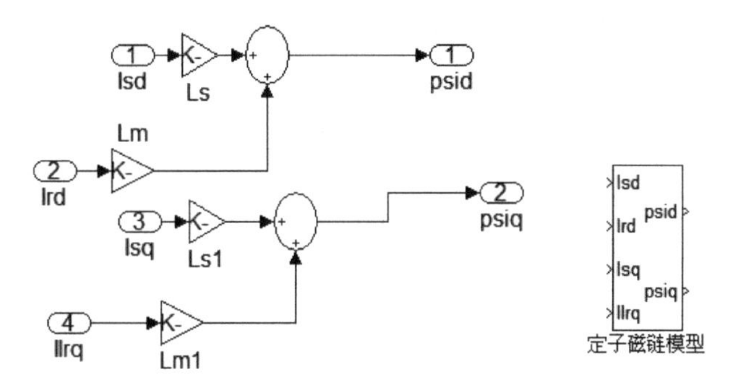

图 12-5　定子磁链模型及封装后子系统

$$L_m = \frac{3}{2}L_{ms} = 0.103965, \quad L_s = L_m + L_{ls} = 0.105965$$

(3) 转矩模型的建立

由于 MATLAB 模型中的交流电机测量模块只有 dq 坐标系上的值，而没有 $\alpha\beta$ 坐标系上的值，故采用的转矩方程为

$$T_e = pL_m(i_{sq}i_{rd} - i_{sd}i_{rq})$$

搭建转矩模型如图 12-6 所示。其参数为，$p=2, L_m=0.103965$。

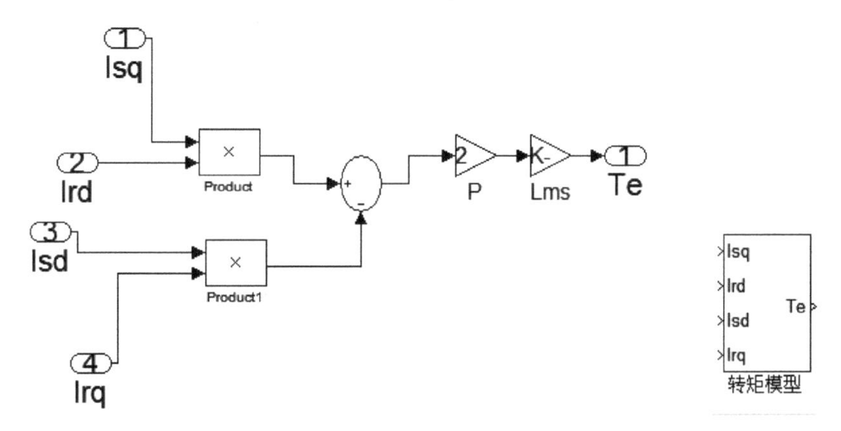

图 12-6　转矩模型及封装后子系统

由于转矩模型输入的是电机测量模块上 dq 坐标系上的定、转子电流，在电机测量模块中，其定、转子电流的值与 T_e 有关，当 $\Delta T_e = 0$ 时，就会出现仿真终止的情况，为了防止这种情况发生，在转矩模型后端加了一个保持模块(Memory)，参数设置为 0，即可达到要求。

(4) 调节器的建模与参数设置

转速调节器采用 PI 调节器，参数设置为：$K_p=100, K_i=10$，上下限幅为[800　−1]，将主电路和控制电路的仿真模型进行连接，即可得图 12-7 按定子磁链控制的直接转矩控制系统的仿真模型。

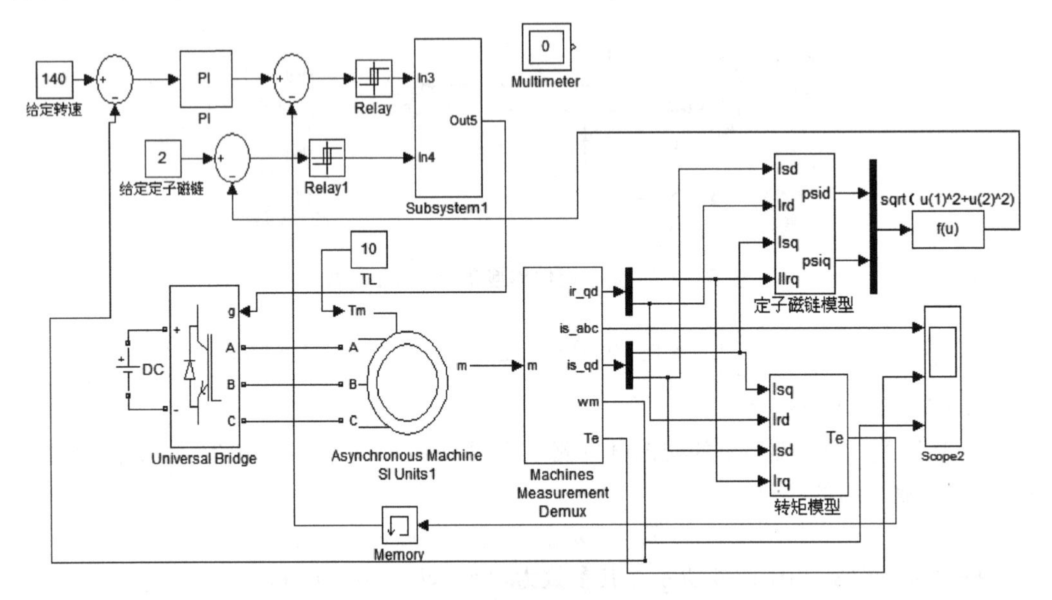

图 12-7 按定子磁链控制的直接转矩控制系统的仿真模型

12.5.2 仿真结果

系统仿真参数设置：仿真中所选择的算法为 ode23tb，Start 设为 0，Stop 设为 3.0s。

仿真结果如图 12-8 和图 12-9 所示：图 12-8 对于恒转矩负载 10N·m 时仿真结果，而图 12-9 对于负载变化时的仿真结果，负载开始时为 10N·m，在 1.0s 时负载变为 50N·m。

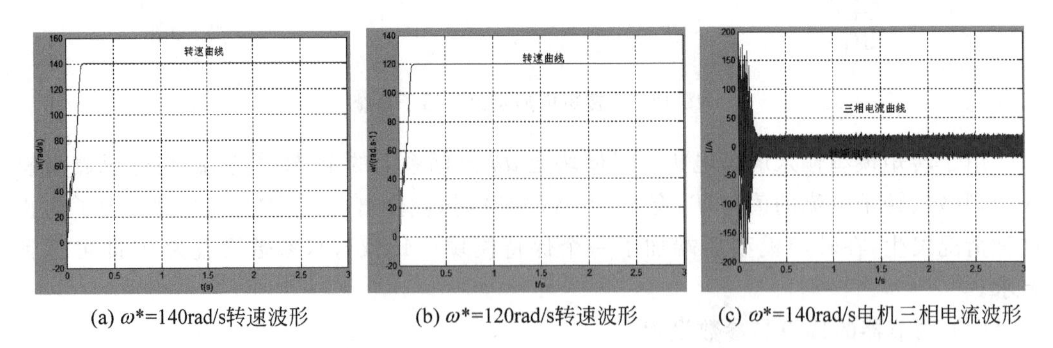

(a) ω^*=140rad/s转速波形　(b) ω^*=120rad/s转速波形　(c) ω^*=140rad/s电机三相电流波形

图 12-8 恒转矩负载系统仿真结果

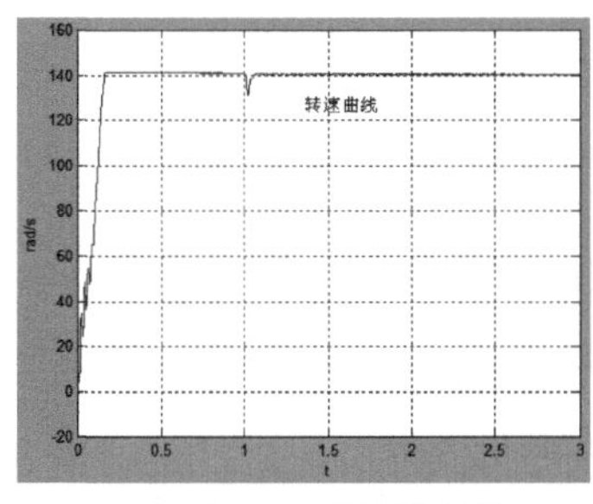

(a) ω^*=140rad/s转速波形

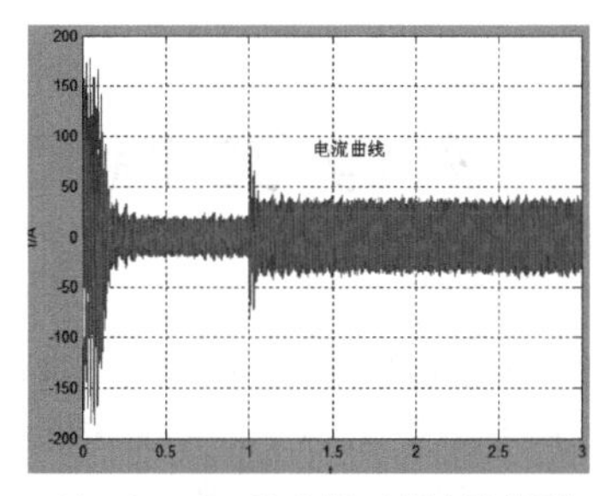

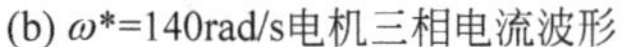
(b) ω^*=140rad/s电机三相电流波形

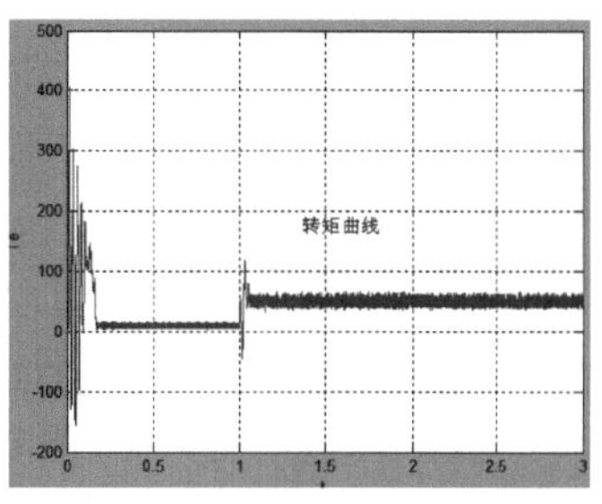

(c) ω^*=140rad/s电机转矩波形

图 12-9　变转矩负载系统仿真结果

从仿真结果可以看出，对于恒转矩负载，当给定信号 $\omega^*=140\text{rad/s}$ 时，在调节器作用下电机转速很快上升，最后稳定在 140rad/s；当给定信号 $\omega^*=120\text{rad/s}$ 时，电机转速最终稳定在 120rad/s。而且当负载产生变化时，由于系统的自动调节，使得转速很快上升为原来的给定转速，表明系统动态性能较好。电机的稳态转速由给定转速信号控制，对于闭环内的扰动能够进行克服。在电机启动阶段，电流和转矩波动都较大，且在稳定时转速和磁链都是在一定上下波动。

12.6　实验报告

（1）根据仿真实验记录的数据分析系统的稳态特性。
（2）根据仿真实验记录的动态波形分析系统的动态过程。

12.7　思考题

改变系统给定转速，通过仿真实验得出直接转矩控制下的转速、电流和转矩波形。

参考文献

[1] 洪乃刚.电力电子、电机控制系统的建模和仿真[M].北京：机械工业出版社，2010.

[2] 阮毅，陈伯时.电力拖动自动控制系统.4版[M].北京：机械工业出版社，2009.

[3] 陈中.基于MATLAB的电力电子技术和交直流调速系统仿真[M].北京：清华大学出版社，2014.

[4] 顾春雷，陈中.电力拖动自动控制系统与MATLAB仿真[M].北京：清华大学出版社，2011.

[5] 陈中，朱代忠.一种基于Matlab逻辑无环流直流可逆调速系统仿真[J].微电机，2009，42(1)：95-97.

[6] 刘金琨.先进PID控制及MATLAB仿真[M].北京：电子工业出版社，2012.

[7] 薛定宇.控制系统计算机辅助设计——MATLAB语言与应用[M].3版.北京：清华大学出版社，2012.

[8] 陈冲.基于神经网络控制的直流调速系统仿真与分析[J].计算机仿真，2013，30(4)：356-360.